U0228281

高等学校应用型特色规划教材

机 械 制 图

李仁杰 栾 祥 主 编

苏 利 牛 佳 王 坤 副主编

清华大学出版社

北 京

内 容 简 介

本书是依据教育部制定的"高职高专机械制图课程教学基本要求"以及最新颁布的《机械制图》、《技术制图》国家标准编写而成的。

本书共分 12 章,主要内容包括:制图的基本知识,点、直线及平面的投影,立体的投影,截交线和相贯线,组合体,轴测图,机件的常用表达方法,标准件和常用件,零件图,装配图,展开图,计算机绘图基础等。本书介绍的计算机绘图为目前广为流行的 AutoCAD 2010 绘图软件。

与本书配套使用的《机械制图习题集》,由清华大学出版社同时出版。

本书可作为高职高专工科院校、成人高等院校的机械、数控、机电、汽车等专业的教材,也可供工程技术人员参考。

图书在版编目(CIP)数据

机械制图/李仁杰,栾祥主编;苏利,牛佳,王坤副主编. —北京:清华大学出版社,2010.10
(2025.1 重印)

(高等学校应用型特色规划教材)

ISBN 978-7-302-23795-2

Ⅰ. ①机… Ⅱ. ①李… ②栾… ③苏… ④牛… ⑤王… Ⅲ. ①机械制图—高等学校—教材
Ⅳ. ①TH126

中国版本图书馆 CIP 数据核字(2010)第 171754 号

责任编辑:李春明　张彦青
装帧设计:杨玉兰
责任校对:李玉萍　王　晖　周剑云
责任印制:宋　林

出版发行:清华大学出版社
　　　　网　　　址:https://www.tup.com.cn, https://www.wqxuetang.com
　　　　地　　　址:北京清华大学学研大厦 A 座　　　　邮　　编:100084
　　　　社 总 机:010-83470000　　　　　　　　　　邮　　购:010-62786544
　　　　投稿与读者服务:010-62776969, c-service@tup.tsinghua.edu.cn
　　　　质量反馈:010-62772015, zhiliang@tup.tsinghua.edu.cn
印 装 者:三河市龙大印装有限公司
经　　销:全国新华书店
开　　本:185mm×260mm　　印　张:18.5　　字　　数:444 千字
版　　次:2010 年 10 月第 1 版　　　　　　印　　次:2025 年 1 月第 10 次印刷
定　　价:58.00 元

产品编号:036807-04

前　言

本书是依据教育部制定的"高职高专机械制图课程教学基本要求"，消化和吸收了笔者多年来应用型人才培养的探索与实践成果，结合《机械制图》课程教学改革的方向，努力实践、大胆创新，集合编者多年来教学改革的经验基础编写而成，本教材的建议学时数为60～90。

1．本课程的性质、内容和任务

根据投影原理、标准或有关规定，表示工程对象，并有必要的技术说明的图，称为图样。图样是本课程的研究对象。在现代科学技术和工业生产中，无论是制造各种机械设备、电气设备、仪器仪表，或加工各种电子元、器件，还是建筑房屋和进行水利工程施工等，都离不开图样。设计者通过图样表达设计思想和要求，制造者依据图样进行加工生产，使用者借助图样了解结构、性能、使用及维护方法。可见图样不仅是指导生产的重要技术文件，而且是进行技术交流的重要工具，是"工程技术界的共同语言"。图样的绘制和阅读是工程技术人员必须掌握的一种技能。

本课程是研究绘制(画图)和识读(看图)机械图样的投影原理和图示方法的一门学科。是机械类(近机械类)专业的一门主干技术基础课程。

本课程的任务是：

① 学习掌握正投影法的基本理论及应用；
② 培养和发展空间构思能力、空间问题的图解能力和创新思维能力；
③ 学习用计算机绘制工程图样的基本技能；
④ 培养阅读工程图样的基本能力；
⑤ 培养认真细致的工作作风和严格遵守国家标准规定的品质；
⑥ 培养良好的工程意识。

2．本课程的学习方法

(1) 本课程的特点是实践性强。在学习过程中注意实际训练，在"图"与"物"、"平面图形"与"立体形状"相互转换过程中，多画图，多读图，多想象，反复实践，不断提高读图和画图能力。

(2) 投影基本理论必须强调于应用，在"用"字上下功夫。牢固地掌握点、线、面的投影规律及应用，为读图和画图奠定较扎实的投影分析基础。

(3) 注意观察、分析空间形体(模型、轴测图、零件、部件)的结构、形状特征及其与视图之间的投影对应关系，累积空间形体和视图的表象，不断地丰富空间想象力，扩大想象思路，增强空间想象力。

(4) 国家标准《技术制图》和《机械制图》是评价图样是否合格的重要依据，所以，应认真学习国家标准，并以国家标准来规范自己的绘图行为。

(5) 在由浅入深的学习过程中，要有意识地培养自学能力和创新能力，这是 21 世纪的工程技术人员必须具备的基本素质。

在编写过程中，我们努力按照"打好基础、精选内容、逐步更新、利于教学"的要求处理本书的内容。使本书具有如下特点。

(1) 注重投影基础的应用，培养学生的投影分析能力。将点、线、面的投影规律重点应用于体的投影分析。为绘图和读图奠定投影分析基础。把物体三视图放在比较突出的位置，为"立体"转换为"平面图形"提供感性认识，并为后续点、线、面投影的综合应用提供结合点。

(2) 突出读图、想象能力的培养。把读图内容作为教材的主体部分，同时考虑读图能力的培养是不断累积的过程，因此，把读图内容贯彻到每一章节中，由浅入深，由简单到复杂，由形象到抽象的渐进式训练。用形象生动的"视图旋转归位"读图法、形象化的形体切割法、表面组装法等一些读图题例，为读图时提供各种简捷思路和想象途径。

截交线和相贯线是点、线、面和体投影的综合应用，但从"够用"原则考虑，着重介绍求截交线和相贯线的基本作图方法并介绍常见截断体的截交线和相贯体的相贯线。

对于轴测投影，也是从"用"字考虑，本书不仅把其看成一种作图方法，更着重于增强形体感性认识，提高立体概念，为初学制图者提供立体形象。

(3) 重视开发智力，培养学生的创新想象能力。在组合体一章中增加了组合体构形设计，注意培养和启迪创新想象思路。在读图分析和读图题例中注入想象、构形多样性和创新性，为培养创新想象能力进行基础训练。

(4) 本书全部采用《技术制图》、《机械制图》最新国家标准及与制图有关的其他标准。

计算机绘图部分选用广为流行的最新版本软件 AutoCAD 2010，主要介绍二维平面图的绘制与编辑功能。

本书可作为高等职业院校、高等专科学校、成人高等学校的教材或参考书。同时可供工程技术人员参考。与本书相配套的《机械制图习题集》同时出版。

本书由李仁杰、栾祥任主编，李仁杰主审，苏利、牛佳、王坤任副主编。参加编写的有牛佳(编写第 1、2 章)、张黎(编写第 3、4、6 章)、李仁杰(编写绪论和第 5、8、10 章以及附录 1、2、3)、栾祥(编写第 7、9 章)、王坤(编写第 11 章和附录 4、5)、苏利、高燕(编写第 12 章)。参加本书大纲编写的还有张兵、赵晓东、彭海稳等。

在编写过程中，得到了编者所在单位有关领导及工程图学教师的支持与帮助，在此表示衷心的感谢。

由于编者水平所限，书中难免有错误与不当之处，敬请读者批评指正。

目　录

机械制图

第1章 制图的基本知识

本章介绍国家标准《技术制图》和《机械制图》中关于图幅、比例、字体、图线、尺寸等的基本规定，介绍手工绘图的工具及其使用方法，介绍平面几何图形的画法。

通过本章的学习，应达到如下目标。

(1) 掌握并严格遵守国家制图标准的基本规定；

(2) 掌握手工绘图工具的正确使用方法；

(3) 了解平面图形的绘图步骤，掌握分析并绘制平面图的基本方法；

(4) 掌握国家标准中尺寸标注的方法；

(5) 掌握徒手绘制草图的方法。

1.1 制图基本规定

图样是现代工业生产中最基本的技术文件。为准确绘制和阅读机械图样，避免在生产和技术交流过程中产生误解和障碍，工程人员必须熟悉和掌握相关的制图标准。我国国家质量监督检验检疫总局发布了《技术制图》和《机械制图》等一系列制图国家标准。国家标准《技术制图》是绘制工程图样的准绳。

我国国家标准(简称国标)的代号是"GB"，"GB/T"为推荐性国家标准。例如"GB/T 14689—2008"《技术制图 图纸幅面和格式》即表示推荐性制图标准中图纸幅面和格式的部分，编号为 14689，标准发布的时间是 2008 年。

国标是全国范围内的技术规范，就世界范围来讲，20 世纪 40 年代成立的"国际标准化组织"制定了若干国际标准，皆冠以"ISO"。例如，ISO 5457:1999《技术制图 图纸幅面和格式》国际标准。

1.1.1 图纸幅面及格式

1. 图纸幅面

图纸幅面是指图纸的宽度和长度($B \times L$)围成的图纸面积。绘制图样时应优先采用表 1-1 所示的基本幅面。必要时可采用国标 GB/T 14689—2008 推荐的加长幅面。

表 1-1 基本幅面及尺寸

幅面代号	A0	A1	A2	A3	A4
$B \times L$	841×1189	594×841	420×594	297×420	210×297
a	25				
c	10			5	
e	20		10		

一般 A0～A3 号图纸宜横向作图。基本幅面各号图纸的尺寸关系如图 1-1 所示。

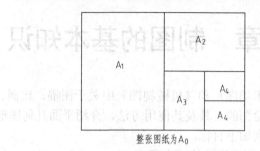

图 1-1　图纸尺寸关系

2．图框格式

无论图纸是否装订，均应用粗实线画出图框。图框格式分为不留装订边和留有装订边两种，如图 1-2 所示。同一产品的图样只能选其一。

横式留装订边图纸　　　　　　　　竖式不留装订边图纸

图 1-2　图纸格式

3．标题栏(GB/T 10609.1—2008)

每张图纸上都必须绘制标题栏，标题栏的位置在图纸的右下角，一般标题栏的文字方向与看图方向一致。

标题栏中的内容应包括：工程名称、图名、图纸编号、比例、设计单位、设计人、校核人、审定人等内容。

学校制图作业中建议使用以下格式绘制标题栏，如图 1-3 所示。

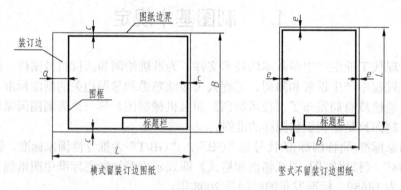

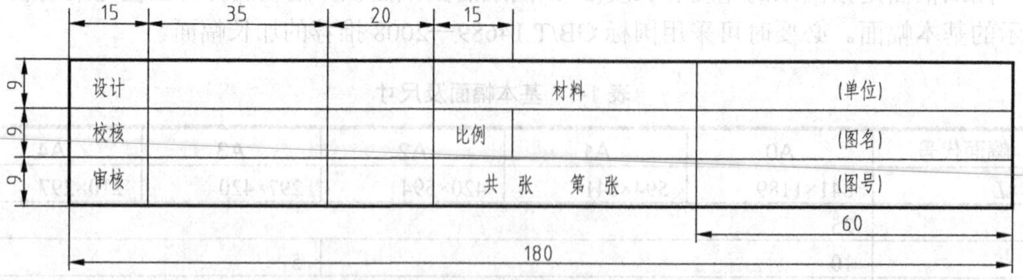

图 1-3　标题栏样式

1.1.2 比例

用直线直接表达的尺寸称为线性尺寸,例如直线的长,圆的直径等。而比例(GB/T 14690—1993)是指图形与实物相应要素的线性尺寸之比。比例分为原值比例、放大比例、缩小比例三种。原值比例比值为 1,即 1:1;放大比例的比值大于 1,缩小比例的比值小于 1。常用比例如表 1-2 所示。

表 1-2 常用比例

种类	定义	优先选择系列	比例系列
原值比例	比值为 1	1:1	
放大比例	比值大于 1	5:1　2:1　5×10^n:1　2×10^n:1　1×10^n:1	4:1　2.5:1 4×10^n:1　2.5×10^n:1
缩小比例	比值小于 1	1:2　1:5　1:10 $1:2 \times 10^n$　$1:5 \times 10^n$ $1:1 \times 10^n$	1:1.5　1:2.5　1:3　1:4　1:6 $1:1.5 \times 10^n$　$1:2.5 \times 10^n$　$1:3 \times 10^n$ $1:4 \times 10^n$　$1:6 \times 10^n$

注意: 图中所标注的尺寸数值必须是实物的实际大小,与绘图采用何种比例无关。

机械工程图样的比例一般标注在标题栏中的比例栏内,当某个视图需要采用不同的比例时,必须另行标注。

1.1.3 字体

图样中的文字包括汉字、数字、字母,国标规定工程图中的文字应做到:字体工整、笔画清楚、间隔均匀、排列整齐。

字体(GB/T 14691—1993)的高度(h)代表字体的号数,例如字高 5mm 为 5 号字,国标规定的常用字号系列是:2.5、3.5、5、7、10、14、20。一般字宽为小一号字的字高。

1. 汉字

国标规定工程图中的汉字应采用长仿宋体,并采用《汉字简化方案》中的简化字,如图 1-4 所示。

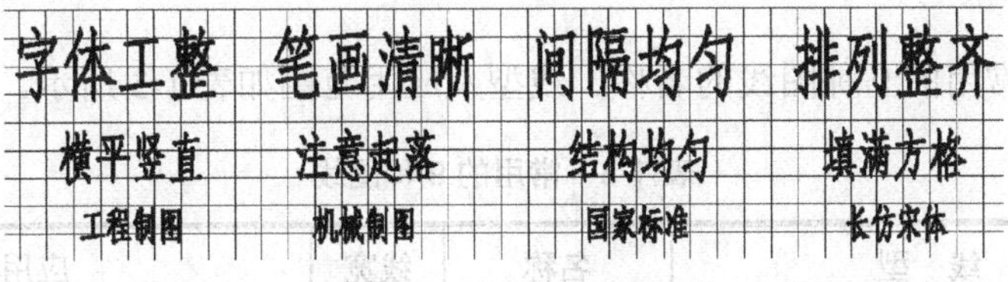

图 1-4　汉字长仿宋体

2. 数字和字母

工程图中的字母和数字都是黑体字,可写成斜体和正体。斜体字字头向右倾斜,与水平基准线约成 75°,如图 1-5~图 1-7 所示。但是量的单位、化学元素、符号一定是正体。

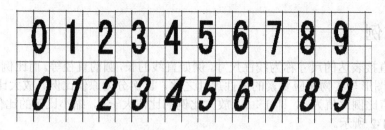

图 1-5　阿拉伯数字直体和斜体

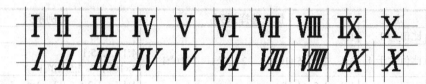

图 1-6　罗马数字直体和斜体

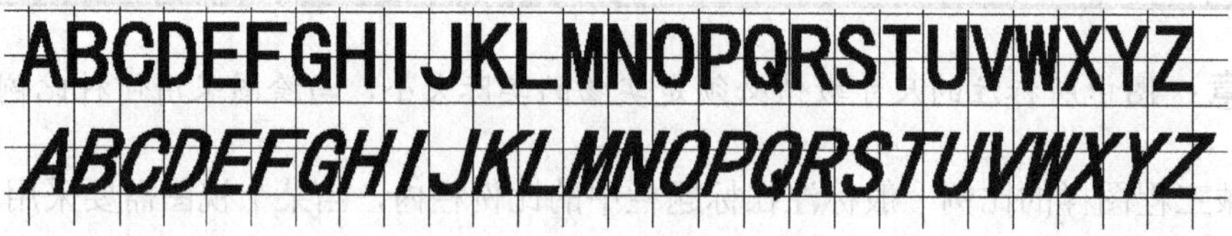

ABCDEFGHIJKLMNOPQRSTUVWXYZ
ABCDEFGHIJKLMNOPQRSTUVWXYZ

图 1-7　26 个字母直体和斜体

1.1.4　图线

图线是指在起点和终点间以任意方式联接的一种几何图形，形状可以是直线或曲线、连续线或不连续线。

我国现行的图线国家标准有两项：《技术制图　图线》(GB/T 17450—1998)和《机械制图　图样画法　图线》(GB/T 4457.4—2002)。规定了机械工程图样所用图线的名称、形式、结构、标记及画法规则。

国家标准规定了 9 种图线的宽度(用字母 d 表示)，分别为：0.13、0.18、0.25、0.35、0.5、0.7、1、1.4、2(单位：mm)。机械图样采用粗、细两种宽度的图线，其线宽比为粗线∶细线=2∶1。

机械制图中常用的 9 种图线的名称、线型及应用范围如表 1-3 所示。

表 1-3　常用的 9 种图线

编号	线　型	名称	线宽	应用范围
1	———————	细实线	$d/2$	尺寸线、尺寸界限、剖面线、指引线
2	〜〜〜	波浪线	$d/2$	断裂处的边界线、视图与剖面图的分界线
3	——⌐⌐———	双折线	$d/2$	断裂处的边界线、视图与剖面图的分界线

续表

编号	线　型	名称	线宽	应用范围
4	————————	粗实线	d	可见轮廓线、相贯线、剖切符号线
5	- - - - - - - -	细虚线	$d/2$	不可见轮廓线
6	▬ ▬ ▬ ▬ ▬	粗虚线	d	允许表面处理的表示线
7	—·—·—·—·—	细点画线	$d/2$	轴线、中心线、对称线、剖切线
8	▬ · ▬ · ▬ · ▬	粗点画线	d	限定范围表示线
9	—··—··—··—	细双点画线	$d/2$	极限位置轮廓线、成型前轮廓线、中断线

图线应用的具体方法如图 1-8 所示。

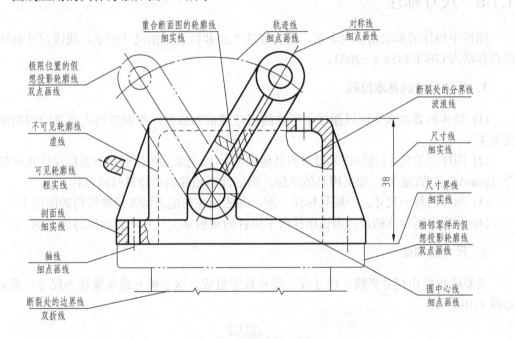

图 1-8　图线应用示例

图线的使用应遵循下列原则。

(1) 如图 1-9 所示，在同一张图样当中，同类图线的宽度应一致。虚线、点画线、双点画线的线段长度和间隔应各自大致相等，应保持图线的匀称协调。

(2) 虚线、点画线、双点画线的相交处应是线段，而不能是点或间隔处。

(3) 虚线在粗实线的延长线上时，虚线应留出空隙。

(4) 细点画线伸出图形轮廓的长度一般为 2~3mm。当细点画线较短时，允许用细实线代替点画线。

(5) 图线重叠时，应根据粗实线、细实线、细点画线的顺序，按照画前一种图线的原则进行。

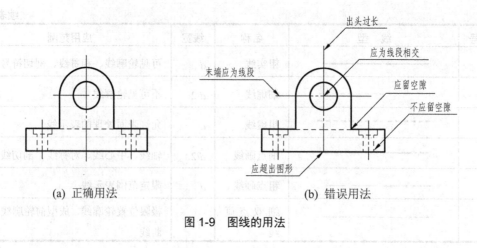

(a) 正确用法　　　　　　　　　　(b) 错误用法

图 1-9　图线的用法

1.1.5　尺寸标注

图样中物体的形状由图线表示，而物体的大小和位置则由尺寸表示，我国尺寸标注的推荐标准为 GB/T 4458.4—2003。

1．标注尺寸的基本原则

(1) 物体的真实大小应以图样上所注的尺寸数值为依据，与图形的大小及绘图的准确度无关。

(2) 图样中的尺寸(包括技术要求和其他说明)，以毫米为单位时，不需标注计量单位的符号(mm)或名称(毫米)。如采用其他单位，则应注明相应的单位符号或名称。

(3) 物体的每一尺寸，一般只标注一次，并应标注在能最清晰反映结构的图形上。

(4) 图样中所标注的尺寸为该图样所示机件的最后完工尺寸，否则应另加说明。

2．尺寸的构成

完整的尺寸由尺寸界线、尺寸线、尺寸数字组成，这三部分通常被称为尺寸三要素，如图 1-10 所示。

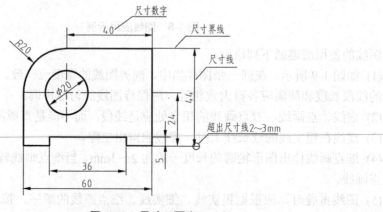

图 1-10　尺寸三要素

1) 尺寸界线

尺寸界线表示尺寸的度量范围。尺寸界线用细实线绘制，并应由图形的轮廓线、轴线或对称中心线处引出。也可利用轮廓线、轴线或对称中心线作尺寸界线。

尺寸界线一般应与尺寸线垂直，必要时才允许倾斜。尺寸界线一般超出尺寸线2～3mm。

2) 尺寸线

尺寸线表示标注尺寸的方向。当标注线性尺寸时，尺寸线应与所标注的线段平行。尺寸线用细实线单独绘制，不能用其他图线代替，一般也不与其他图线重合。其终端可以有下列两种形式。

(1) 箭头：箭头的形式适用于各种类型的图样，如图 1-11(a)所示。

(2) 斜线：斜线用细实线绘制，其方向和画法如图 1-11(b)所示。

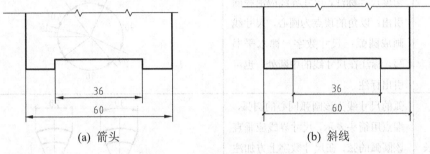

图 1-11 尺寸线端点的两种形式

尺寸线与尺寸界线应相互垂直，同一张图样中只能采用一种尺寸线终端的形式。机械图样中一般采用箭头作为尺寸线的终端。

3) 尺寸数字

尺寸数字表示机件的实际大小一般用 3.5 号标准字体书写。线性尺寸的数字一般应注写在尺寸线的上方或中断处；水平方向书写时字头朝上，竖直方向书写时字头朝左。

应尽量避免在 30°范围内标注尺寸，当无法避免时可用引出线的形式标注。

3．常用标注

制图中常用的标注画法与说明如表 1-4 所示。

表 1-4 常用标注举例

内 容	说 明	画法举例
直径与半径	以圆弧的大小为准，超过180°的圆弧必须标注直径，小于180°的圆弧只能标注半径。标注直径时，应在尺寸数字前加注符号 ϕ，标注半径时在尺寸数字前加注符号 R；尺寸线应通过圆心，尺寸线的终端应画成箭头。如标注球面的直径或半径，应在符号 ϕ 或 R 前再加注符号 S	

机械制图

内　容	说　明	画法举例
小尺寸	如没有足够空间进行标注，则箭头可画在外面，或用小圆点代替两个箭头；尺寸数字也可注写在图形外面或引出标注。圆和圆弧的小尺寸，可按画法举例中的样式标注	
角度尺寸	角度尺寸标注，尺寸界线应沿径向引出；以角的顶点为圆心，尺寸线画成圆弧；尺寸数字一律水平书写，标注在尺寸线的中断处，也可引出标注	
弧度、弦长尺寸	弧的尺寸线为该圆弧同心的圆弧，端点用箭头表示，尺寸界线应垂直该圆弧的弦，在尺寸数字上方加注弧线；弦长的尺寸线应与弦长平行，端点用45°斜线表示，尺寸界线与弦垂直	
对称图形标注	对称图形的尺寸标注应对称分布	
简化画法	杆线或管线的长度，可直接将尺寸数字写在线的一侧；连续排列的等长尺寸，可用个数×等长尺寸=总尺寸的形式标注；构配件内的构造要素如相同，可仅标注其中一个要素的尺寸	

1.2　绘图工具及其使用

作为工程技术人员必须学会正确使用绘图工具，并养成良好的绘图习惯。

1.2.1　图板和丁字尺

图板是绘图时用来固定图纸的垫板。图纸可用胶带纸固定在图板上。

丁字尺由尺头和尺身两部分组成，主要用来画水平线。使用时尺头紧贴图板的左侧导边，上下移动即可沿尺身的工作边画出水平线。图板与丁字尺的配合使用方法，如图 1-12 所示。

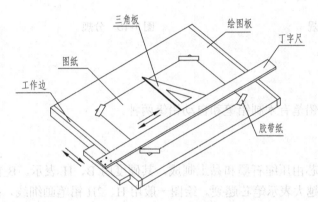

图 1-12　绘图板、丁字尺、三角板的配合使用方法

1.2.2　三角板

每副三角板由两块组成，一块的锐角为 45°，另一块的锐角分别为 30°、60°。可用来画直线和量尺寸。两块三角板配合使用可画出已知直线的平行线和垂直线。三角板与丁字尺配合使用，可画出与水平线成 15° 角及其倍角的斜线，如图 1-13 所示。

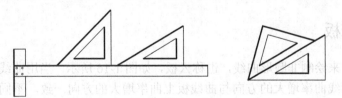

图 1-13　三角板的使用方法

1.2.3　圆规

圆规主要用于绘制大圆或圆弧。圆规的使用方法如图 1-14 所示。

1.2.4　分规

分规用于等分线段和量取尺寸,分规两脚的针尖在并拢后应能对齐,如图 1-15 所示。

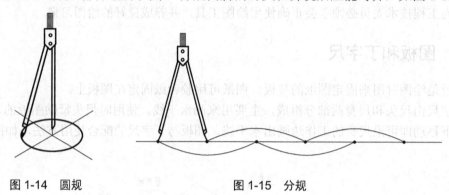

图 1-14　圆规　　　　　　　　　　　　图 1-15　分规

1.2.5　铅笔

绘图时使用的铅笔有木制铅笔和自动铅笔两种。

1.　木制铅笔

木制铅笔的笔芯由压缩石墨和黏土制成,其硬度用 B、H 表示。B 前数字越大表示笔芯越软,H 前数字越大表示笔芯越硬。绘图一般用 H、2H 铅笔画细线,打底稿;用稍软的 HB、B、2B 铅笔画粗线;用 HB 铅笔书写文字。

2.　自动铅笔

自动铅笔根据笔芯型号分为 0.3mm、0.5mm、0.7mm、0.9mm 四种规格。0.5mm 自动铅笔适用于大多数绘图需要,0.7mm 和 0.9mm 自动铅笔适合素描和写字。

要获得清晰分明的线条必须掌握好力度。绘图时应始终让铅笔尖与丁字尺或三角板的直边之间有一个小空隙,保持铅笔与纸面呈大约 60°角,不要使铅笔偏离直边。

1.2.6　曲线板

曲线板可用来绘制非圆形曲线,也称云板,如图 1-16 所示。当用曲线上一系列点来拟合曲线时确保曲线曲率增大的方向与曲线板上曲率增大的方向一致。不同曲线联接处的切线应互相重合,避免折点,以形成光滑曲线。

1.2.7　其他用品

1.　橡皮

橡皮可以轻易擦去铅笔所画的痕迹。乙烯或 PVC 塑料橡皮比较软,不会损伤图纸表面。

2. 擦图片

擦图片是一块薄金属片，上面挖出各种不同尺寸、形状的洞，可以保护相邻的线条不被擦除，如图1-17所示。使用时，按住擦图片，用橡皮擦去不需要的小块区域里的线条。

3. 模板

模板是一块硬塑料板，上预先挖好各种尺寸、形状的洞，可以用来帮助绘制标准尺寸的各种基本图形。例如：直径为2、4、6、8、10、12、16、20mm的圆。

图1-16　曲线板　　　　　　　　　　图1-17　擦图片

1.3　几 何 作 图

1.3.1　等分线段和等分圆

1. 等分线段(以三等分为例)

如图1-18(a)所示，过端点 A 作任意角度的一条射线，用分规在射线上取相等的三份(长度 m 任意长)，末端为点 C。如图1-18(b)所示，联接 BC，过 AC 上的等分点作 BC 的平行线，即可在线段 AB 上得到两个等分点。

应用此方法可解决已知线段的任意等分问题。

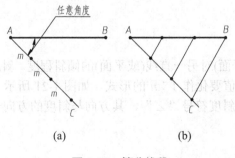

(a)　　　　　　　　　　　(b)

图1-18　等分线段

2. 正六边形

(1) 用三角板作图：以60°三角板配合丁字尺作平行线，画出四条边斜边，再以丁字尺作上、下水平边，即得圆内接正六边形，如图1-19 (a)所示。

(2) 用圆规作图：分别以已知圆在水平直径上的两处交点为圆心，以圆的半径 R 为半径作圆弧，在圆上作出四个等分点，与水平位置直径上的两点共同构成圆的六个等分点。依次联接六个等分点，即得圆内接正六边形，如图 1-19 (b)所示。

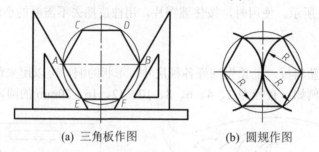

(a) 三角板作图　　　　　　(b) 圆规作图

图 1-19　圆的内接正六边形

3. 正五边形

如图 1-20 所示，作水平位置右侧半径的中点 G；以 G 点为圆心，AG 为半径作弧，交水平左侧半径于 H 点；以 AH 为边长，将圆周五等分，依次联接各等分点即可作出圆内接正五边形。

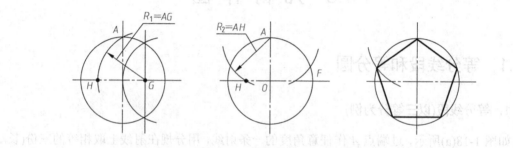

图 1-20　圆的内接正五边形

1.3.2　斜度和锥度

1. 斜度

斜度是指一直线(或平面)对另一直线(或平面)的倾斜程度。斜度的大小就是这两条直线夹角的正切值。斜度的比值要化作 $1:n$ 的形式，如图 1-21 所示 AE 的斜度表示为 $1:6$。标注斜度时，在前面加注斜度符号"∠"，其方向与斜度的方向一致。斜度的符号和标注方法如图 1-22 所示。

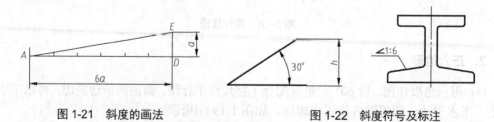

图 1-21　斜度的画法　　　　　　　　　图 1-22　斜度符号及标注

2. 锥度

锥度是指正圆锥底面圆的直径与其高度之比，或正圆台的两底圆直径差与其高度之比。锥度的比值也要化作 $1：n$ 的形式，如图 1-23 所示锥度应表示为 $2：6$，即 $1：3$。标注锥度时，在前面加注锥度符号，其方向与斜度的方向一致。锥度的符号及标注方法如图 1-24 所示。

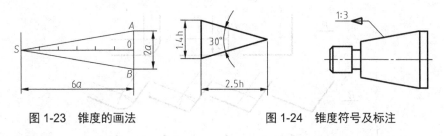

图 1-23　锥度的画法　　　　　　　　图 1-24　锥度符号及标注

1.3.3　椭圆的画法

椭圆的近似画法，又称四心圆弧法。已知椭圆的长轴 AB 与短轴 CD，绘制步骤如下。

(1) 如图 1-25 所示，联接 AC，以 O 为圆心，OA 为半径画圆弧，交 CD 延长线于 E。

(2) 以 C 为圆心，CE 为半径画圆弧，截 AC 于 F。

(3) 作 AF 的中垂线，交长轴于 O_1，交短轴于 O_2，并找出 O_1、O_2 的对称点 O_3、O_4。

(4) 把 O_1 与 O_2、O_2 与 O_3、O_3 与 O_4、O_4 与 O_1 分别以直线联接。

(5) 以 O_1、O_3 为圆心，O_1A 为半径，O_2、O_4 为圆心，O_2C 为半径，分别画圆弧，分别交 O_4O_1、O_4O_3、O_2O_1、O_2O_3 延长线于 T_1、T_2、T_3、T_4，以 T_1、T_2、T_3、T_4 为联接点即可。

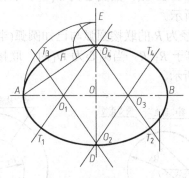

图 1-25　四心圆弧法

1.3.4　圆弧联接

用已知半径的圆弧，光滑联接相邻线段(包括直线和圆弧)，成为圆弧联接。要保证联接处"光滑"则必须使线段在联接处相切。因此，作图时必须先求出圆弧的圆心和切点的位置。

圆弧联接的作图步骤如下。

(1) 求出联接圆弧的圆心位置。

(2) 确定切点的位置。

(3) 在两切点间准确画出联接圆弧。

1. 两直线间的圆弧联接

如图 1-26 所示，圆弧联接不同交角(直角、钝角、锐角)的两条直线，都按上述步骤绘制完成。

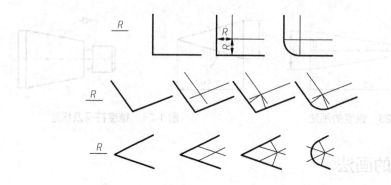

图 1-26　两直线间的圆弧联接

2. 圆弧联接的基本形式

用已知半径的圆弧光滑联接已知直线或圆弧，称为圆弧联接。为了保证相切，必须准确地作出联接圆弧的圆心和切点。

(1) 圆弧的外切联接：半径为 R 的联接圆弧与已知圆弧(半径为 R_1)外切，圆心的轨迹是已知圆弧的同心圆，其半径等于 $R+R_1$，当圆心为 O_1 时，联接圆心线 OO_1 与已知圆弧的交点就是切点 K，如图 1-27(a)所示。

(2) 圆弧的内切联接：半径为 R 的联接圆弧与已知圆弧(半径为 R_1)内切，圆心的轨迹是已知圆弧的同心圆，其半径等于 R_1-R。当圆心为 O_1 时，联接圆心线 OO_1 与已知圆弧的交点就是切点 K，如图 1-27(b)所示。

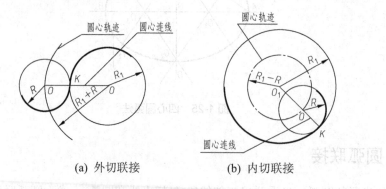

(a) 外切联接　　　　　　　　(b) 内切联接

图 1-27　圆弧联接的基本形式

3. 直线与圆弧间的圆弧联接

用圆弧联接直线和圆，也可分成外切和内切两种情况，图 1-28(a)所示为外切，图 1-28(b)

所示为内切。

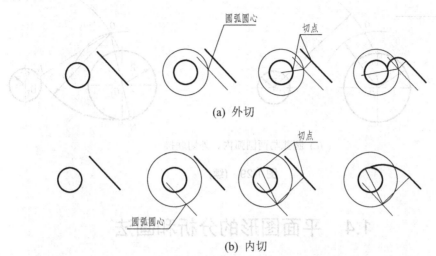

(a) 外切

(b) 内切

图 1-28　圆弧联接直线和圆

4．两圆弧间的圆弧联接

用圆弧联接两圆弧有三种情况，即圆弧与两圆弧外切联接，圆弧与两圆弧内切联接和圆弧与两圆弧内、外切联接。

(1) 圆弧与两圆弧外切联接的方法和步骤如图 1-29(a)所示。

(2) 圆弧与两圆弧内切联接的方法和步骤如图 1-29(b)所示。

(3) 圆弧与两圆弧内、外切联接的方法和步骤如图 1-29(c)所示。

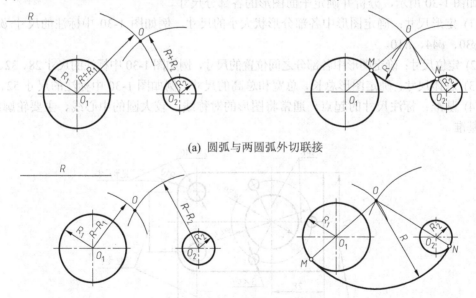

(a) 圆弧与两圆弧外切联接

(b) 圆弧与两圆弧内切联接

图 1-29　两圆弧间的圆弧联接

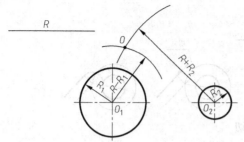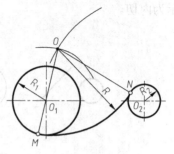

(c) 圆弧与两圆弧内、外切联接

图 1-29 (续)

1.4 平面图形的分析和画法

一个平面图形常由一个或多个封闭图形所组成，而每一个封闭图形一般又由若干线段（直线、圆弧）所组成，相邻线段彼此相交或相切联接。要正确绘制一个平面图形，必须掌握平面图形的线段分析和尺寸标注方法。

1.4.1 平面图形的分析

1. 平面图形的尺寸分析

如图 1-30 所示，分析并确定平面图形的各部分尺寸。

(1) 定形尺寸：确定图形中各部分形状大小的尺寸，例如图 1-30 中标注的尺寸 $\phi10$、$\phi6$、$\phi30$、$\phi44$、$R10$。

(2) 定位尺寸：确定图形中各部分之间位置的尺寸，例如图 1-30 中标注的尺寸 28、32、70。

(3) 总体尺寸：确定图形总长、总宽和总高的尺寸，例如图 1-30 中标注的尺寸 52、80。

(4) 基准：标注尺寸的起点。通常将图形的对称线、较大圆的中心线、主要轮廓线等作为基准。

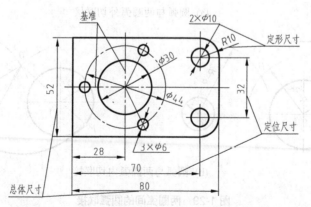

图 1-30 尺寸分析

2．平面图形的线段分析

在尺寸分析的基础上，分析线段的联接情况，如图 1-31 所示。

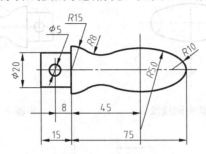

图 1-31 平面图形的线段分析

(1) 已知线段：定形尺寸和两个定位尺寸全知，或者根据作图基准线位置和已知尺寸就能直接作出的线段，如图 1-31 中长度为 20、15 的线段、半径为 10、15 的圆弧、直径为 5 的圆。

(2) 中间线段：定形尺寸已知，定位尺寸知其一，如图 1-31 中半径为 50 的圆弧。

(3) 联接线段：定形尺寸已知，定位尺寸未知，如图 1-31 中半径为 8 的圆弧。

1.4.2 平面图形的画法

平面图形的绘图方法与步骤如下。

(1) 对平面图形进行尺寸及线段分析。

(2) 选择适当的比例及图幅。

(3) 固定图纸，画出基准线(对称线、中心线等)。

(4) 按已知线段、中间线段、联接线段的顺序依次画出各线段。

(5) 画出需要的尺寸和尺寸界线。

(6) 检查并加深图线。

(7) 标注尺寸、填写标题栏，完成图纸。

注意：绘制平面图形时，必须先画出各已知线段，再画出各中间线段，最后画出各联接线段。

以图 1-31 所示图形为例，在 A4 图纸上，按 2∶1 的比例画出图形,粗实线宽度为 0.5mm，尺寸数字为 3.5 号。初步绘制底稿步骤如图 1-32 所示。

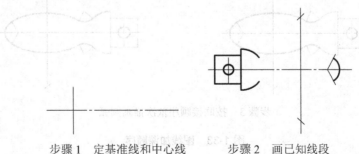

步骤 1　定基准线和中心线　　　　步骤 2　画已知线段

图 1-32 底稿的绘制步骤

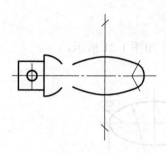 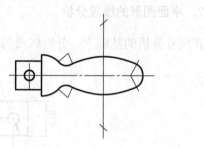

步骤 3　画中间线段　　　　　　　步骤 4　画联接线段

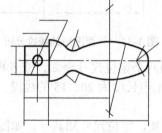

步骤 5　画出尺寸线和尺寸界线

图 1-32　（续）

加深图线的顺序是先描圆和圆弧，再描直线，最后画箭头并填写尺寸数字，具体绘制步骤如图 1-33 所示。

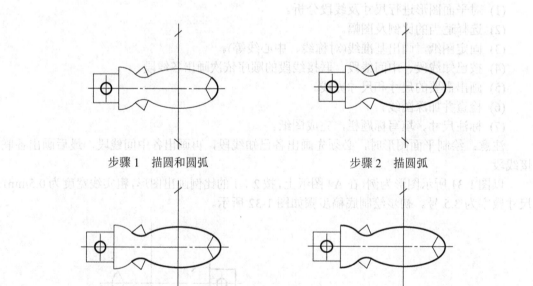

步骤 1　描圆和圆弧　　　　　　　步骤 2　描圆弧

步骤 3　按联接顺序依次描画圆弧

图 1-33　图线加深顺序

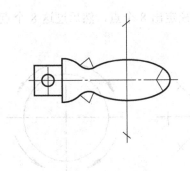

步骤 4　描画直线

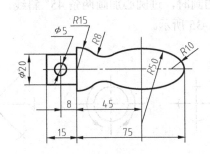

步骤 5　画箭头、填写尺寸数字

图 1-33　(续)

1.5　徒手绘制草图

专业设计人员在现场测绘、即兴构思或研讨设计方案时经常徒手绘制草图。不用绘图仪器、不用量尺，仅凭目测比例徒手画线，并做到图线清晰、粗细分明、自成比例、图形准确。徒手绘制草图是工程技术人员的一项基本技能。

1.5.1　徒手画线的方法

徒手画线应尽量选择较软铅笔(如 B 或 2B)。握笔的位置要稍高一些，手指放松，使笔杆有较大的活动范围。

1. 绘制直线

绘制直线，可先标出直线的两端点，悬空沿直线走势比划一下，掌握好直线方向再落笔画线。绘制水平线时笔杆可放平一些，绘制竖直线时笔杆则要稍直立一些。绘制斜线时应从左端开始，也可以将图纸斜放，按水平线来画。

绘制较长线时，要盯住终点，不看笔尖，用较快的速度画；也可以将直线分成几段画成。加粗或加深图线时则要盯住笔尖用较慢的速度画。绘制方法如图 1-34 所示。

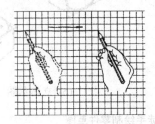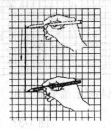

图 1-34　徒手画直线

2. 绘制圆或椭圆

绘制小圆时一般只画出垂直相交的中心线，并按半径定出 4 个象限点，然后勾画出圆。

绘制较大的圆时，过圆心加画两条 45° 斜线，按半径定出 8 个点，然后过这 8 个点勾画出圆，如图 1-35 所示。

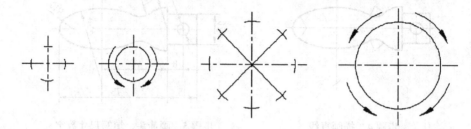

图 1-35　徒手画圆

椭圆画法与圆类似，先定出长短轴上 4 个端点，过 4 个端点分别做长短轴的平行线，构成一个矩形，最后作出于矩形相切的椭圆，如图 1-36 所示。

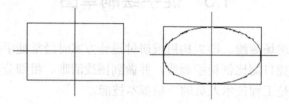

图 1-36　徒手画椭圆

1.5.2　绘制零件草图

零件草图分为平面图和立体图。图 1-37 为徒手绘制草图的示例。初画平面草图时在方格纸上画平面图形时，主要轮廓线和定位中心线应尽可能利用方格纸上的线条，图形各部分之间的比例可按方格纸上的格数来确定。

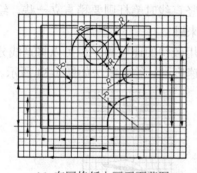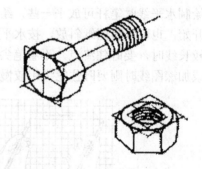

(a) 在网格纸上画平面草图　　　　　　(b) 立体草图

图 1-37　徒手绘制零件草图

第2章　点、直线及平面的投影

本章内容是机械制图课程的基础内容之一。主要介绍机械制图的绘图原理，研究基本几何元素点、线、面在三个投影面体系中的投影规律和绘图方法。

通过本章的学习，应达到如下目标。

(1) 建立投影法的概念，掌握正投影图的投影规律。

(2) 掌握正投影的基本性质和"三等"投影规律。

(3) 理解点、重影点、直线、平面的投影特性和判别方法，并能利用投影特性作图。

(4) 了解换面法的概念和几何元素投影作图方法。

2.1　投影法的基本知识

制图的中心任务是在二维平面上表现出三维形体。将空间的三维形体转变为平面上的二维图形是通过投影法实现的，因此投影法是制图的基础。

2.1.1　投影的概念

物体在阳光照射下会在地面或墙面上产生影子，这种现象给了人们启发，如图 2-1 所示。经过长期的观察与研究，人们将光线抽象为投射线，把物体抽象为几何形体，把落影的平面(如墙面、地面)抽象为投影面，创造出一整套用平面图形表达物体立体形状的方法，称之为"投影法"，如图 2-2 所示。

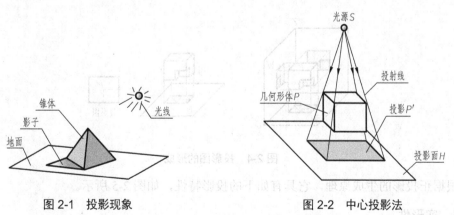

图 2-1　投影现象　　　　　　　　　图 2-2　中心投影法

简而言之，投影法就是用光线照射物体，在给定的平面上产生图像的方法。

2.1.2　投影法的种类

根据投射线的交汇或平行，投影法一般可分为两类。

中心投影法：投射线由投影中心 S 出发，在投影面上做出物体投影的方法。

平行投影法：

斜投影法：投射线互相平行且与投影面倾斜的投影法。

正投影法：投射线互相平行且与投影面垂直的投影法。

图 2-2 所示为中心投影法，图 2-3 所示为平行投影法。

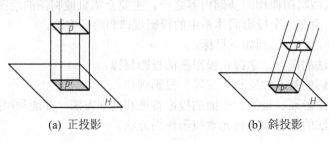

(a) 正投影   (b) 斜投影

图 2-3　平行投影法

投射线互相平行，在投影面上做出物体投影的方法，称为平行投影法。当投影中心离开物体无穷远时，投射线可以看做是互相平行的，比如太阳的光线。斜投影法和正投影法则是根据投射线和投影面的角度关系(倾斜或垂直)来区分的。正投影法度量性好、作图简便，易于表达空间物体的形状和大小，在工程上应用广泛，机械图样都是采用正投影法绘制的。

💡 **注意**：正投影法是本课程主要学习的内容，在本书中，如无特别说明，所述投影均指正投影。

采用正投影法，在给定投影面上得到形体的投影，并以线条绘制出投影的形状，就形成了正投影图。为了把形体各面和内部形状都反映在投影图中，可以假设投射线能穿透形体，用粗实线表示可见的轮廓线或棱线，用细虚线表示不可见的轮廓线或棱线，如图 2-4 所示。

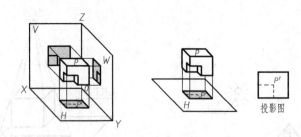

投影图

图 2-4　投影图的形成

根据正投影的生成原理，它具有如下的投影特性，如图 2-5 所示。

1. 实形性

平面(直线)平行于投影面，投影反映实形(实长)，这种特性称为正投影的实形性。

2. 积聚性

平面(直线)垂直于投影面，投影积聚成一线(一点)，这种特性称为正投影的积聚性。

3．类似性

平面(直线)倾斜于投影面，投影面积变小(长度缩短)，这种特性称为正投影的类似性。

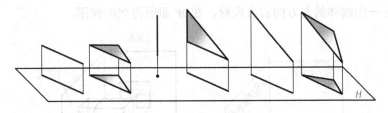

图 2-5　正投影的投影特性

2.1.3　物体的三面投影图

1．单面投影的情况

用正投影法在一个投影面上得到一个视图，如图 2-6 所示，只能反映物体的一个方向的形状、大小，而两个形状不同的物体在同一投影面上可具有相同的正投影，可见只用一个正投影图来反映物体是不够的。

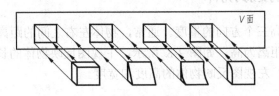

图 2-6　单面投影

2．三面投影体系的建立

为了准确、完整地表达物体的形状和大小，使投影图能够唯一确定物体的形状，就需要采用多面正投影的方法。机械制图采用互相垂直的三个投影面组成的投影系统，如图 2-7(a)所示。

1) 投影面

三面投影体系中的三个投影面分别是：水平位置的投影面称为水平投影面，用 H 表示；与水平投影面垂直的投影面称为正立投影面，用 V 表示；与水平投影面和正立投影面都垂直的投影面称侧立投影面，用 W 表示。

2) 投影轴

三个投影面的交线称为投影轴，其中：V 面与 H 面的交线为 OX 轴，简称 X 轴；V 面与 H 面的交线为 OY 轴，简称 Y 轴；V 面与 W 面的交线为 OZ 轴，简称 Z 轴。X、Y、Z 三轴的交点称为原点用 O 表示。

3) 三视图

根据国家制图标准规定，按正投影法绘制的物体的图形，称为视图。在上述三面投影体系中可获得的视图有主视图、俯视图、左视图，如图 2-7(b)所示。

主视图——由物体的前方向后方投射，在 V 面所得到的视图。

俯视图——由物体的上方向下方投射，在 H 面所得到的视图。

左视图——由物体的左方向右方投射，在 W 面所得到的视图。

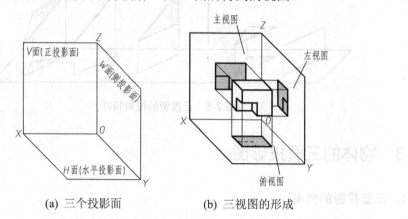

(a) 三个投影面　　　　　(b) 三视图的形成

图 2-7　三面投影体系的建立

2.1.4　三视图的投影规律

物体有长、宽、高三个方向的量度。通常，物体左右之间的距离为长，前后之间的距离为宽，上下之间的距离为高。如图 2-8 所示，主视图反映物体的长度和高度，俯视图反映物体的长度和宽度，左视图反映物体的高度和宽度。

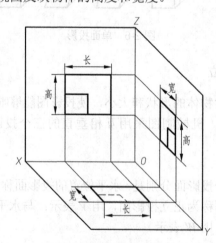

图 2-8　三视图的对应关系

如图 2-9(a)所示，把三个投影面画在同一平面上时，必须将三个投影面展开。保持正面不变，水平面绕 X 轴向下旋转 90°，侧面绕 Z 轴向右旋转 90°。其中 Y 轴随水平面旋转后用 Y_H 表示，随侧面旋转后用 Y_W 表示。展开后的三面投影图如图 2-9(b)所示。

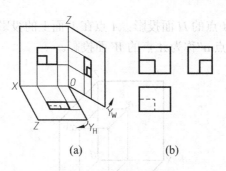

图 2-9 投影面的展开

由于三视图反映的是同一物体，所以三视图之间的投影规律可归纳为：主视图与俯视图长对正，主视图与左视图高平齐，俯视图与左视图宽相等。简称为"长对正、高平齐、宽相等"。

注意：不仅物体的整体轮廓符合此投影规律，而且物体的每一部分都符合此投影规律。

物体有上、下、左、右、前、后 6 个方位，其中：主视图反映物体的上、下、左、右 4 个方位；俯视图反映物体的前、后、左、右 4 个方位；左视图反映物体的前、后、上、下 4 个方位，如图 2-10 所示。

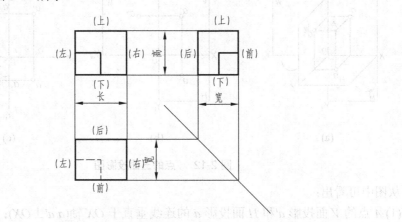

图 2-10 三视图的投影对应关系和方位对应关系

2.2 点 的 投 影

点、线、面是构成形体的基本几何元素，它们一般是不能脱离形体而孤立存在的。将它们从形体中抽象出来研究，目的是深刻认识形体的投影本质，掌握其投影规律。

点是组成形体的最基本几何元素，在形体中以顶点或交点的形式存在。

2.2.1 点的三面投影

在正投影条件下，将空间点 A 置于三面投影体系中，如图 2-11 所示，则得到：A 点在

H 面上的投影点 a，称为 A 点的 H 面投影；A 点在 V 面上的投影点 a'，称为 A 点的 V 面投影；A 点在 W 面上的投影点 a'' 称为 A 点的 W 面投影。

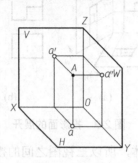

图 2-11　点的三面投影

用三面投影体系展开的方法，就可得到如图 2-12 所示的空间点 A 的三面投影图。因为投影面是任意大的，因此在投影图上一般不画投影面范围，仅用轴线 OX、OY、OZ 表示出投影面之间的界限。投影图上的投影连线(如 aa'、$a'a''$)用细实线表示。

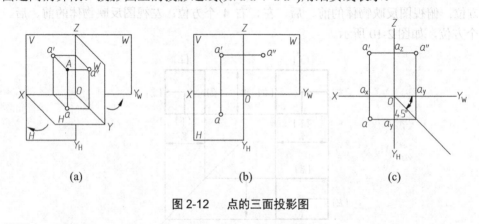

(a)　　　　　　　　　　(b)　　　　　　　　　　(c)

图 2-12　点的三面投影图

从图中可看出：

(1) A 点的 V 面投影 a' 和 H 面投影 a 的连线垂直于 OX 轴($aa' \perp OX$)；

(2) A 点的 V 面投影 a' 和 W 面投影 a'' 的连线垂直于 OZ 轴($a'a'' \perp OZ$)；

(3) A 点的 H 面投影 a 到 OX 轴的距离等于 W 面投影 a'' 到 OZ 轴的距离($aa_x = a''a_z$)。为作图方便，也可自点 O 作 $45°$ 辅助线，以实现这个关系，如图 2-12(c)所示。

💡 **注意**：点的两个投影已能确定该点的空间位置。但为更清楚地表达某些几何体，一般仍需采用三面投影图。

2.2.2　点的投影与坐标

互相垂直的三个投影面 H、V、W 面可作为坐标平面，与互相垂直的三个投影轴 OX、OY、OZ 共同构成一个空间直角坐标系。规定三个轴的交点 O 为原点，OX 自 O 点向左为正，OY 自 O 点向前为正，OZ 自 O 点向上为正，如图 2-12 所示。

点的投影的坐标性质可用"三个相等"来总结。

(1) X 轴坐标等于空间点 A 到 W 面的距离($O\,a_x = Aa''$)。

(2) Y 轴坐标等于空间点 A 到 V 面的距离($O\,a_y = Aa'$)。

(3) Z 轴坐标等于空间点 A 到 H 面的距离($O\,a_z = Aa$)。

通过点的三面投影可推出点的坐标，具体体现在：水平投影 a 反映点的 X 和 Y 轴坐标；正面投影 a' 反映点的 X 和 Z 轴坐标；侧面投影 a'' 反映点的 Y 和 Z 轴坐标。

空间点 A 可用坐标表示为 $A(x，y，z)$，如果已知一点的任意两面投影，就可以量出该点的三个坐标；而如果已知点的三个坐标，也据此求出该点的三面投影。

练习：已知空间点 A 的坐标 $A(20，10，15)$，求作它的三面投影图。

解题步骤：建立坐标系——量取坐标——画投影图。分析过程如图 2-13 所示，根据点 A 的坐标，可知点 A 与三个投影面的相对位置，A 点位于 W 面左侧 20mm、V 面前方 10mm、H 面上方 15mm 处。

即 $A\,a''= O\,a_x =20$，$A\,a'= O\,a_y =10$，$A\,a= O\,a_z =15$。

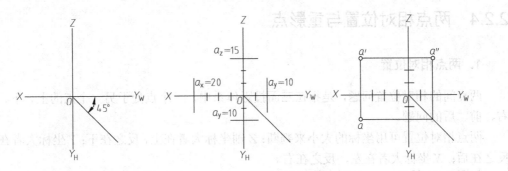

图 2-13　根据坐标绘制点的三面投影

2.2.3　特殊位置点的投影

点的坐标值可以为任意值，因此也可能出现零值。当点的坐标值中出现零值时，我们称这样的点为特殊位置点。特殊位置点可归纳为以下三种情况。

1．投影面上的点

当空间点的坐标中有一个为零值时，该空间点位于投影面上。在该投影面上，点的投影与空间点重合。在另外两个投影面上，点的投影分别落在相应的投影轴上，如图 2-14 所示。

2．投影轴上的点

当空间点的坐标中有两个为零值时，该空间点位于投影轴上。在包含该投影轴的两个投影面上，点的两个投影都与该空间点重合。在另外一个投影面上，点的投影与原点 O 重合，如图 2-15 所示。

3．原点位置的点

当空间点的三个坐标值都为零值时，该空间点位于原点 O 的位置。它的三面投影都与

它自身重合于原点 O。如图 2-16 所示。

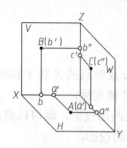

图 2-14　投影面上的点

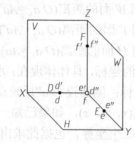

图 2-15　投影轴上的点

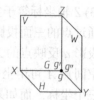

图 2-16　原点位置的点

试一试：请根据图 2-14～图 2-16，作出特殊位置点 A、B、C、D、E、F、G 七个点的投影图。

2.2.4　两点相对位置与重影点

1. 两点相对位置

两点间的相对位置问题，是指在三面投影体系中，一个点处于另一个点的上、下、左、右、前、后的问题。

两点相对位置可用坐标的大小来判断：Z 轴坐标大者在上，反之在下；Y 坐标大者在前，反之在后；X 坐标大者在左，反之在右。

如图 2-17 所示，A，B 两点的相对位置：$a_x < b_x$，点 A 在点 B 之右；$a_y < b_y$，点 A 在点 B 之后；$a_z > b_z$，因此点 A 在点 B 之上，结果是点 A 在点 B 的右后上方。

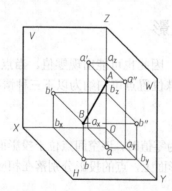

图 2-17　两空间点的相对位置

在判断两点的相对位置时，上、下、左、右的关系比较直观，而前后位置关系较难想象。根据投影图的形成原理，离正立投影面远者为前方，离正立投影面近者为后方，可记作"远离 V 面为前，靠近 V 面为后"。

2. 重影点

当两个空间点处于同一条投射线上(即两点的某两个坐标相同)时，它们在相应投影面上的投影将重合于一点，我们称此重合投影为重影点。

如图 2-18 所示，A，B 两点位于垂直于 V 面的同一条投射线上(即 $a_x = b_x$，$a_z = b_z$)，正面投影 a' 和 b' 重合于一点。

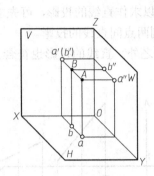

图 2-18　重影点

由水平投影和侧面投影，可知 $a_y > b_y$，即点 A 在点 B 的前方。因此点 B 的正面投影 b' 被点 A 的正面投影 a' 遮挡，是不可见的，规定在 b' 上加圆括号以示区别。

试一试：请根据图 2-18，绘制 A、B 两点的投影图。想一想，如果 AB 垂直于水平面或垂直于正面，会得到什么样的投影图。

2.3　直线的投影

直线是可以无限延长的，直线上两定点之间的部分被称为"线段"，本书所述的直线一般是指两定点间的线段部分。

2.3.1　直线的投影

直线是点的集合，因此直线的投影为直线上各点投影的集合。如图 2-19 所示，通过对直线 L 上 A、B、C、D 各点向水平面 H 作投影线，这些投影线形成了与 H 面垂直的平面，此平面与 H 面相交的交线必然是一条直线，该直线就是直线 L 的水平投影。从中可以看出直线的投影具有不变性，即直线的投影一般仍为直线。

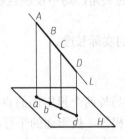

图 2-19　直线的投影

💡 **注意：** 一般来说点的投影仍为点、直线的投影仍为直线、平面投影仍为平面，称为正投影同素性不变原理。

过两点可以作一条直线，所以求作直线的投影，可先求出该直线上两点的投影(如两个端点)，联接两点的投影即可得到两点间直线的投影。

除了前面提到的同素性不变之外，直线的投影也符合正投影的积聚性、类似性和实形性，如图 2-20 所示。

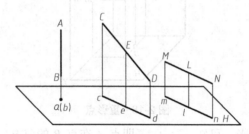

图 2-20　直线的投影特性

2.3.2　直线与投影面的相对位置及其投影特性

在三面投影体系中，直线可以处于各种不同的位置，根据直线与投影面的相对位置关系我们把直线分为一般位置直线与特殊位置直线两类。

一般位置直线：与三个投影面既不平行也不垂直的直线。

特殊位置直线 $\Big\{$ 投影面的平行线：平行于一个投影面，而对另外两个投影面倾斜的直线。

投影面的垂直线：直于一个投影面，而与另外两个投影面平行的直线。

直线与投影面 H、V、W 间的夹角分别用小写希腊字母 α、β、γ 表示。

1．一般位置直线

如图 2-21 所示，与三个投影面均倾斜的直线，称为一般位置线。一般位置直线的投影具有以下特性。

(1) 直线的三个投影均倾斜于投影轴。

(2) 直线的三个投影与投影轴的夹角，均不反映直线与任何投影面的倾角，且 α、β 和 γ 均为锐角。

(3) 各投影的长度均小于直线的实际长度。

2．投影面的平行线

平行于一个投影面，而倾斜于另外两个投影面的直线被称为投影面的平行线，线上任何一点到所平行的投影面的距离都相等。投影面的平行线的投影具有以下特性。

(1) 直线在于其平行的投影面上的投影反映实长，此投影与投影轴的夹角反映直线与另两个投影面的夹角实形。

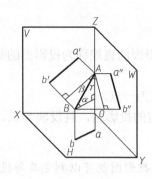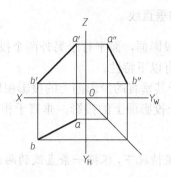

图 2-21　一般位置直线

(2) 其余两个投影面上的投影，平行于相应的投影轴，但不反映实长。

投影面的平行线又分为三种：平行于 V 面的直线被称为正平线；平行于 H 面的直线被称为水平线；平行于 W 面的直线被称为侧平线。具体投影特性如表 2-1 所示。

表 2-1　投影面的平行线

名　称	正 平 线	水 平 线	侧 平 线
空间状态			
投影图			
投影特性	①正面投影为斜线，反映直线实际长度以及直线与水平面和侧面的夹角 α、γ ②水平面与侧面投影分别平行于 OX、OZ 轴	①水平面投影为斜线，反映直线实际长度以及直线与正面和侧面的夹角 β、γ ②正面与侧面投影都平行于 OX、OY_W 轴	①侧面投影为斜线，反映直线实际长度以及直线与正面和水平面的夹角 β、α ②正面与侧面投影都平行于 OZ、OY_H 轴
判定方法	三面投影都是直线且位置"两正一斜"，斜线在正面上	三面投影都是直线且位置"两正一斜"，斜线在水平面上	三面投影都是直线且位置"两正一斜"，斜线在侧面上

3．投影面的垂直线

垂直于一个投影面，而平行于另外两个投影面的直线称为投影面的垂直线。投影面的垂直线的投影具有以下特性。

(1) 直线在于其垂直的投影面上的投影积聚为一点。

(2) 其余两个投影面上的投影，垂直于相应的投影轴，且反映实长。具体投影特性如表 2-2 所示。

💡 **注意：** 一般情况下，根据一条直线的两面投影图就可以判定其与投影面的位置关系。

表 2-2　投影面的垂直线

名　称	正垂线	铅垂线	侧垂线
空间状态			
投影图			
投影特性	①正面投影积聚为一点 ②水平面和侧面投影反映直线实际长度，且分别垂直于 OX、OZ 轴	①水平面投影积聚为一点 ②正面和侧面投影反映直线实际长度，且垂直于 OX、OY_W 轴	①侧面投影积聚为一点 ②正面和水平面投影反映直线实际长度，且垂直于 OZ、OY_H 轴
判定方法	三面投影为"两面一点"，点在正面上	三面投影为"两面一点"，点在水平面上	三面投影为"两面一点"，点在侧面上

2.3.3　直线上的点

直线上任意一点的投影必在该直线的同面投影上，此关系称为点与直线的从属关系。

直线上的点将直线分成几段，各线段长度之比等于它们的同面投影长度之比；反之，若点的各面投影分线段的对应投影长度之比相等，则此点在该直线上，此关系称为点与直线的定比关系。

根据定比关系，可在投影上任意定比分点。利用直线上线段之比来求直线上点的方法，称为分比法。如图 2-22 所示，已知直线 AB 的两投影，在直线 AB 上取点 C，使 $AC：CB=1：3$

根据"定分线段之比，投影后比例不变"的原理，可知 $AC：CB=ac：cb=a'c'：c'b'=1：3$。

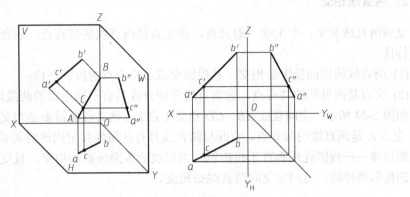

图 2-22　点与直线的定比关系

2.3.4　两直线的相对位置

空间两直线的相对位置有平行、相交和交叉三种。在特殊情况下两条直线可以垂直。其中平行和相交两直线均在同一平面上，交叉两直线不在同一平面上，因此又称为异面直线。

1. 两直线平行

互相平行的两条直线在投影上体现出平行性和等比性。

(1) 平行性——若两直线相互平行，则它们的各面投影必相互平行。反之，若两直线的各面投影相互平行，则两直线在空间上相互平行。

(2) 等比性——若两直线相互平行，则它们的长度之比等于它们的同面投影长度之比，即：$AB/CD=ab/cd==a'b'/c'd'=a''b''/c''d''$。

如果从投影图上判定两条直线是否平行，对于一般位置的直线和投影面垂直线，只需要看它们的任意两个同面投影是否平行即可。如图 2-23 所示，因为 $ab // cd$、$a'b' // c'd'$，则 $AB // CD$。

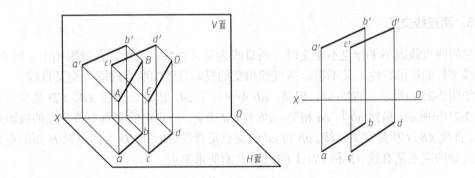

图 2-23　两直线平行

2．两直线相交

空间两直线相交，产生唯一的交点，该交点是两直线的共有点，表现在投影图上具有以下特性。

(1) 两直线的同面投影必相交，且投影交点必符合点的投影规律。

(2) 交点是两直线的共有点，它将直线分别分成具有不同定比的两线段。

如图 2-24 所示，空间直线 AB、CD 相交于点 K，则其各面投影必相交于同一点的投影 k'、k 交点 K 是两直线的共有点，它既与两直线具有从属性和定比性的关系，还符合空间点的投影规律——投影连线垂直于投影轴。当直线的各面投影均相交，且交点的投影符合空间点的投影规律时，可判定空间两直线必相交。

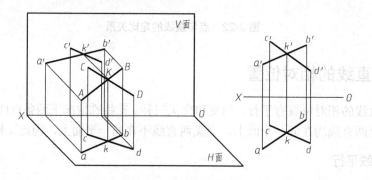

图 2-24　两直线相交

如果要从投影图上判定两条直线是否相交，对于一般位置的直线和投影面垂直线，只要看它们的任意两个同面投影是否相交且交点的投影是否符合点的投影规律即可。如图 2-24 所示，因为 ab 与 cd 交于 k，a'b' 与 c'd' 交于 k'，且 kk'⊥OX，则空间 AB 与 CD 相交。

注意： 判断两条直线是否相交时，如果是两条一般位置直线，只要在两投影中即可处理它们有关相交问题；如果两条直线中有一条为投影面的平行线时，则要由第三面投影或利用直线上点的定比分割的性质，检查是否有公共点。

3．两直线交叉

空间两直线既不平行也不相交时，两直线为交叉直线。因此，在投影图上，既不符合两直线平行的投影特性，又不符合两直线相交的投影特性的两直线即为交叉直线。

如图 2-25(a)所示，a'b'//c'd'，但是，ab 不平行于 cd，因此，直线 AB、CD 是交叉直线。如图 2-25(b)所示，虽然 ab 与 cd 相交，a'b' 与 c'd' 相交，但它们的交点不符合点的投影规律，因此，直线 AB、CD 是交叉直线。ab 与 cd 的交点是直线 AB 和 CD 上的点对 H 面的重影点，a'b' 与 c'd' 的交点是直线 AB 和 CD 上的点对 V 面的重影点。

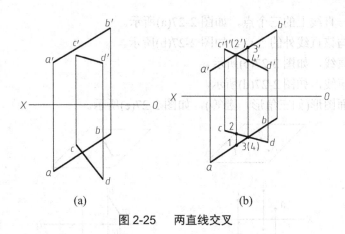

(a)　　　　　　　　(b)

图 2-25　两直线交叉

2.3.5　直角投影定理

直角投影定理：空间互相垂直的两直线，如果其中有一条直线平行于某一投影面，则两直线在该投影面的投影仍为直角。反之，若两直线在某投影面上的投影互相垂直，且其中一直线平行于该投影面，则两直线在空间必互相垂直。

如图 2-26(a)所示，AB、BC 为相交成直角的两直线，其中 BC 为水平线，AB 为一般位置直线。因为 $BC\perp Bb$，$BC\perp AB$，所以 BC 垂直于平面 $ABba$；又因为 $BC\!/\!/bc$，所以 bc 也垂直于平面 $ABba$。根据立体几何中的相关定理，bc 垂直于 $ABba$ 上的所有直线，故 $bc\perp ab$，其投影图如图 2-26(b)所示。因为 $bc\perp ab$，同时 BC 为水平线，则 $AB\perp BC$。

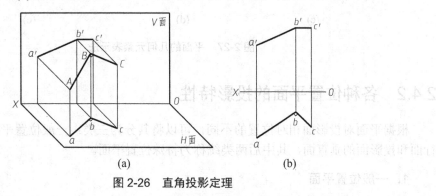

(a)　　　　　　　　(b)

图 2-26　直角投影定理

直角投影定理在工程上广泛应用于判断垂直关系和解决距离问题。

2.4　平面的投影

空间平面可以无限延展，几何上常用确定平面的空间几何元素表示平面。

2.4.1　平面的表示方法

根据初等几何学结论：不在同一直线上的三点确定一个平面。从这条公理出发，平面的投影可以用下列任何一组几何元素的投影来表示。

(1) 不在同一直线上的三个点，如图 2-27(a)所示。

(2) 一直线与该直线外的一点，如图 2-27(b)所示。

(3) 相交两直线，如图 2-27(c)所示。

(4) 平行两直线，如图 2-27(d)所示。

(5) 任意平面图形(如三角形，圆等)，如图 2-27(e)所示。

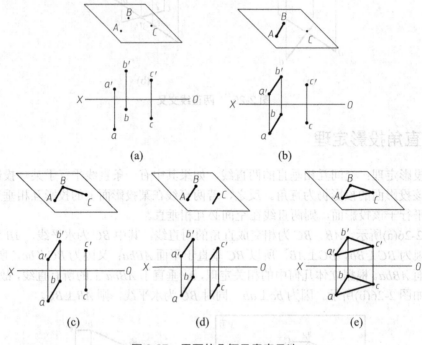

图 2-27　平面的几何元素表示法

2.4.2　各种位置平面的投影特性

根据平面对投影面相对位置的不同，可以将其分为三类：一般位置平面、投影面的平行面和投影面的垂直面，其中后两类统称为特殊位置平面。

1．一般位置平面

一般位置平面是指与三个投影面既不垂直又不平行的平面，如图 2-28 所示。平面与 H、V、W 三个投影面的夹角分别用 α、β 和 γ 表示。由于一般位置平面对 H、V 和 W 面既不垂直也不平行，所以它的三面投影均不反映平面图形的实形，也不反映积聚性，均为类似形。

2．投影面的平行面

投影面的平行面是指平行于某一个投影面的平面。按所平行的投影面的不同有：水平面——平行于 H 面的平面、正平面——平行于 V 面的平面、侧平面——平行于 W 面的平面。

在三投影面体系中，投影面的平行面平行于某一个投影面，与另外两个投影面垂直。这类平面的一面投影具有反映平面图形实形的特点，另两面投影有积聚性。

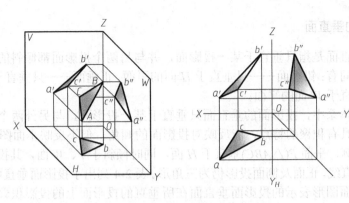

图 2-28　一般位置平面

以水平面为例，平面 $P(\triangle ABC)$ 平行于 H 面，同时垂直于 V、W 面，其投影特性如下。

(1) 水平投影 $\triangle abc$ 反映平面图形的实形；

(2) 正面投影和侧面投影均积聚为直线，分别平行于 OX 轴和 OY_W 轴。

同样，正平面和侧平面也有类似的投影特性，表 2-3 列出了平行面的投影特性。

总之，用平面图形表示的投影面平行面在所平行的投影面上的投影反映实形；其余两面投影均积聚为直线，且分别平行于该投影面所包含的两个投影轴。

表 2-3　投影面的平行面

名称	正平面	水平面	侧平面
空间状态			
投影图			
投影特性	①正面投影反映实形 ②水平面与侧面投影积聚成线，且分别平行于 OX、OZ 轴	①水平面投影反映实形 ②正面与侧面投影积聚成线，且平行于 OX、OY_W 轴	①侧面投影反映实形 ②水平面与正面投影积聚成线，且平行于 OY_H、OZ 轴
判别方法	三面投影"两线一面"，且面在正面上	三面投影"两线一面"，且面在水平面上	三面投影"两线一面"，且面在侧面上

3. 投影面的垂直面

投影面的垂直面是指只垂直于某一投影面，并与另两个投影面都倾斜的平面。按所垂直的投影面的不同有：铅垂面——只垂直于 H 面的平面、正垂面——只垂直于 V 面的平面、侧垂面——只垂直于 W 面的平面。

在三投影面体系中，投影面的垂直面只垂直某一投影面，与另外两个投影面倾斜。这类平面的投影具有积聚的特点，能反映对投影面的倾角，但不反映平面图形的实形。

以铅垂面为例，平面 $P(\triangle ABC)$ 垂直于 H 面，同时倾斜于 V、W 面，其投影特性为水平投影积聚成一条直线，正面及侧面投影仍为三角形。表 2-4 列出了投影面垂直面的投影特性。

总之，用平面图形表示的投影面垂直面在所垂直的投影面上的投影积聚为一条直线，该直线与投影轴的夹角反映平面对另两个投影面的倾角，另外两面投影均为类似形。

表 2-4　投影面的垂直面

名　称	正垂面	铅垂面	侧垂面
空间状态			
投影图			
投影特性	①正面投影积聚为一斜线，且反映平面与水平面和侧面的夹角 α、γ ②水平面和侧面投影是原平面的类似形	①水平面投影积聚为一斜线，且反映平面与正面和侧面的夹角 β、γ ②正面和侧面投影是原平面的类似形	①侧面投影积聚为一斜线，且反映平面与水平面和正面的夹角 α、β ②水平面和正面投影是原平面的类似形
判别方法	三面投影"两面一线"，且线在正面上	三面投影"两面一线"，且线在水平面上	三面投影"两面一线"，且线在侧面上

2.4.3　平面内的点和直线

1. 属于平面的点

由立体几何的相关知识可知：若点属平面，则该点必属于该平面内的一条直线；反之，若点属于平面内的一条直线，则该点必属于该平面。如图 2-29 所示，平面 P 由相交两直线

AB、BC 确定，M、N 两点分别属于直线 AB、BC，故点 M、N 属于平面 P。

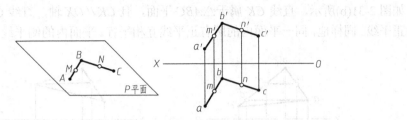

图 2-29　属于平面的点

在投影图上，若点属于平面，则该点的各个投影必属于该平面内的一条直线的同面投影；反之，若点的各个投影属于平面内一条直线的同面投影，则该点必属于该平面。

2．属于平面的直线

由立体几何的相关知识可知：若直线属于平面，则该直线必通过平面内的两个点，或该直线通过平面内的一个点，且平行于该平面内的另一已知直线；反之，若直线通过平面内的两个点，或该直线通过平面内的一个点，且平行于该平面内的另一已知直线，则该直线必属于该平面。如图 2-30(a)所示，平面 P 由相交两直线 AB、BC 确定，M、N 两点属于平面 P，故直线 MN 属于平面 P。如图 2-30(b)所示，L 点属于 P，且 $KL /\!/ BC$，因此，直线 KL 属于 P。

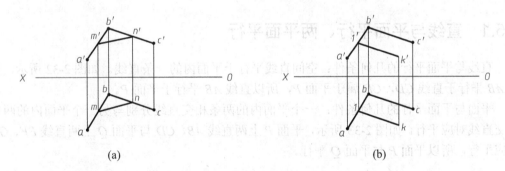

(a)　　　　　　　　　　　(b)

图 2-30　属于平面的直线

3．属于平面的投影面平行线

属于平面且同时平行于某一投影面的直线称为平面内的投影面平行线。平面内的投影面平行线既具有平面内直线的投影特性，又具有投影面平行线的投影特性。

平面内的投影面平行线有三种，平面内平行于 H 面的直线称为平面内的水平线；平面内平行于 V 面的直线称为平面内的正平线；平面内平行于 W 面的直线称为平面内的侧平线。

平面内的投影面平行线，既有投影面平行线的投影特性，又有与其所属平面的从属关系。

如图 2-31(a)所示，直线 AD 属于 $\triangle ABC$ 平面，且 $a'd' /\!/ OX$ 轴，直线 AD 是 $\triangle ABC$ 平面内的水平线。同样，直线 MN 也是 $\triangle ABC$ 平面内的水平线。由图可知，$mn /\!/ ad$，$m'n' /\!/ a'd'$，

因此，$MN // AD$。由此可见，同一平面内的所有水平线互相平行。

如图 2-31(b)所示，直线 CK 属于△ABC 平面，且 $CK // OX$ 轴，直线 CK 是△ABC 平面内的正平线。同样地，同一平面内的所有正平线互相平行。平面内的侧平线也有相同的特性。

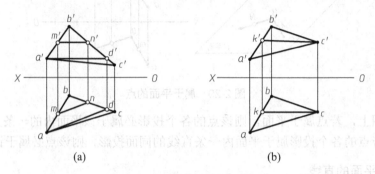

(a)　　　　　　　　　　　　　　(b)

图 2-31　平面内的投影面平行线

2.5　直线与平面、平面与平面的相对位置

直线与平面以及两平面间的相对位置，除了直线在平面上或两平面重合的特例外，只可能相交或平行。垂直则是相交的特例。

2.5.1　直线与平面平行、两平面平行

直线与平面平行的几何条件：空间直线平行于平面内的一条直线。如图 2-32 所示，直线 AB 平行于直线 CD，CD 属于平面 P，所以直线 AB 平行于平面 P。

平面与平面平行的几何条件：一个平面内的两条相交直线分别与另一个平面内的两条相交直线对应平行。如图 2-33 所示，平面 P 上两直线 AB、CD 与平面 Q 上两直线 EF、GH 对应平行，所以平面 P 与平面 Q 平行。

图 2-32　直线与平面平行的判定条件

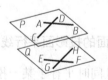

图 2-33　平面与平面平行的判定条件

💡 **注意：** 当平面或直线的投影中有一个具有积聚性投影，判别是否平行只需观察它们在具有积聚性的同面投影是否有平行关系，如图 2-34 所示。

根据直线与平面平行、两平面平行的几何条件和正投影的投影性质，以及平面与直线在空间中的位置，可在投影图上检验或求解有关直线与平面平行的投影作图问题。

如图 2-35 所示，过已知点 A，作一条水平线 $AB=20$，使其与已知平面 DEF 平行。

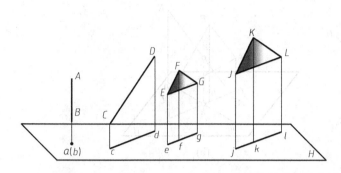

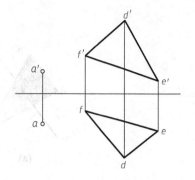

图 2-34　当直线或平面中的一个有积聚性时

图 2-35　求水平线 AB

作图步骤如图 2-36 所示，过 f' 在 $\triangle d'e'f'$ 上作 $f'g' \parallel OX$；作出 $\triangle def$ 平面上的水平线 fg；作 $ab \parallel fg$，并量取 $ab=20$；作 $a'b' \parallel f'g'$。

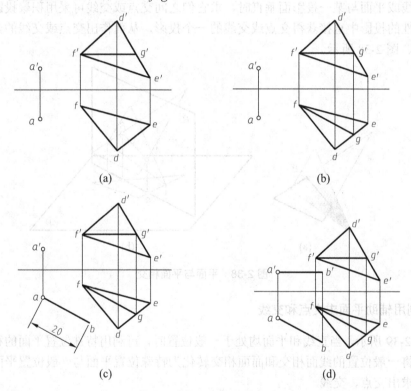

(a)

(b)

(c)

(d)

图 2-36　解题步骤

2.5.2　直线与平面相交、平面与平面相交

在空间中，若直线与平面、平面与平面不平行，则必然相交。直线与平面相交于一点，该交点是直线和平面的共有点，它既属于直线，又属于平面，如图 2-37(a)所示。平面与平面相交于一条直线，该交线为两平面的共有线，同时属于这两个平面，如图 2-37(a)所示。

根据直线、平面在投影体系中的位置，直线与平面的交点及两平面的交线的求法可以利用积聚性法和辅助平面法两种。

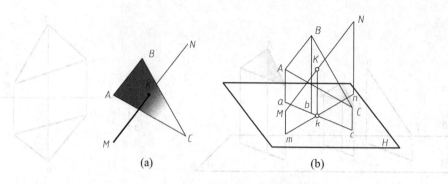

(a)   (b)

图 2-37　直线与平面相交

1. 利用积聚性求交点和交线

当直线或平面与某一投影面垂直时，求它们之间交点或交线可采用积聚投影法，即在具有积聚性的投影中直接获得交点或交线的一个投影，从而作出交点或交线的其他投影。如图 2-37、图 2-38 所示。

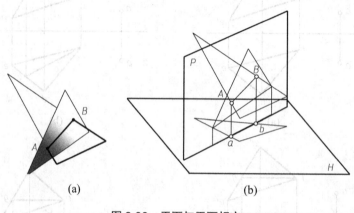

(a)   (b)

图 2-38　平面与平面相交

2. 利用辅助平面求交点和交线

如图 2-39 所示，当直线和平面均处于一般位置时，可利用特殊位置平面的积聚性作辅助平面，将一般位置的线面相交和面面相交转化为特殊位置平面与一般位置平面相交的问题，从而求出交点、交线。

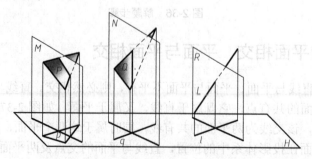

图 2-39　利用辅助平面求交点和交线

如图 2-40(a)所示，求一般位置平面 *ABC* 和一般位置直线 *DE* 交点 *N* 的投影。

作图步骤如图 2-40(b)所示，过 *EF* 作正垂面 *P*，求平面 *P* 与△*ABC* 的交线，求该交线与 *EF* 的交点 *N*，在两投影中分别找一对重影点，判断其 *V* 面和 *H* 面投影中直线段重影部分的可见性。

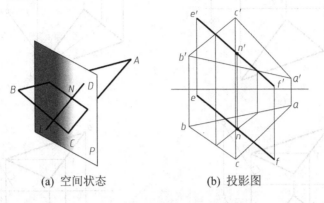

(a) 空间状态　　　　　(b) 投影图

图 2-40　一般位置平面与直线相交

2.5.3　直线与平面垂直、两平面垂直

直线与平面垂直的几何条件：直线垂直于平面上的任意两条相交直线。

平面与平面垂直的几何条件：平面上的一条直线垂直于另一平面。

垂直关系作图是以直角投影原理为基础的，当直线处于特殊位置时，则与其垂直的平面也必处于特殊位置，它们的垂直关系在投影图上能直接得到反映。与水平线垂直的平面为铅垂面等。当平面处于特殊位置时，该平面的垂线也处于特殊位置，则包含平面的垂线所作的平面可有不同的空间位置。如图 2-41 所示，与铅垂面垂直的平面将有三种位置：①一般位置平面；②铅垂面；③水平面。

当直线和平面或两平面都处于一般位置时，它们的垂直关系能在投影图上直接反映出来，判断垂直关系时，必须从它们垂直的几何条件出发并遵循投影规律。

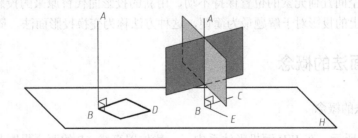

图 2-41　直线与平面垂直、两平面垂直

如图 2-42 所示，过点 *E* 作平面 *ABC* 的垂线 *EF*。作图步骤：过 *b'* 作 *b'1' ∥ OX*，得到点 1，过 *e* 作直线垂直于 *b1*；过 *a* 作 *a2 ∥ OX*，得到点 2'，过 *e'* 作直线垂直于 *b2'*；在两直线上分别找到一对对应点 *f*，*f'*。

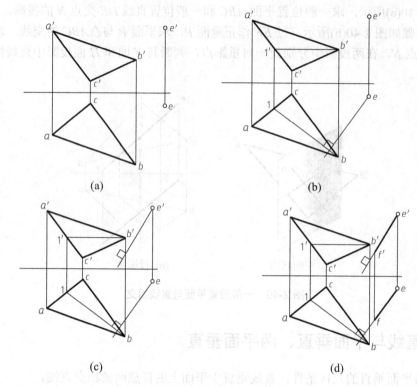

(a)　　　　　　　(b)

(c)　　　　　　　(d)

图 2-42　直线与平面垂直、两平面垂直

2.6　换　面　法

　　一般位置的平面或直线，在任何投影面上都不反映平面或直线的实形、实长。而与投影面平行时，却能真实地反映它们实际的形状和长度。由此得到启示，只要设法将空间几何元素相对于投影面处于特殊位置，就可方便地求解一般位置几何元素度量或定位问题。这时我们假设空间几何元素的位置保持不动，用新的投影面代替原来的投影面，使几何元素在新投影面上的投影对于解题最为简便，这种方法称为变换投影面法，简称换面法。

2.6.1　换面法的概念

1. 换面法的概念

　　如图 2-43 所示，在 V/H 面投影体系中，一般位置直线 AB 的两个投影都不反映实长，为此增设一个新投影面 V_1，使 V_1 面平行于直线 AB，并且与 H 面垂直，则新投影面 V_1 和原投影面 H 构成新的投影体系。在新的投影体系中，由于直线 AB 与投影面 V_1 平行，投影 $a_1' b_1'$ 反映实长；以 V_1 面和 H 面的交线 X_1 为轴，使 V_1 面旋转到与 H 面重合，就得出 V_1/H 体系的投影图。

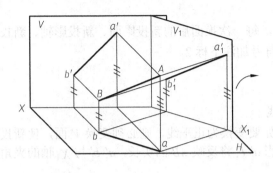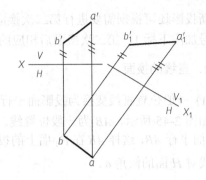

图 2-43　换面法

其中，V 面为被替换的原投影面，H 面为保留的原投影面，V_1 面为新投影面；V/H 为原投影体系，V_1/H 为新投影体系；X 轴为原投影轴，X_1 为新投影轴。

2．变换投影面应遵循的原则

(1) 新投影面应垂直于原有的一个投影面。
(2) 新投影面应和空间几何元素处于有利于解题的位置。

2.6.2　换面法的基本作图方法

1．点的换面

点的换面法是其他几何元素换面法的基础。

根据选择新投影面的条件可知，每次只能变换一个投影面。变换一个投影面即能达到解题要求的称为一次换面。如图 2-44 所示，变换 V 面，即 $V/H \rightarrow V_1/H$，a、a' 为点 A 在 V/H 体系中的投影，在适当的位置设一个新投影面 V_1 代替 V，必须使 $V_1 \perp H$，从而组成了新的投影体系 V_1/H。V_1 与 H 的交线 X_1 为新的投影轴。由 A 向 V_1 作垂线得到新投影面上的投影 a'_1，而水平投影仍为 a。

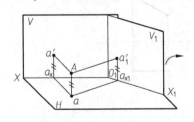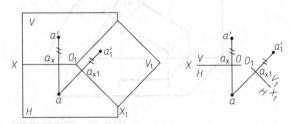

图 2-44　点的换面

点的换面投影规律如下。
(1) 新投影与不变投影连线垂直于新轴(如 $a\,a'_1 \perp X_1$ 轴)。
(2) 新投影到新投影轴的距离等于被替代的旧投影到旧投影轴的距离(如 $a'_1\,a'_{x1} =$

a' a_x)。

新投影还可根据需要进行第二次换面，每一次换面后的新投影面、新投影轴、新投影的符号加注下标 1，第二次换面后相应的符号加注下标 2。

2．直线的换面

(1) 一般位置直线变换为投影面平行线

如图 2-45 所示，AB 为一般位置线。如要变换为正平线，则必须变换 V 面，使新投影面 V_1 面平行 AB，这样 AB 在 V_1 面上的投影 a_1' b_1' 将反映 AB 的实长，a_1' b_1' 与 X_1 轴的夹角反映直线对 H 面的倾角 α。

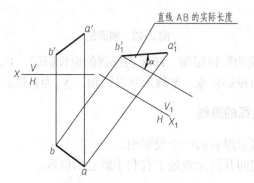

图 2-45　一般位置直线换面

作图过程如下：在适当位置作 $X_1 /\!/ ab$，标出 V_1/H；按点的换面法规律求出 a_1'、b_1'；联接 a_1' b_1'，则 a_1' b_1' 反映实长，a_1' b_1' 与 X_1 轴的夹角反映倾角 α。

(2) 投影面平行线变换为投影面垂直线

如图 2-46 所示，将正平线 AB 变换为垂直线。根据投影面垂直线的投影特性，反映实长的投影必定为不变投影，只要变换水平投影面，即作新投影面 H_1 面垂直 AB，这样 AB 在 H_1 面上的投影重影为一点。

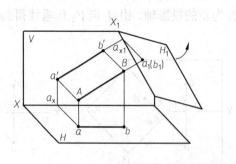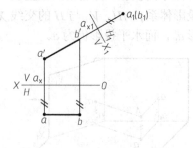

图 2-46　正平线变换为垂直线

试一试： 如何将水平线变换为 V_1 面垂直线？

3．平面换面

通过换面法可以将投影面的垂直面变换为投影面平行面。图2-47所示为铅垂面△ABC，要求变换为投影面平行面。根据投影面平行面的投影特性，重影为一直线的投影必定为不变投影，因此可以变换 V 面，使新投影面 V_1 平行△ABC，这样△ABC 在 V_1 面上的投影 △ $a_1'\,b_1'\,c_1'$ 反映实形。

同理，也可以一次换面将投影面垂直面变换为 H 面的平行面。

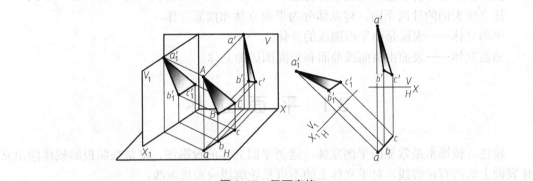

图 2-47　平面变换

第 3 章　立体的投影

基本体是构成复杂物体的基本单元，一般也称基本体为简单形体。本节主要介绍基本体的投影以及基本体表面上点的求作方法。

按立体表面的性质不同，将立体分为平面立体和曲面立体。

平面立体——表面是由平面围成的立体。

曲面立体——表面由曲面或曲面和平面围成的立体。

3.1　平　面　立　体

棱柱、棱锥都是常见的平面立体。绘制平面立体的投影图，就是按照投影规律绘出立体表面上的所有轮廓线。对于立体上的不可见轮廓线应画成虚线。

前面所学的点、线、面的内容是我们学习立体投影的基础。在绘制立体的投影图时要能够灵活地运用学过的知识，正确分析立体表面上的轮廓线和平面的空间位置及投影特点。

3.1.1　棱柱

棱柱通常有三棱柱、四棱柱、五棱柱、六棱柱等。棱柱的特点是组成棱柱的各侧棱相互平行，上、下底面相互平行。现以六棱柱为例说明棱柱的投影特点。

如图 3-1 所示为一正六棱柱轴测图和投影，它由顶面、底面和 6 个侧棱面组成。

1. 投影分析

(1) 顶面和底面：正六棱柱的顶面和底面均为水平面，该两面的水平投影反映实形，且互相重合；正面、侧面投影分别聚集成直线。

(2) 6 个侧棱面：正六棱柱的前、后棱面为正平面，其正面投影重合，且反映实形，水平投影和侧面投影都积聚成平行于相应投影轴的直线。其余 4 个侧棱面都为铅垂面，其水平投影分别积聚成倾斜直线；正面投影和侧面投影均为类似形(矩形)，且两侧棱面投影对应重合。

(3) 棱线：顶面和底面各有 6 条棱线，其中前后 2 条为侧垂线，4 条为水平线，6 条侧棱线均为铅垂线。

2. 作图步骤

(1) 画出 3 个视图的中心线作为基准线。

(2) 画出正六边形的俯视图。

(3) 根据尺寸和投影规律画出其他两个视图。

3. 棱柱表面上点的投影

在棱柱表面上取点，其原理和方法与在平面上取点相同。如图 3-1 所示，已知棱面上 *M* 点的正投影 *m′*，求 *M* 点的水平投影 *m* 和侧面投影 *m″*，作图步骤如下。

(1) 分析点所在的表面及该表面的投影特点。因 *m′* 为可见点，所以 *M* 点位于六棱柱的左前棱面，该棱面为铅垂面，其水平投影有积聚性，故可先求出点的水平投影 *m*。

(2) 根据 *m′*、*m* 求出 *m″*。

(3) 判断点的可见性。由所在的棱面的可见性而定。左视图的左前棱面可见，故 *m″* 可见。

又已知 *N* 点的水平投影 *n*，求 *N* 点的其余投影 *n′* 和 *n″*。由于可见，因此 *N* 点必在顶面上，顶面的正面投影和侧面投影都具有积聚性就可直接求出 *n′* 和 *n″*。

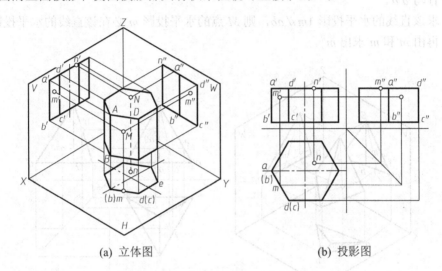

(a) 立体图   (b) 投影图

图 3-1 正六棱柱的投影及表面上取点

3.1.2 棱锥

棱锥只有一个底面，所有侧棱线都交于一点，该点称为锥顶。如图 3-2 所示为一正三棱锥。

1. 投影分析

(1) 正三棱锥的底面为水平面，其投影反应实形，正面投影和侧面投影均积聚为平行于相应投影轴的直线。

(2) 三棱锥的两个三角形棱面是一般位置平面，另一面为侧垂面，因此他们的投影都不反映真实形状和大小，但都是小于对应棱面的三角形线框或积聚的直线。

(3) 三个棱面的交线即三棱锥的棱线有两条是一般位置直线，其投影都是小于实长的倾斜直线，另一条是侧平线。

2. 作图步骤

(1) 画出底面的水平投影(此处为正三角形)以及另外两个积聚为直线的投影。

(2) 画出锥顶的三个投影。

(3) 将锥顶和底面三个顶点的同面投影联接起来,可得正三棱锥的三面投影。

3．棱锥表面上点的投影

棱锥的表面若为特殊位置平面,其上点的投影可以利用平面投影的积聚性求出。若为一般位置平面,其上点的投影要利用直线才能求出。如图 3-2 所示,已知三棱锥表面上 M 点的正面投影 m',求 M 点的水平投影 m 和侧面投影 m'',作图步骤如下。

(1) 由于 M 点所在的面△SAB 是一般位置平面,所以求 M 点的其他投影必须过 M 点在 △SAB 上任作一辅助直线。过 M 点作一水平线 $1M$ 为辅助直线,即过 m' 作该直线的正面投影 $l'm'$ 平行与 $a'b'$。

(2) 求该直线的水平投影 $1m // ab$,则 M 点的水平投影 m 必在该直线的水平投影上。

(3) 再由 m' 和 m 求出 m''。

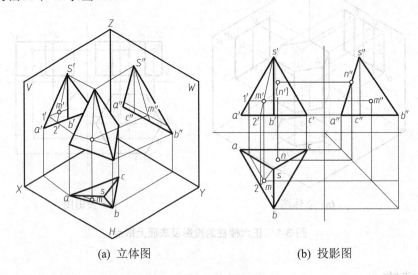

(a) 立体图　　　　　　　　　(b) 投影图

图 3-2　正三棱锥的投影及表面上取点

还有一种作辅助直线求解的方法。联接 $s'm'$ 并延长使其与 $a'b'$ 交于 $2'$,再在 ab 上求出 2,链接 $s2$,则 m 点必然在 $s2$ 上,再根据 m' 和 m 求出 m''。

又已知 N 点的水平投影 n,求 N 点的正面投影 n' 和侧面投影 n''。由于 N 点所在的面 △SAC 是侧垂面,所以可利用侧垂面的积聚性先求出 n'',再根据 n 和 n'' 求出 n',N 点的 V 面投影为不见面。

3.2　曲面立体

工程上常见的曲面立体是回转体。回转体是由回转面或平面所围成的立体。一条线绕着另一条线旋转,其运动的轨迹称为回转面;运动的线(直线或曲线)称为母线;不动的线称为轴线;母线位于回转面任一位置时的线称为素线。

最常见的曲面立体有圆柱、圆锥、圆球、圆环等。

3.2.1 圆柱

圆柱由圆柱面和顶圆面、底圆面所围成的。圆柱面可看成是一条直线 *AA* 绕与它平行的固定轴 *OO* 回转形成的曲面，直线 *OO* 称为轴线，直线 *AA* 称为母线，*AA* 回转到任何一个位置时的线称为素线，如图 3-3 所示。

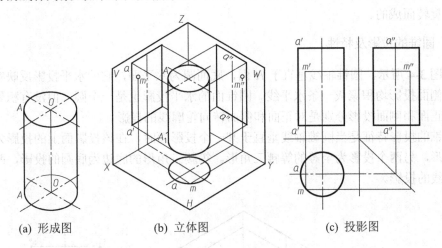

| (a) 形成图 | (b) 立体图 | (c) 投影图 |

图 3-3 圆柱的形成、投影及表面上取点

1．圆柱的投影及特性

圆柱的轴线垂直于 *H* 面，上、下底面为水平面，其水平投影反应实形。圆柱面的水平投影也积聚成一个圆，正面和侧面投影分别是圆柱面对正面和侧面转向轮廓线的投影。转向轮廓线是圆柱面可见部分与不可见部分的分界线，对正面的转向轮廓线为最左、最右的两条素线，对侧面的转向轮廓线为最前和最后的两条素线。圆柱的投影特征是当圆柱的轴线垂直于某一投影面时，该面的投影为圆，其他两面上的投影为两个全等矩形。

2．作图步骤

(1) 画出轴线和圆的对称中心线。
(2) 画出圆柱面有积聚性的投影，此时为水平投影——圆。
(3) 画出其他两个为矩形的投影。

3．圆柱表面上求点

如图 3-3 所示，已知圆柱表面上点 *M* 点正面投影 *m′*，求作其另外两个投影 *m*、*m″*。由于圆柱的水平投影积聚为圆，所以其表面上点的水平投影一定在此圆上，根据投影规律即可做出。因为 *m′* 可见，所以 *m″* 一定落在前半水平投影圆上，再由 *m′*、*m* 即可求出 *m″*。由于 *M* 在圆柱左半部分，所以 *m″* 可见。具体作图步骤如下。

(1) 根据点的已经投影判断点的位置，点 *M* 在前半圆柱面上。
(2) 利用圆柱面有积聚性的投影直接求出点的水平投影 *m*。

(3) 由 m'和 m 求出 m"。

(4) 判断点的可见性。点 M 在圆柱的左半部分,所以 m"可见。

3.2.2　圆锥

圆锥体由底圆平面和一圆锥面组成。圆锥面可以看成是由一条直母线 SA 绕与它相交的回转轴旋转而成的。

1. 圆锥的投影及特性

如图 3-4 所示,圆锥轴线垂直于 H 面,底面圆为水平面,它的水平投影反映实形,其正面、侧面投影均积聚成一条水平线。圆锥面的水平投影也是一个圆,但没有积聚性,圆锥面的正面和侧面投影分别是对正面和侧面转向轮廓线的投影。

圆锥的投影特征是当圆锥轴线垂直于某一个投影面时,在该投影面上的投影为底圆相等的圆形,另两个投影为全等的等腰三角形。等腰三角形的底边为底圆的投影,两腰为转向轮廓线的投影。

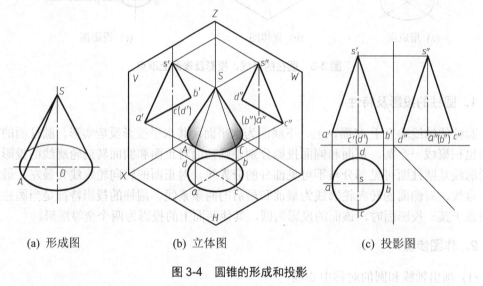

(a) 形成图　　　　(b) 立体图　　　　(c) 投影图

图 3-4　圆锥的形成和投影

2. 作图步骤

(1) 画出轴线和圆的对称中心线。

(2) 画出投影为圆的投影。

(3) 画出锥顶的三面投影。

(4) 画出转向轮廓线的投影,即得圆锥的三面投影。

3. 圆锥表面上求点

确定圆锥表面上点点投影有两种方法方法:辅助线法和辅助圆法。

如图 3-5、图 3-6 所示,已知圆锥表面上 M 的正面投影 m',求作点 M 的其余两个投影。因为 m' 可见,所以 M 必在前半个圆锥面的左边,故可判定点 M 的另两面投影均为可见。

作图方法有两种。

(1) 辅助线法

如图 3-5(a)所示，过锥顶 S 和 M 作一直线 SA，与底面交于点 A。点 M 的各个投影必在此 SA 的相应投影上。在图 3-5(b)中过 m' 作 $s'a'$，然后求出其水平投影 sa。由于点 M 属于直线 SA，根据点在直线上的从属性质可知 m 必在 sa 上，求出水平投影 m，再根据 m、m' 可求出 m''。

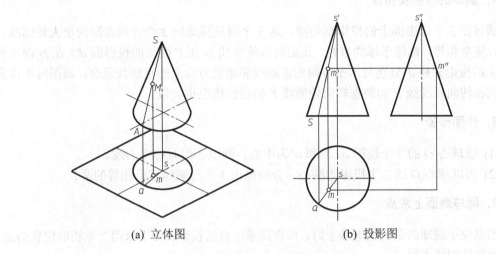

(a) 立体图   (b) 投影图

图 3-5 用辅助线法在圆锥面上取点

(2) 辅助圆法

如图 3-6(a)所示，过圆锥面上点 M 作一垂直于圆锥轴线的辅助圆，点 M 的各个投影必在此辅助圆的相应投影上。在图 3-6(b)中过 m' 作水平线 $a'b'$，此为辅助圆的正面投影积聚线。辅助圆的水平投影为一直径等于 $a'b'$ 的圆，圆心为 s，由 m' 向下引垂线与此圆相交，且根据点 M 的可见性，即可求出 m。然后再由 m' 和 m 可求出 m''。

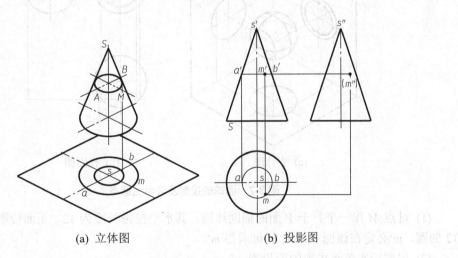

(a) 立体图   (b) 投影图

图 3-6 用辅助线法在圆锥面上取点

3.2.3　圆球

圆球面可以看作由一圆为母线,绕其通过圆心且在同一平面的轴线(直径)回转而形成的曲面。

1.圆球的投影及特性

圆球在 3 个投影面上的投影都是圆,这 3 个圆是圆球向 3 个方向投影的最大轮廓线。其直径完全相等,都等于球的直径。正面转向轮廓线 D 在 V 面上的投影面 d',在 H 面上和 W 面上的投影 d 和 d'' 分别与水平方向的点画线和垂直方向上的点画线重合,画图时不需表示。俯视转向轮廓线 E 和侧视转向轮廓线 F 的投影情况也类似。

2.作图步骤

(1) 以球心 O 的 3 个投影 o、o' 和 o'' 为中心,画出 3 组对称中心线。

(2) 再以球心 O 的三个投影为圆心,分别画出 3 个与圆球直径相等的圆。

3.圆球表面上求点

当点位于圆球的最大轮廓线上时,可直接求出点的投影;处于求面上非轮廓位置的点,则用辅助纬圆法求得。

如图 3-7 所示,已知属于圆球面上的点 M 的水平投影,求其另外两个投影。由于 m 点可见,并且不在轮廓线上,故可作辅助纬圆求解。

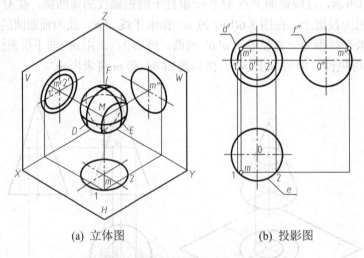

(a) 立体图　　　　　　　　(b) 投影图

图 3-7　圆球的投影及表面上取点

(1) 过点 M 作一平行于 V 面的辅助纬圆,其水平投影长度为 12,正面投影为直径等于 12 的圆,m' 必定在该圆上,由 m 可求得 m'。

(2) 根据投影关系求得的面投影 m''。

(3) 判别其可见性。由 m 点可知,点 M 在左、前球面上,因此 m' 和 m'' 都为可见点。

此外,还可以过 M 点取水平圆和侧平圆为辅助纬圆求解。

3.2.4 圆环

圆环由环面围成。环面是由原母线绕圆平面上圆外的直线旋转而成。

1. 圆环的投影及画法

在圆环的投影时，一般把环的轴线垂直于水平投影面的位置，在投影图中，水平投影上为两个同心圆，是环面对水平投影面的最大圆和最小圆。正面投影上左右两个小圆是前半环面和后半环面分界处的外形轮廓线，侧面投影上左右两个小圆是左半环面和右半环面分界处的外形轮廓线，正面投影和侧面投影上下两条水平直线是内环面和外环面接触的外形轮廓线。

2. 圆环面上取点

如图 3-8 所示，已知环面上点 M 的正面投影 m'，求 m 和 m''。圆环面是一个回转面，在环面上取点时，应采用在环面上作辅助纬圆的方法。

(1) 过点 M 作水平辅助圆，其正面投影为一直线，水平投影为圆。

(2) m 必在该圆上，由于 m' 为可见点，m 在前半圆周上，依投影规律由 m' 作出 m。

(3) 再由 m 和 m' 求出 m''。由于 M 点在左前环面上，m' 为可见点。

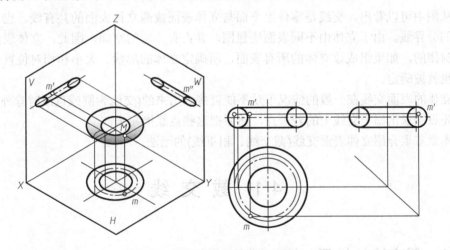

图 3-8　圆环的投影及表面上取点

第 4 章 截交线和相贯线

工程上常遇到表面有交线的零件。为了完整、清晰地表达出零件的形状以便正确地制造零件，应正确地画出交线。交线通常可分为两种，一种是平面与立体表面相交形成的截交线，如图 4-1(a)、图 4-1(b)中箭头所示。另一种是两立体表面相交形成的相贯线，如图 4-1(c)、图 4-1(d)中箭头所示。

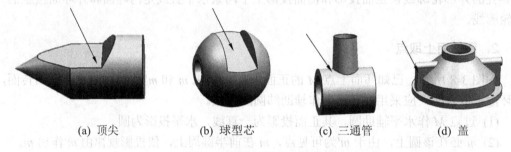

(a) 顶尖   (b) 球型芯   (c) 三通管   (d) 盖

图 4-1　零件的表面交线举例

从图中可以看出，交线是零件上平面与立体表面或两立体表面的共有线，也是它们表面间的分界线。由于立体由不同表面所包围，并占有一定的空间，因此，立体表面交线通常是封闭的，如果组成该立体的所有表面，所确定立体的形状、大小和相对位置已定，则交线也就被确定。

立体的表面交线在一般的情况下是不能直接画出来的(交线为圆或直线时除外)，因此，必须先设法求出属于交线上的若干点，然后把这些点联接起来。

本章着重介绍立体表面交线(截交线、相贯线)的画法。

4.1 截 交 线

4.1.1 截交线的性质

截交线的形状和大小取决于被截的立体形状和截平面与立体的相对位置，但任何截交线都具有下列基本性质。

1. 共有性

截交线既属于截平面，又属于立体表面，故截交线是截平面与立体表面的共有线，截交线上的每一点均在截平面与立体表面的共有线上。

2. 封闭性

由于任何立体都占有一定的封闭空间，而截交线又为平面截切立体所得，故截交线所围成的图形一般是封闭的平面图形。

3. 截交线的形状

截交线的形状取决于立体的几何性质及其与截平面的相对位置，通常为平面折线、平面曲线或平面直线组成。

当平面与平面立体相交时，其截交线为封闭的平面折线，如图 4-2 所示。

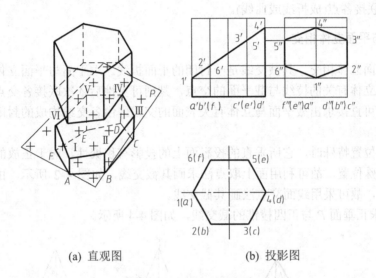

(a) 直观图　　　　　　(b) 投影图

图 4-2　平面与棱柱相交

当平面与回转体相交时，其截交线一般为：封闭的平面曲线，如图 4-3(a)所示；平面曲线和直线围成的封闭的平面图形如图 4-3(b)；平面多边形，如图 4-3(c)所示。

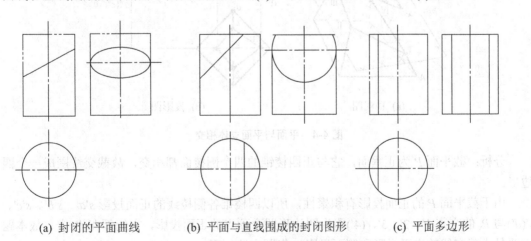

(a) 封闭的平面曲线　　　(b) 平面与直线围成的封闭图形　　　(c) 平面多边形

图 4-3　平面与回转体相交的截交线情况

4.1.2 截交线的求法

求画截交线就是求画截平面与立体表面的一系列共有点。求共有点的方法通常有面上取点法和线面交点法。

具体作图步骤如下。

(1) 找(求)出属于截交线上一系列的特殊点。

(2) 求出若干一般点。

(3) 判别可见性。

(4) 顺次联接各点(成折线或曲线)。

1. 平面与平面立体相交

平面与平面立体相交,其截交线是一封闭的平面折线。求平面与平面立体的截交线,只要求出平面立体有关的棱线与截平面的交点,判别可见性后依次联接各交点,即得所求的截交线。也可直接求出截平面与立体有关表面的交线,由各交线构成的封闭折线即为所求的截交线。

当截平面位置特殊时,它所垂直的投影面上的投影有积聚性。对于正放的棱柱,因各表面都处于特殊位置,故可利用面上取点法求画其截交线,如图 4-2 所示。由于棱锥含有一般位置平面,故可采用线面交点法画其截交线。

例 4-1 求正垂面 P 与正四棱锥的截交线,如图 4-4 所示。

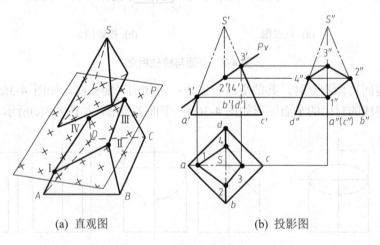

(a) 直观图   (b) 投影图

图 4-4 平面与平面立体相交

分析:截平面 P 为正垂面,它与正四棱锥的四个侧棱面都相交,故截交线围成一个四边形。

由于截平面 P 的正面投影有积聚性,所以四棱锥各侧棱线的正面投影 $s'a'$、$s'b'$、$s'c'$、$s'(d')$ 与 P_v 的交点 1'、2'、3'、(4') 即为四边形四个顶点的正面投影,它们都在 P_v 上,故本题主要是求截交线的水平投影和侧面投影。作图方法如下。

根据点的投影规律，在相应的棱线上求出属于截交线的交点，判别可见性后依次联接各点的同面投影，可得正四棱锥被正垂面 P 截切后的投影。

2. 平面与回转体相交

本小节主要介绍特殊位置平面与几种常见回转体相交的截交线画法。

1) 平面与圆柱相交

由于截平面与圆柱轴线的相应位置不同，平面截切圆柱所得的截交线有三种：矩形、圆及椭圆。

另一种情况，当与圆柱轴线倾斜的截平面截到圆柱的上或下的底圆或上、下底圆均被截到时，截交线由一段椭圆与一段直线或两段椭圆与两段直线组成。

例 4-2 求圆柱被正垂面 P 截切后的投影，如图 4-5 所示。

分析：由于圆柱体被正垂面 P 截切后截交线为椭圆。截交线的正面投影积聚在截平面的正面投影 P_v 上；截交线的水平投影积聚在圆柱面的水平投影(圆)上；截交线的侧面投影为椭圆，但不反映真形。由此可见，求此截交线主要是求其侧面投影。可用面上取点法或线面交点法直接求出截交线上点的正面投影和水平投影，再求其侧面投影后将各点连线即得。

投影图如图 4-5(b)所示。

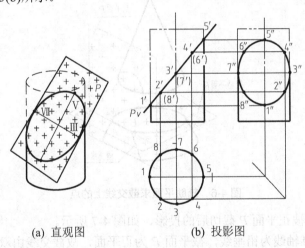

(a) 直观图   (b) 投影图

图 4-5 正垂面与圆柱相交

(1) 求特殊点(如点Ⅰ、Ⅴ、Ⅲ、Ⅶ)。由正面投影标出正视转向轮廓线上的点 1′、5′，按点属于圆柱面的性质，可求得水平投影 1、5 及侧面 1″、5″。同理，由正面投影标出侧视转向轮廓线上的点的正面投影 3′、(7′)，可求得水平投影 3、7 及侧面投影 3″、7″。点Ⅰ、Ⅴ分别为截交线椭圆的最低点(最左点)和最高点(最右点)；点Ⅲ、Ⅶ为椭圆的最前点和最后点。点Ⅰ、Ⅴ和点Ⅲ、Ⅶ也正是椭圆的长轴、短轴的端点。

(2) 求一般点。可由有积聚性的水平投影上先标出 2、8、4、6 和正面投影 2′、(8′)、4′、(6′)，然后按点的投影规律求出侧面投影 2″、8″、4″、6″。依此可再求出若干一般点。

(3) 判别可见性。由于 P 平面的上面部分圆柱被切掉，截平面左低右高，所以截交线的侧面投影可见。

(4) 依次光滑联接各点的侧面投影 $1''$、$2''$、$3''$、$4''$、$5''$、$6''$、$7''$、$8''$、$1''$，连线为一椭圆，此椭圆即为所求。注意圆柱截切后其侧视转向轮廓线的侧面投影应分别画到 $3''$、$7''$处。

2) 平面与圆锥相交

由于截平面与圆锥轴线的相对位置不同，平面截切圆锥所得的截交线有五种：圆、椭圆、抛物线与直线组成的平面图形，双曲线与直线组成的平面图形及过锥顶的三角形。

另一情况，当 $\theta > \alpha$ 且截平面截到圆锥的底圆时，截交线由一段椭圆曲线与一段直线组成。

除上述用面上取点法求圆柱截交线上的点外，还可以用辅助平面法求圆锥截交线上的点。辅助平面法是根据三面共点的几何原理，采用加辅助平面，使其与截平面和立体的表面相交，求出与截平面相交的辅助交线和与立体表面相交的辅助截交线的交点，即为所求截交线上的点，依此，完成截交线上一系列点的投影，如图4-6所示。

图4-6所示为一正放的圆锥被铅垂面 P 截切，如求截交线上一般点 D、E，则可采用辅助水平面 R 与截平面 P 和圆锥面相交的辅助交线和辅助截交线的焦点 D、E 三面相交的交点，即为所求截交线上的点。

求共有点时，应先求出特殊点。其次，为作图准确，还应求出若干个一般点，并使这些点分布均匀。

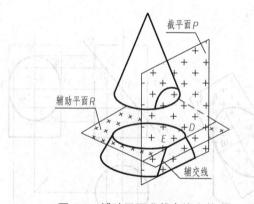

图 4-6 辅助平面求截交线上的点

例 4-3 求圆锥被正平面 P 截切后的投影，如图 4-7 所示。

分析：由于圆锥轴线为铅垂线，截平面 P 为正平面，故截交线由双曲线和直线组成。截交线的正面投影反映真形，左右对称；水平投影和侧面投影分别成为横向直线和竖向直线，且分别积聚在 P_H、P_W 上。因此，此例主要是求截交线的正面投影，可用线面交点法，面上取点法或辅助平面法作出。

作图步骤如图 4-7(b) 所示。

(1) 求特殊点(如 A、B、C)。截交线上的最左点 A 和最右点 B 在底圆上，因此可由水平投影 a、b 在底圆的正面投影上定出 a'、b'。截交线上的最高点 C 在圆锥最前侧视转向轮廓线上，因此，可由侧面投影 c'' 直接得到正面投影 c'。

(2) 求一般点(如 D、E)。作辅助水平面 R 的正面迹线 R_V 及侧面迹线 R_W，该辅助面与圆锥面交线的水平投影是以 $1'2'$为直径的圆，它与 P_H 相交得 d、e，再求出 d'、e'和 d''、e''，如图4-6和图4-7所示。

(3) 判别可见性。由于 P 平面前面部分圆锥被切掉，所以截交线的正面投影 a'、d'、c'、e'、b' 为可见。

(4) 连线。按截交线水平投影的顺序，将 a'、d'、c'、e'、b'、a' 光滑地联接起来，即得截交线的正面投影 $a'd'c'e'b'a'$（其中，a'、d'、c'、e'、b' 为圆锥面上的截交线的正面投影；b'、a' 为圆锥底面上的截交线的正面投影，它在圆锥底面的有积聚性的正面投影上）。

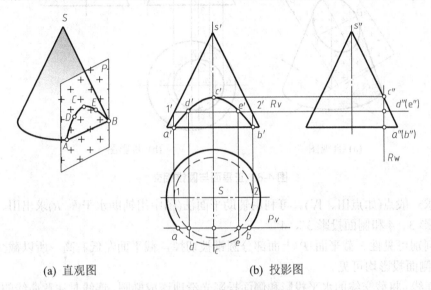

(a) 直观图　　　　　　　　　　　(b) 投影图

图 4-7　正平面与圆锥相交

例 4-4　求锥面被正垂面 P 截切后的投影，如图 4-8 所示。

分析：由于圆锥轴线为铅垂线，截平面为正垂面，与圆锥轴线斜交，且与圆锥的所有素线相交，故截交线为椭圆。截交线的正面投影积聚成一直线，水平投影和侧面投影均为椭圆，但不反映真形。可采用面上取点法和线面交点法作出截交线的水平投影和侧面投影。也可选用辅助平面法求解本题。

在本例中也可运用辅助平面法来求作截交线上一些点的投影。

作图步骤如下。

(1) 求特殊点(如 A、B、C、D)。如图 4-8(b)所示，截交线上最低点 A 和最高点 B，是椭圆长轴上的两个端点，它们的正面投影 a'、b' 是圆锥体正面投影左、右两条正视转向轮廓线与截平面相交的交点的正面投影，可以直接求出。水平投影 a、b 和侧面投影 a''、b'' 可按点从属于线的原理直接求出。截交线的最前点 C 和最后点 D 是椭圆短轴上的两个端点，它们的正面投影 $c'(d')$ 为 $a'b'$ 的中点，可 C、D 两点作辅助水平面 Q 截切，作出 Q 面与圆锥轴线产生的截交线(纬圆)的水平投影求得 c、d，再由 c、d 和 c'、d' 求得 c'' 和 d''。Ⅰ、Ⅱ 两点是圆锥面前、后两条侧视转向轮廓线与截平面相交的交点，它们的正面投影 $1'$、$2'$ 和侧面投影 $1''$、$2''$ 都可直接求出。其水平投影 1、2 可按点的三面投影关系求得。

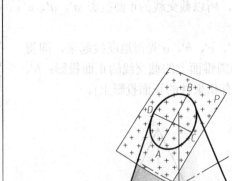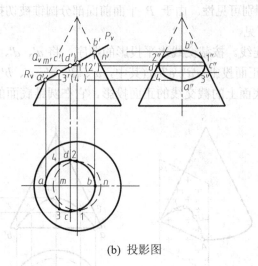

|(a) 直观图|(b) 投影图|

图 4-8　正垂面与圆锥相交

(2) 求一般点(如点Ⅲ、Ⅳ)。可利用辅助平面法(图中用辅助水平面 R)求出Ⅲ、Ⅳ两点的水平投影 3、4 和侧面投影 3″、4″。

(3) 判别可见性。截平面 P 上面部分圆锥被切掉,截平面左低右高,所以截交线的水平投影和侧面投影均可见。

(4) 连线。将截交线的水平投影和侧面投影光滑地连成椭圆,连线时注意曲线的对称性。也可用长轴 $a\,b$ 和短轴 $c\,d$ 作椭圆,得截交线的水平投影;用长轴 $c″d″$ 和短轴 $a″b″$ 作椭圆,得截交线的侧面投影。

(5) 整理外形轮廓线的侧面投影。

3) 平面与圆球相交

平面与圆球相交,不论截平面处于何种位置,其截交线都是圆。当截平面通过球心时,这时截交线(圆)的直径最大,等于球的直径。截平面离球心越远,截交线圆的直径越小。

由于截平面对投影面位置的不同,截交线(圆)的投影也不相同。截平面平行于投影面时,截交线在该投影面上的投影为圆(图 4-9(a)、图 4-9(b));截平面垂直于投影面时,截交线的投影积聚为直线(图 4-9(c)的正面投影);截平面倾斜于投影面时,截交线的投影为椭圆(图 4-9(c)的水平、侧面投影)。

例 4-5 求圆球被正垂面 P 截切后的投影,如图 4-9 所示。

分析:圆球被正垂面 P 截切后的截交线(圆),其正面投影积聚不在 P_v 上,为直线段 $a′b′$ 且等于该圆的直径。截交线(圆)的水平投影和侧面投影均为椭圆。可用面上取点法或辅助平面法作图。

作图步骤(如图 4-9(c)所示)如下。

(1) 求特殊点(如 A、B、C、D、Ⅲ、Ⅳ、Ⅴ、Ⅵ)。

① 先求转向轮廓上的点 A 和 B、Ⅲ和Ⅳ、Ⅴ和Ⅵ。$a′$ 和 $b′$、$3′$ 和 $(4)′$、$5′$ 和 $(6′)$ 分别是截交线上的正视转向轮廓线、俯视转向轮廓线和侧视转向轮廓线上的点的正面投影,它们的水平投影和侧面投影可按点属于线的原理直接求出。其中,点 A 是截交线的最低点,也是最左点,点 B 是最高点也是最右点。

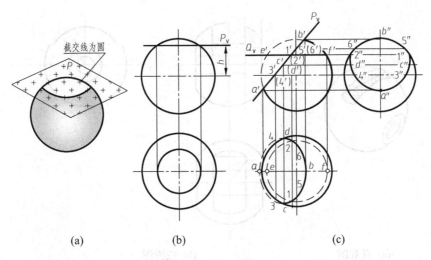

(a)   (b)   (c)

图 4-9   圆球的截交线

② 求截交线(圆)的 H 面投影椭圆、W 面投影椭圆的长、短轴。在截交线(圆)的一对垂直相交的共轭直径 AB 是正平线,其正面投影 a'b' 的长度等于截交线(圆)的直径,它的侧面投影 a''b'' 和水平投影 a b 分别为这两个投影椭圆的短轴。长轴 CD 和短轴 AB 互相垂直平分,处于正垂线位置的长轴 CD 的正面投影 c'(d') 积聚在 a'b' 的中点上,水平投影 c d 和侧面投影 c''d'' 可利用纬圆法求得,也可利用 c d= c''d''= a'b' 直接求得(读者自行分析其原因)。C、D 两点分别是截交线的最前点和最后点。

(2) 求一般点(如 I、II)。可利用辅助平面法(图中用辅助水平面 Q)求出 I、II 两点的水平投影 1、2 和侧面投影 1''、2''。

(3) 判别可见性。截平面 P 上面部分球体被切掉,截平面左低右高,所以截交线的水平投影和侧面投影均可见。

(4) 连线。将求得的截交线上点的水平投影和侧面投影光滑连成椭圆,连线时注意曲线的对称性。也可用长轴 ab 和短轴 cd 作椭圆,得截交线的水平投影;用长轴 c''d'' 和短轴 a''b'' 作椭圆,得截交线的侧面投影。

(5) 整理外形轮廓线。在水平投影上,球的俯视转向轮廓线的水平投影只画到 3、4 处,在侧面投影上,球的侧视转向轮廓线的侧面投影只画到 5''、6'' 处。

从上述诸例中可以看出,转向轮廓线上的点是截交线(亦是后面相贯线)上曲线段的转向(改变方向)点,转向轮廓线因此而得名。

例 4-6 画出球阀芯的投影图,如图 4-10 所示。

分析:球阀芯的主体为圆球,有一个过球心的圆柱横孔,左右两端被两个侧平面 S 截成两个侧平圆,且左、右对称,直径相等,球体上部开一前后、左右对称穿通的凹槽,凹槽由两个侧平面 P 和一个水平面 Q 组成。两个 P 面与球的截交线是平行侧面的两段相同的圆弧,其侧面投影重合。Q 面与球的截交线为同一圆周上的前后两段对称的水平圆弧,两个 P 面与 Q 面之间的两条交线为正垂线。可以用纬圆法作出凹槽上平面 P、Q 与球面截交线的侧面投影和水平投影的圆弧。

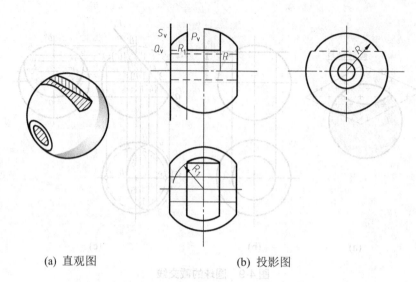

(a) 直观图　　　　　　　　　(b) 投影图

图 4-10　球阀芯的投影

作图步骤如图 4-10(b)所示。

(1) 作两侧平面 S 与球的截交线，其正面投影和水平投影均分别积聚为直线，侧面投影反映截交线圆弧的真形。应该注意，由于左、右两侧个被切掉一段球面，作图后，应擦去正视转向轮廓线的正面投影和俯视转向轮廓线的水平投影的左、右各一段圆弧，再作出轴线横过球心的圆柱孔的三面投影。

(2) 作凹槽两侧平面 P 与球的截交线，其正面投影积聚在 P_v 上，水平投影积聚成直线，侧面投影反映截交线为圆弧的真形，其半径为 R。应该注意，由于球的顶部中间凹槽切掉一段球面，作图后，应擦去球的这一段侧视转向轮廓线的侧面投影。

(3) 作凹槽底面(水平面)Q 与球的截交线，其水平投影反映为同一圆周上的前后对称的两段圆弧的真形，其半径为 R_1；正面投影积聚在 Q_v 上，根据这两个投影，可求出侧面投影积聚成可见的同一圆周上的前后对称的两小段粗实直线，其间一段虚线为凹槽底面不可见的有积聚性的侧面投影，也应该画出。

3. 平面与组合回转体相交

组合回转体由若干基本回转体组成。平面与组合回转体相交，则形成组合截交线。作图时首先要分析各部分的曲面性质及其分界线，然后按照它们各自的几何特性确定其截交线的形。

例 4-7　画出顶尖的投影图，如图 4-11 所示。

分析：顶尖由一同轴的圆锥和圆柱组成，其上切去的部分可以看成被水平面 P 和正垂面 Q 截切而成。平面 P 与圆锥面的截交线为双曲线，与圆柱面的截交线为两平行直线，它们的水平投影均反映真形，而正面投影和侧面投影分别积聚在 P_v 和 P_w 上。平面 Q 截切圆柱的范围只截切到 P 面为止，故与圆柱面的截交线是一段椭圆弧，其正面投影积聚在 Q_v 上，侧面投影积聚在圆柱的侧面投影上，而水平投影为椭圆弧但不反映真形。所以，顶尖上的整个截交线是由双曲线、两平行直线和椭圆弧组成的。作图时，对截交线为两平行直线的部分，可利用圆柱投影的积聚性直接求得，而截交线为双曲线和椭圆弧的部分，则需要运用辅助平面法或面上取点线法进行作图，如图 4-11(b)所示。

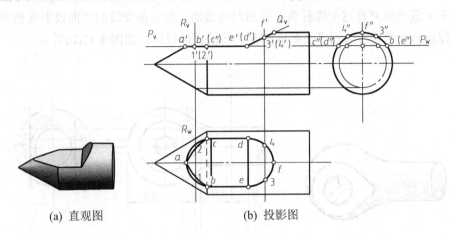

(a) 直观图　　　　　　　　　　(b) 投影图

图 4-11　顶尖的投影

作图步骤如下。

(1) 画出组成顶尖主体(圆锥、圆柱)的三面投影图。

(2) 画出三段截交线的分界点。先求出双曲线与矩形、矩形与椭圆的分界点 B、C 和 E、D 的正面投影 b′、(c′)和 e′、(d′)，再求其侧面投影 b″、c″和(e″)、(d″)，最后求其水平投影 b、c 和 e、d。

(3) 画左边双曲线的投影。求特殊点，双曲线的顶点 A 和末端两点 B 和 C(即为中间截交线为两平行直线左边两端点)。先在正面投影上确定 a′，然后求得它的其他两个投影 a、a″。再求一般点，如 I 和 II 两点，可用辅助侧平面 R 求得。用曲线光滑地联接各点，即得双曲线的水平投影，其正面投影和侧面投影分别积聚在 P_v 和 P_w 上。

(4) 画右边椭圆弧的投影。先求特殊点 F、E 和 D(中间截交线为两平行直线右边两端点)，即先在正面投影上确定 f′，就可求得它的其他两个投影 f、f″。再求一般点，如III和IV两点，可根据其截交线的正面投影和侧面投影有积聚性，定出 3′、4′和 3″、4″，再求得水平投影 3、4。用曲线光滑地联接各点，即得椭圆弧的水平投影，其正面投影积聚在 Q_v 上，侧面投影积聚在圆柱的侧面投影上。

(5) 画中间直线部分的投影。将 b 和 e、c 和 d 相连成粗实线(即为 P 面与圆柱面截切的截交线为两平行直线的水平投影)，其正面投影积聚在 P_v 上，侧面投影积聚在 P_w 上，将 d 和 e 相连成粗实线(两截平面 P、Q 交线的水平投影)，b 和 c 改画成虚线(下半部圆锥和圆柱同轴相贯的交线不可见圆弧线段的投影)，即得这段不可见相贯线的水平投影。其正面投影积聚成直线，侧面投影积聚在有积聚性的圆柱的侧面投影(圆)上。

例 4-8　画出连杆头的投影图，如图 4-12 所示。

分析：连杆头由组合回转体切割而成。这个组合回转体的左端是圆柱，中段是内环台的一部分，右段是圆球，它们之间是同轴相贯的光滑过渡。用两个前后对称的正平截平面 P 截切这个组合回转体，再开一个正垂圆柱孔，就形成了这个连杆头。截平面 P 为正平面，它与右段球面的截交线为圆，与中段内环面的截交线为一般曲线，与左段圆柱不相交。由

于 P 为正平面，其正面投影反映真形，水平投影和侧面投影分别积聚在 P_H 和 P_W 上，又由于两个正平截平面 P 在这个连杆头上前后对称截切，前后截交线的正面投影互相重合，因此，本题就只介绍求前面正平面截成的截交线的正面投影，如图 4-12(b) 所示。

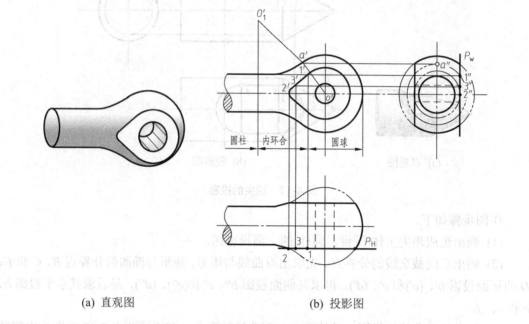

(a) 直观图   (b) 投影图

图 4-12　连杆头的投影

作图步骤如下。

(1) 求这三段回转面的分界线(即是求三段同轴回转体的相贯线)。分界线的位置可用几何作图方法求出。在正面投影上作球心与内环台的正视转向轮廓线的圆心的连心线 $O'O'_1$，$O'O'_1$ 与球、环的正视转向轮廓线的正面投影交于点 a'，则 a' 即为球面和环面的正视转向轮廓线分界点的正面投影，过 a' 向下引垂直于轴线的直线，即为球面与环面分界线的正面投影。由 O'_1 点向圆柱正视转向轮廓线的正面投影引垂线，即为环面与圆柱面分界线的正面投影，由于左边的圆柱面未参加截切，它与环面的分界线无必要求出。由于这三段曲面光滑过渡，故分界处不画线。找出分界线是为了确定截平面 P 截切连杆头之后，作出不同截交线的分界点。

(2) 作前面的截平面 P(正平面)与右段球面的截交线为圆的投影。该圆的半径 R 可从水平投影或侧面投影求出。其正面投影反映真形，但只画到分界线上的点 $1'$(此点为球、环两面截交线的正面投影的分界点)处为止。其水平投影和侧面投影分别积聚在 P_H 和 P_W 上。

(3) 作截平面 P 与中段内环面的截交线的投影。该段截交线为一般曲线，其顶点的正面投影 $2'$ 可从水平投影 2 求出。此外，在 $2'$ 与 $1'$(为环、球两面截交线的正面投影的分界点)之间，还可在内环面上任作纬圆，先求出点 $3''$，后求出点 3 和 $3'$。

(4) 依次光滑联接中段内环面截交线上点的正面投影，它与右段球面截交线为圆弧的正面投影即为所求。

4.2　相　贯　线

两立体表面的交线称为相贯线，如图 4-13 所示的三通管和盖。三通管是由水平横放的圆筒与垂直竖放的带孔圆台组合而成。盖是由水平横放的圆筒与垂直竖放的带孔圆台、圆筒组合而成。它们的表面(外表面或内表面)相交，均出现了箭头所指的相贯线，在画该类零件的投影图时，必然涉及绘制相贯线的投影问题。

讨论两立体相交的问题，主要是讨论如何求相贯线。工程图上画出两立体相贯线的意义，在于用它来完善、清晰地表达出零件各部分的形状和相对位置，为准确地制造该零件提供条件。

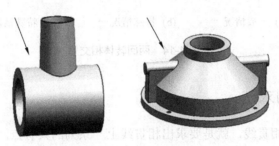

图 4-13　相贯线举例

4.2.1　相贯线的性质

由于组成相贯体的各立体的形状、大小和相对位置的不同，相贯线也表现为不同的形状，但任何两立体表面相交的相贯线都具有下列基本性质。

1. 共有性

相贯线是两相交立体表面的共有线，也是两立体表面的分界线，相贯线上的点一定是两相交立体表面的共有点。

2. 封闭性

由于形体具有一定的空间范围，所以相贯线一般都是封闭的。在特殊情况下还可能是不封闭的，如图 4-14(c)所示。

3. 相贯线的形状

平面立体与平面立体相交，其相贯线为封闭的空间折线或平面折线。平面立体与曲面立体相交，其相贯线为由若干平面曲线或平面曲线和直线结合而成的封闭的空间的几何形。

应该指出：由于平面立体与平面立体相交或平面立体与曲面立体相交，都可以理解为平面与平面立体或平面与曲面立体相交的截交情况，因此，相贯的主要形式是曲面立体与曲面立体相交。最常见的曲面立体是回转体。两回转体相交，其相贯线一般情况下是封闭的空间曲线，如图 4-14(a)所示；特殊情况下是平面曲线，如图 4-14(b)所示或由直线和平面曲线组成,如图4-14(c)所示。

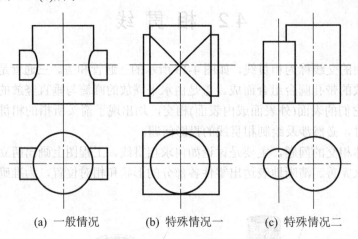

(a) 一般情况   (b) 特殊情况一   (c) 特殊情况二

图4-14　两回转体相交

4.2.2　相贯线的求法

求画两回转体的相贯线,就是要求出相贯线上一系列的共有点。求共有点的方法有:面上取点法、辅助平面法和辅助同心球面法。具体作图步骤如下。

(1) 找出一系列的特殊点(特殊点包括:极限位置点、转向点、可见性分界点)。

(2) 求出一般点。

(3) 判别可见性。

(4) 顺次联接各点的同面投影。

(5) 整理轮廓线。

1. 面上取点法

当相交的两回转体中有一个(或两个)圆柱,且其轴线垂直于投影面时,则圆柱面在该投影面上的投影具有积聚性且为一个圆,相贯线上的点在该投影面上的投影也一定积聚在该圆上,而其他投影可根据表面上取点方法作出。

例4-9　求轴线正交的两圆柱表面的相贯线,如图4-15所示。

分析:两圆柱的轴线垂直相交,相贯线是封闭的空间曲线,且前后对称、左右对称。相贯线的水平投影与垂直竖放圆柱体的圆柱面水平投影的圆重合,其侧面投影与水平横放圆柱体相贯的柱面侧面投影的一段圆弧重合。因此,需要求作的是相贯线的正面投影,故可用面上取点法作图。

作图步骤如下。

(1) 求特殊点(如点A、B、C、D)。如图4-15(b)所示,由于两圆柱的正视转向轮廓线处于同一正平面上,故可直接求得A、B两点的投影。点A和B是相贯线的最高点(也是最左和最右点),其正面投影为两圆柱面正视转向轮廓线的正面投影的交点a'和b'。点C和D是相贯线的最前点和最后点(也是最低点),其侧面投影为垂直竖放圆柱面的侧视转向轮廓线的侧面投影与水平横放圆柱的侧面投影为圆的交点c''和d''。而水平投影a、b、c和d均在直立圆柱面的水平投影的圆上。由 *c*、*d* 和 *c″*、*d″* 即可求得正面投影上的 *c′* 和(*d′*)。

(2) 求一般点(如点Ⅰ、Ⅱ)。先在相贯线的侧面投影上取 1″和(2″)，过点Ⅰ、Ⅱ分别作两圆柱的素线，由交点定出水平投影 1 和 2。再按投影关系求出 1′和 2′(也可用辅助平面法求一般点)。

(3) 判别可见性，然后按水平投影各点顺序，将相贯线的正面投影依次连成光滑曲线。因前后对称，相贯线正面投影其不可见部分与可见部分重影。相贯线的水平投影和侧面投影都积聚在圆上。

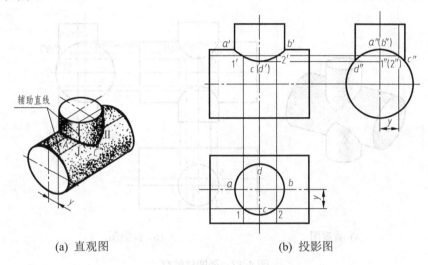

(a) 直观图　　　　　　　　　(b) 投影图

图 4-15　圆柱与圆柱正交

轴线正交两圆柱有三种基本形式，第一种为两外表面相交，如图 4-16(a)所示，第二种为外表面与内表面相交，如图 4-16(b)所示，第三种为两内表面相交，如图 4-16(c)所示，这些相贯线的作图方法都和图 4-15 的作图方法相同。

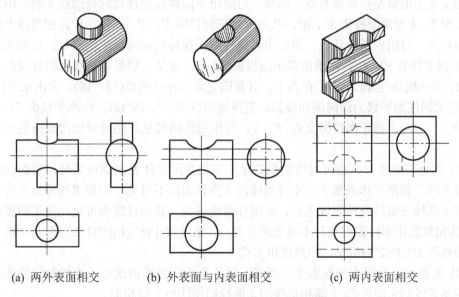

(a) 两外表面相交　　(b) 外表面与内表面相交　　(c) 两内表面相交

图 4-16　两圆柱面相交的三种基本形式

例 4-10 求轴线交叉垂直的两圆柱表面的相贯线，如图 4-17 所示。

分析：两圆柱的轴线彼此交叉垂直，分别垂直于水平面和侧面，所以以相贯线的水平投影与直立小圆柱面的水平投影的圆重合，侧面投影与水平大圆柱面参与相贯的侧面投影的一段圆弧重合，因此本题只需求出相贯线的正面投影。由于直立小圆柱面的全部素线都贯穿于水平大圆柱面，且小圆柱轴线位于大圆柱轴线之前，两个圆柱面具有公共的左右对称面和上下对称面，所以相贯线是上、下两条左右对称的封闭的空间曲线。此题可用面上取点法(或辅助平面法)作图。

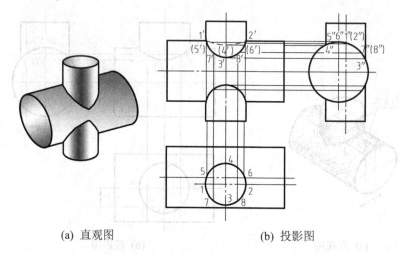

(a) 直观图 (b) 投影图

图 4-17 两圆柱偏交

作图步骤如下。

(1) 求特殊点(如点Ⅰ、Ⅱ、Ⅲ、Ⅳ、Ⅴ、Ⅵ)。如图 4-17(b)所示，定出小圆柱面正视转向轮廓线上点Ⅰ Ⅱ的水平投影 1、2 及侧面投影 1″、2″，从而求出正面投影 1′、2′。点Ⅰ、Ⅱ是相贯线上的最左点和最右点。同理，可定出小圆柱面侧视转向轮廓线上的点Ⅲ、Ⅳ的水平投影 3、4 及侧面投影 3″、4″，从而求出正面投影 3′、4′。点Ⅲ、Ⅳ是相贯线上的最前点和最后点。点Ⅲ也是最低点。再定出大圆柱面正视转向轮廓线上的点Ⅴ、Ⅵ的水平投影 5、6 及侧面投影 5″、6″，再求出其正面投影 5′、6′。点Ⅴ、Ⅵ是相贯线上的最高点。

(2) 求一般点(点Ⅶ、Ⅷ)。在点Ⅰ、Ⅱ和Ⅲ之间，任选两点(Ⅶ、Ⅷ)，定出水平投影 7、8，利用大圆柱面积聚为圆的侧面投影，先得侧面投影 7″、(8″)后，由水平投影 7、8 和侧面投影 7″、(8″)求得正面投影交点 7′、8′。为作图精确起见，还可以依次求出足够多的一般点。

(3) 判别可见性。判别可见性的原则是：当相贯两立体表面都可见时，它们的相贯线才是可见的，若两立体表面之一不可见或两立体表面均不可见，则相贯线都为不可见。因此，在小圆柱正视转向轮廓线之前，两圆柱面均可见，其相贯线为可见，则正面投影上的1′、2′为相贯线正面投影可见与不可见的分界点，曲线段 1′(5′)(4′)(6′)2′为不可见，应画成虚线，曲线段 1′7′3′8′2′为可见，应画成粗实线。

(4) 连曲线。参照水平投影个点顺序，将各点正面投影依次连成光滑封闭的曲线，即得上端相贯线的正面投影(下端相贯线的正面投影作法与上端相同)。

(5) 整理轮廓线。将两圆柱看成一个整体，大圆柱的正视转向轮廓线应画至(5′)及(6′)处，被小圆柱遮住部分应画成虚线；小圆柱的正视转向轮廓线应画至1′及2′处。

2. 辅助平面法

作一辅助平面，使与相贯线的两回转体相交，先求出辅助平面与两回转体的截交线，则两回转体上截交线的交点必为相贯线上的点。如图4-18所示。若作一系列的辅助平面，便可得到相贯线上的若干点，然后判别可见性，依次光滑联接各点，即为所求的相贯线。

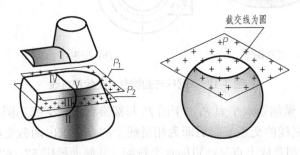

图4-18 辅助平面法示例

辅助平面选择原则：为了便于作图，辅助平面应为特殊位置平面并作在两回转面的相交范围内，同时应使辅助平面与两回转面的截交线的投影都是最简单易画的图形(多边形多圆)。

3. 用辅助平面法求共有点的作图步骤

(1) 作辅助平面。

(2) 分别作出辅助平面与两回转面的截交线。

(3) 两回转面截交线的交点，即为所求的共有点。

4. 一些典型几何形状的相贯线

例 4-11 求轴线正交的圆柱与圆台的相贯线，如图4-19所示。

如图4-19所示。圆柱和圆台的轴线垂直相交，相贯线为一封闭的空间曲线。由于圆柱轴线是侧垂线，则圆柱的侧面投影是有积聚性的圆，所以相贯线的侧面投影与此圆重合，需要求的是相贯线的正面投影的水平投影。由于圆台轴线垂直水平面，所以采用水平面作为辅助平面。

作图步骤如下，如图4-19(b)所示。

(1) 求特殊点。相贯线的最高点Ⅰ和最低点Ⅱ分别位于水平横放圆柱和圆锥台的正视转向轮廓线上，所以在正面投影中其交点1′、2′可以直接求出。由1′、2′可求得侧面投影1″、2″和水平投影1、2。相贯线的最前点Ⅲ和最后点Ⅳ，分别位于水平圆柱最前和最后两条俯视转向轮廓线上，其侧面投影3″、4″可直接求出。水平投影3、4可过圆柱轴线作水平面P_2求出(P_2与圆柱和圆锥台的截交线在水平投影上的交点)，由3、4和3″、4″可求得正面投影3′、(4′)。

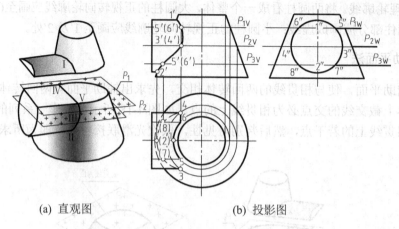

(a) 直观图   (b) 投影图

图 4-19 圆柱与圆锥台正交的相贯线

(2) 求一般点。做辅助水平面 P_1。平面 P_1 与圆锥台的截交线为圆，与圆柱的截交线为两平行直线。两截交线的交点 Ⅴ、Ⅵ即为相贯线上的点。求出两截交线的水平投影，则它们的交点 5、6 即为相贯线上点 Ⅴ、Ⅵ的水平投影。其侧面投影 5″、6″积聚在 P_{1w} 上，正面投影 5′、6′积聚在 P_{1v} 上。再作辅助水平面 P_3，又可求出相贯线上Ⅶ、Ⅷ两点的侧面投影 7″、8″和水平投影(7)、(8)和侧面投影 7″、8″可求得正面投影 7′、(8′)。

(3) 判别可见性。水平投影中在下半个圆柱面上的相贯线是不可见的，3、4 两点是相贯线水平投影的可见与不可见的分界点。正面投影中相贯线前、后部分的投影重合，即可见与不可见的投影互相重合。

(4) 连曲线。参照各点侧面投影的顺序，将各点的同面投影连成光滑的曲线。正面投影中可见点 1′、5′、3′、7′、2′连成粗实线，水平投影中可见点 3、5、1、6、4 连成粗实线，点 4、(8)、(2)、(7)、3 各点连成虚线。

(5) 整理外形轮廓线。在水平投影中，圆柱的俯视转向轮廓线应画到 3、4 点为止。

此题也可用面上取点法求解，读者可自行试解。

4.2.3 相贯线的特殊情况

两回转体相交，在一般情况下相贯线是空间曲线，但在特殊情况下相贯线也可能是平面曲线或直线。下面介绍几种常见的情况。

(1) 同轴的两回转体相交，相贯线是垂直于轴线的圆，如图 4-20 所示。当轴线平行于某一投影面时，其相贯线在该投影面上的投影积聚成一直线。

(2) 切于同一球面的两回转体相交(圆柱与圆柱、圆柱与圆锥、圆锥与圆锥)，其相贯线为两个相交的垂直于公共对称面的椭圆。举例如下。

① 当两圆柱轴线相交、直径相等、同切于一球面时，其相贯线为两个大小相等的椭圆，如图 4-21(a)所示。在这种情况下两个椭圆的正面投影积聚为相交两直线，水平投影和侧面投影均积聚为圆。

② 当圆柱与圆锥台的轴线相交，且同切于一球面时，其相贯线为两个大小相等的椭圆，如图 4-21(b)所示。在这种情况下两个椭圆的正面投影积聚为两相交直线，水平投影仍为椭

圆，侧面投影积聚为圆。

(3) 轴线相互平行的两圆柱相交，两圆柱面上的相贯线是两条平行于轴线的直线，如图 4-22 所示。

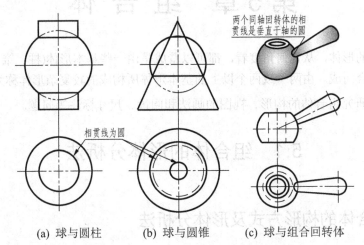

(a) 球与圆柱　　　(b) 球与圆锥　　　(c) 球与组合回转体

图 4-20　两同轴回转体相交的相贯线示例

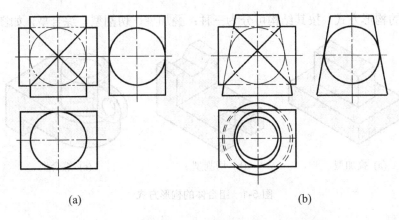

(a)　　　　　　　　　　　(b)

图 4-21　切于同一球面的回转体相交的相贯线

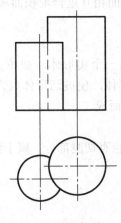

图 4-22　轴线相互平行的两圆柱相交的相贯线

第 5 章 组 合 体

任何复杂的形体，从几何角度看，都可以看成是由一些基本形体(柱、锥、球、环)按照一定的方式组合而成。由两个或两个以上的基本形体所构成的较复杂形体称为组合体。

本章主要研究组合体的构形、视图的画法和阅读、尺寸标注等问题。

5.1 组合体的形体分析法

5.1.1 组合体的构形方式及形体分析法

1. 组合体的构形方式

组合体的构形方式，按其结构可分为三种：叠加型、切割型、综合型，如图 5-1 所示。

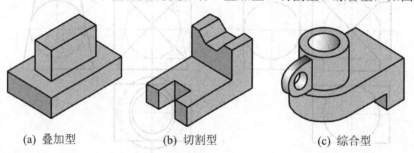

(a) 叠加型   (b) 切割型   (c) 综合型

图 5-1 组合体的构形方式

1) 叠加型

此类组合体实形体与实形体表面相互重合堆积而成。图 5-1(a)所示的组合体属于叠加型，由两个棱柱叠加而成。

2) 切割型

此类组合体从实形体中挖去另一个实形体，被挖去的部分形成空腔或空间(称为空形体)，或在实形体上切去另一个实形体，使被切形体成为不完整的几何体。图 5-1(b)所示的组合体属于切割型，由四棱柱挖切而成。

3) 综合型

大部分组合体中既有叠加部分也有切割部分，属于综合型。图 5-1(c)所示的组合体属于综合型。

2. 形体分析法

在画图、标注尺寸和读图时，一般先根据组合体的结构特征，假想将组合体合理地分解成若干基本形体，分析各基本形体的组合形式、相对位置，以及关联表面的联接关系，以达到了解整体的目的。这种把复杂形体分解成若干基本形体的分析方法，称为形体分析法。

如图 5-2 所示的综合型组合体，可按其形体特点，分解为四个基本形体：底板、肋板、支承板、圆筒四部分组合而成；底板前面挖切了两个圆角及两个圆柱孔，底板上叠放着支承板与肋板，支承板与底板后面平齐，肋板是上边带有圆弧槽的多边形板，它们共同支承着上面的圆筒；圆筒是空心圆柱，其外圆面与支承板的左、右两侧面相切，前、后面相交，而与肋板的前小平面及左、右侧面均相交。

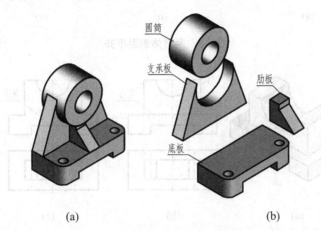

(a)　　　　　　　　　　　　　　　(b)

图 5-2　组合体的形体分析

形体分析法是画图、读图、标注尺寸所依据的主要方法，它可以将复杂的组合体分解为较简单的基本形体来处理。

5.1.2　组合体相邻表面界线分析

由基本形体组成组合体时，因各组成部分的联接方式不同，其原有表面会发生变化。因此在画图和读图时，必须注意各组成部分间的联接方式。常见的表面联接关系有以下几种。

1．共面

当两基本形体叠加，相邻表面对齐联接时，形成一个共面，画视图时，该处不应画分界线。如图 5-3(a)所示，机座的形体Ⅰ、Ⅱ叠加，宽度相等，相邻前、后面平齐，相接处形成共面，也不存在接缝面。此时，如图 5-3(b)所示。在结合处没有界线，故在主视图不画两形体之间的分界线。图 5-3(c)所示为主视图多画线的错误画法。

2．相错

两基本形体叠加，相邻表面相错联接时，在结合处有界线。画图时，分界处应有分界线。

如图 5-3(a)所示，机座的形体Ⅰ、Ⅱ叠加，宽度不等，前后面相错。如图 5-4(b)所示，故在主视图应画出两形体表面之间的分界线。图 5-4(c)所示的主视图漏画线。

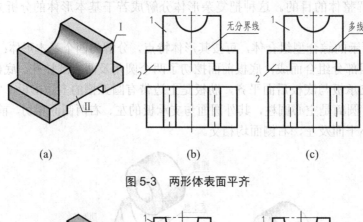

(a) (b) (c)

图 5-3　两形体表面平齐

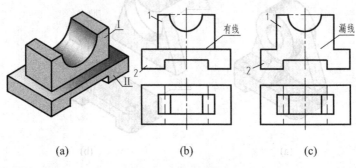

(a) (b) (c)

图 5-4　两形体表面相错

3. 相切

两基本形体邻接表面(平面与曲面、曲面与曲面)光滑过渡，如图 5-5(a)所示，底板的前后平面分别与圆柱面相切，在其联接处无分界线。主、左视图相切处不应画线。两基本形体邻接表面相切，画视图时，应从相切表面的积聚性投影画起，确定切点的位置，再画其他投影，如图 5-5(b)所示。

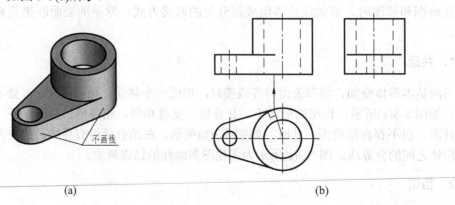

(a) (b)

图 5-5　两形体表面相切

4. 相交

两基本形体邻接表面相交,相交处会产生不同形式的交线(截交线或相贯线),如图 5-6(a) 所示,底板的前后平面和三角形肋板的前后平面分别与圆柱表面相交,在主视图、左视图 中应画出交线的投影。如图 5-6(b)所示。

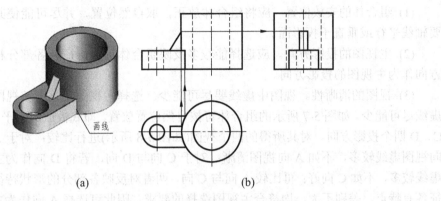

(a)   (b)

图 5-6   两形体表面相交

5.2   组合体视图的表达

下面以图 5-7 所示的轴承座为例,说明组合体三视图的画图方法与步骤。

5.2.1   形体分析

按其形体特点,轴承座可以分解为四个基本形体:底板、支承板、肋板、圆筒四部分(这 一步在组合体形体分析法中已做过分析),如图 5-2(b)所示。

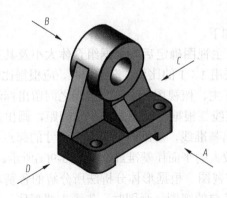

图 5-7   轴承座形体分析选择主视图

5.2.2 选择主视图

主视图是表达机件主要的视图。当主视图投影方向确定后，俯、左视图投影方向随之确定。因此，主视图选择的恰当与否，对画图和读图有很大影响。画图时应先选择主视图。主视图的选择主要从三个方面考虑。

(1) 组合体的安放位置。应将组合体放正，取自然位置，并尽可能使其主要表面或主要轴线平行或垂直于投影面。

(2) 主视图的投影方向。应选择能较多反映组合体形状特征及各部分相对位置特征的方向作为主视图的投影方向。

(3) 视图的清晰性。视图中虚线要尽可能少。选择主视图要兼顾俯视图与左视图中的虚线尽可能少。如图 5-7 所示的组合体可按自然位置放置，即底板放成水平，这时有 A、B、C、D 四个投影方向。对其所得的四个视图(如图 5-8 所示)进行比较：对于 A 向与 B 向，B 向视图虚线较多，不如 A 向视图清晰；对于 C 向与 D 向，若将 D 向作为主视图，左视图虚线较多，不如 C 向好；再比较 A 向与 C 向，两者对反映各部分的形状特征和相对位置特征各有特点，差别不大，均符合主视图选择的要求。因此可选择 A 向作为主视图方向。

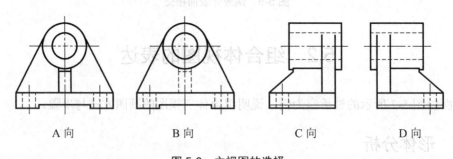

| A 向 | B 向 | C 向 | D 向 |

图 5-8　主视图的选择

5.2.3 画三视图

画三视图的具体步骤如下。

(1) 选比例、定图幅。主视图确定后，根据组合体大小及其形体复杂程度确定绘图比例和图幅。绘图时应尽量采用 1∶1 的比例。选图幅时，应根据比例和组合体的总体尺寸估算三个视图所占面积，并在主、俯视图和主、左视图之间留出标注尺寸的位置和间距。

(2) 布置视图、画基准线。根据各视图的大小及间距，画出基准线以确定每个视图的具体位置。画视图时先画出基准线，基准线也是标注尺寸的起点。通常选择组合体的对称中心平面、回转体轴线和较大的平面作基准线。如图 5-9(a)所示。

(3) 画各基本形体的三视图。根据形体分析法所分解的各基本体及其相对位置，按照"三等"规律，逐个画出各自的视图。画图时，先画主要形体；先画可见部分，后画不可见部分；先画反映形体特征明显的视图，后画其他视图。在画每个基本体时，三个视图应同时画出，这样能保持投影关系，提高绘图速度，防止漏线。画组合体三视图的过程如图 5-9(b)～(e)所示。

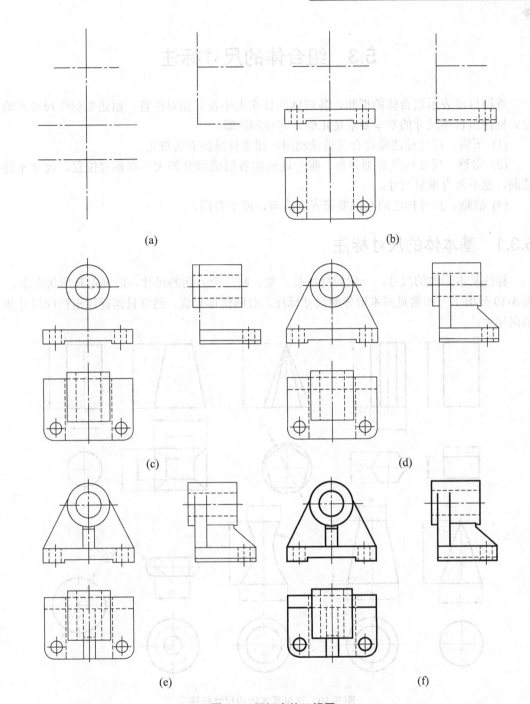

图 5-9　画组合体三视图

(4) 检查、加深。画完底稿后，按各形体及其邻接表面相对位置，仔细检查投影关系，特别是当形体邻接表面有共面、相错、相切、相交关系时更应重点查对底稿，擦去多余线，补画遗漏图线。确认无误，按照标准线型加深图线，如图 5-9(f)所示。

5.3　组合体的尺寸标注

视图只能表示组合体的形状，各形体的真实大小及其相对位置，则还需标注尺寸来确定。标注组合体尺寸的基本要求是正确、完整和清晰。

(1) 正确。尺寸标注要符合《机械制图》国家标准的有关规定。

(2) 完整。尺寸标注必须齐全，唯一地确定各组成部分的大小和相对位置，尺寸不能遗漏，也不能有重复尺寸。

(3) 清晰。尺寸标注的布局要整齐、清晰、便于看图。

5.3.1　基本体的尺寸标注

标注基本形体的尺寸，一般应标注长、宽、高三个方向的尺寸，以确定其形状大小。图 5-10 列出了一些常见基本形体的尺寸标注。对回转体来说，通常只需标注出径向尺寸和轴向尺寸。

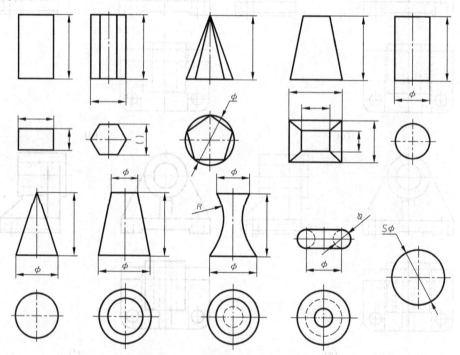

图 5-10　常见基本体的尺寸标注

5.3.2　切割体和相交体的尺寸标注

1. 切割体尺寸标注

对于具有斜截面或缺口的形体，在标注尺寸时，除了注出基本形体的尺寸外，还应注出确定截平面的位置尺寸，由于截平面在形体上的相对位置确定后，截交线随之确定，因此对截交线的尺寸不应注出，如图 5-11 所示。

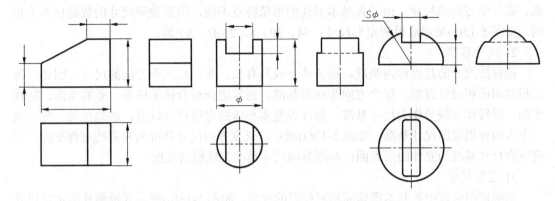

图 5-11 切割体的尺寸标注

2. 相交体的尺寸标注

在标注相交体的尺寸时，应该注出两相交体的定形尺寸外，还应注出确定两相交体相对位置的定位尺寸，当定形和定位尺寸标注全后，两相交体的交线(相贯线)即被唯一确定，因此对相贯线也不需要再注尺寸。如图 5-12 所示为正确标注。

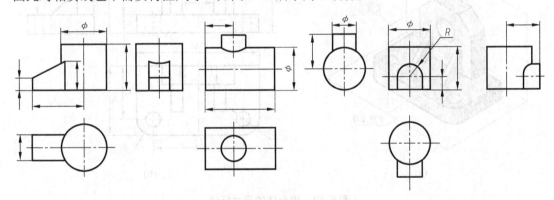

图 5-12 相交体的尺寸标注

5.3.3 组合体的尺寸标注

组合体的尺寸标注基本要求是：正确、完整、清晰，在第 1 章曾介绍了如何正确地按《机械制图》国家标准的有关规定标注尺寸，下面讲解如何完整、清晰地标注组合体尺寸。

1. 尺寸标注要完整

为了准确表达组合体的大小，尺寸标注必须完整、齐全，既不能遗漏，也不能重复，每一个尺寸在视图中只标注一次。在一般情况下图样上要标注下列三类尺寸：定形尺寸、定位尺寸、和总体尺寸。

1）定形尺寸

指确定组合体中各基本形体形状、大小的尺寸。在三维空间中，定形尺寸一般包括长、宽、高三个方向的尺寸，由于各基本形体的形状特点不同，因而定形尺寸的数量也各不相同。如图 5-13(b)所示底板的定形尺寸：54、30、8、2×φ7、R7 等。

2）尺寸基准

指标注尺寸的起点称为基准。组合体一般具有长、宽、高三个方向的尺寸，因此，确定形体间的相对位置时，每个方向都应有基准。通常选择组合体的底面、重要端面、对称平面、回转体轴线等作为尺寸基准。标注各基本形体的定位尺寸以前，必须在长、宽、高三个方向分别选出尺寸基准。如图 5-13(a)所示，长度方向尺寸基准为左右的对称平面；宽度方向尺寸基准为立体的后表面；高度方向尺寸基准为底板的底面。

3）定位尺寸

指确定组合体中各基本形体间相对位置的尺寸。如图 5-13(b)所示底板两孔的定位尺寸 40、23，及立板圆孔的定位尺寸 26 等。

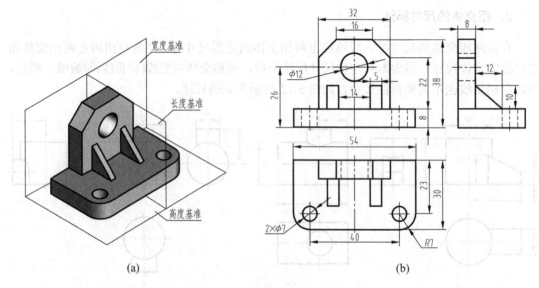

图 5-13　组合体的尺寸标注

4）总体尺寸

在研究组合体空间结构时，一般要知道所占空间的大小，因此，常需要标出组合体在长、宽、高三个方向的最大尺寸，即总体尺寸。如图 5-13(b)所示的 54、30，即是底板的定形尺寸长和宽，也是组合体的总长和总宽。

总体尺寸有时就是某些形体的定形尺寸或定位尺寸，此时一般不再标注。当标注总体尺寸出现多余尺寸时，需要作适当调整。

有时，为了满足加工要求，在标注总体尺寸时，也允许出现多余尺寸。如图 5-14 所示，底板四个角处的四分之一圆柱面，无论与圆柱孔同轴与否，均要标注圆柱孔轴线间的定位尺寸和四分之一圆柱面的定形尺寸。同时还要标注总体尺寸。

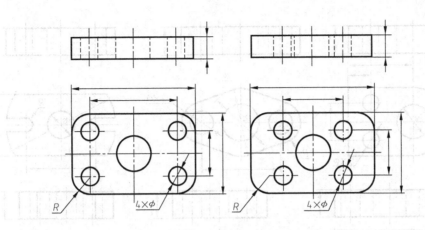

图 5-14 底板和圆角的尺寸标注方法

有些机件的总体尺寸，是根据形体结构和工艺要求而间接得出的，当组合体一端或两端为回转面时，考虑制作方便，一般不标注该方向的总体尺寸，而只标注回转面的定位尺寸和定形尺寸。如图 5-15 所示，均为不合理的尺寸标注，图 5-15(a)长度方向仅标注出板的左端孔的定位尺寸和半圆柱半径 R，不应标注出总长。图 5-15(b)长度方向仅注出板左右端两个孔的定位尺寸和半圆柱半径 R，不应标注出总长。图 5-16 列出了常见底板、法兰盘的尺寸标注方法。

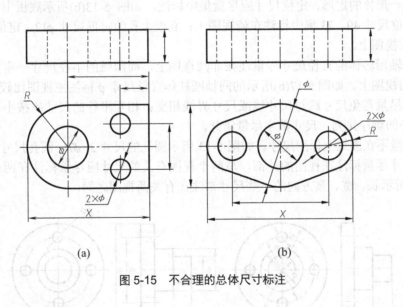

     (a)   (b)

图 5-15 不合理的总体尺寸标注

2. 尺寸标注要清晰

要使尺寸标注清晰，除了严格遵守国家标准有关规定外，还应注意合理地布置尺寸，以方便看图。

(1) 尺寸应尽量注在形状特征最明显的视图上，如图 5-13(b)所示底板的长度尺寸 54、宽度尺寸 30 标注在反映其形状特征明显的俯视图上；而立板的厚度尺寸 8 标注在左视图上、高度尺寸 38 标注在主视图上。

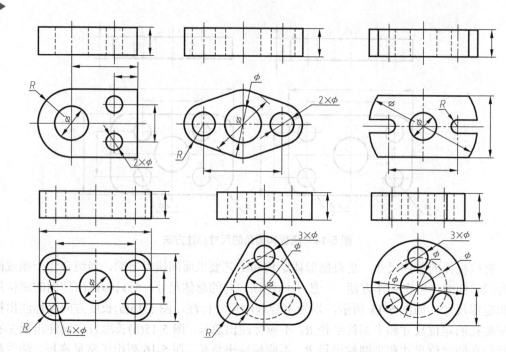

图 5-16 常见底板、法兰盘标注总体尺寸的情况

(2) 同一形体的定形、定位尺寸应尽量集中标注。如图 5-13(b)所示底板上孔的定形尺寸 2×ϕ7 定位尺寸 40、23 集中标注在俯视图上；立板上孔的定形尺寸 ϕ12、定位尺寸 26 集中标注在主视图上。

(3) 同轴回转体的直径尺寸尽量注在非圆视图上，而圆弧的半径尺寸一定要标注在投影为圆弧的视图上。如图 5-17(b)所示的同轴圆柱体直径尺寸 ϕ 标注主视图比较好等。

(4) 应尽量避免尺寸线与尺寸线或尺寸界线相交；相互平行的尺寸应按小尺寸在里，大尺寸在外的顺序排列，尺寸数字尽量错开。

(5) 尽量不在虚线上标注尺寸。如图 5-13 所示圆孔的尺寸 2×ϕ7，圆孔尺寸 ϕ12 等。

(6) 尺寸尽量标注在视图的外部，与两个视图有关的尺寸应尽量标注在两视图之间。如图 5-13 所示长、宽、高方向的一些尺寸都注在有关两视图之间。

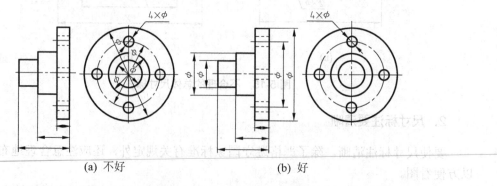

(a) 不好   (b) 好

图 5-17 同轴回转体、回转孔的尺寸标注方法

实际标注尺寸时，有时难以兼顾以上各项要求，应该在保证正确、完整、清晰的前提下，根据具体情况统筹考虑，合理安排。

5.3.4 组合体尺寸标注的方法和步骤

现以如图 5-18 所示的轴承座为例，说明标注组合体尺寸的方法。

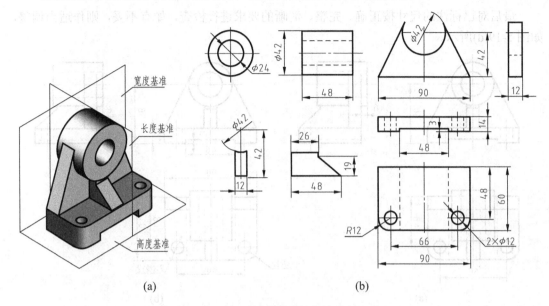

图 5-18 轴承座尺寸标注分析

1．形体分析及确定各基本形体的定形尺寸

形体分析法也是标注组合体尺寸的基本方法。标注尺寸之前，首先对轴承座进行形体分析(这一步在画组合体视图中已做过分析)。轴承座由底板、支承板、肋板和圆筒四个部分组成，各基本形体的定形尺寸如图 5-18(b)所示。

2．选定尺寸基准

按组合体的长、宽、高三个方向依次选定主要基准，如图 5-18(a)所示，选择底面作为高度方向的尺寸基准、左右对称面作为长度方向的尺寸基准，圆筒的后端面作为宽度方向的尺寸基准。

3．分别标出各个基本形体的定位尺寸和定形尺寸

如图 5-19(a)、(b)、(c)、(d)所示，分别标注出底板、圆筒、肋板和支承板各基本形体的定形尺寸和定位尺寸。标注时，如果出现尺寸重复，则要作适当的调整。比如标注了圆筒的定位尺寸 56 后，可以省去支承板的定形尺寸 42。

4．标注总体尺寸

标注了组合体各基本体的定形和定位尺寸后，一般还要考虑总体尺寸的标注。但若与定形尺寸重合的不再标注，如图 5-19(d)所示，轴承座的总长和底板的定形尺寸 90 重合。另外从结构特点和制作方便考虑有的不直接标出总体尺寸，而是通过间接方法获得，如总高尺寸由圆筒定位尺寸 56 加上圆筒外径 $\phi42$ 一半所确定；总宽由底板宽度 60 和圆筒伸出

宽度 6 所确定。因此不标注高度方向、宽度方向的总体尺寸。

5．校核

最后对已标注的尺寸按正确、完整、清晰的要求进行检查，如有不妥，则作适当调整，如图 5-19(d)所示。

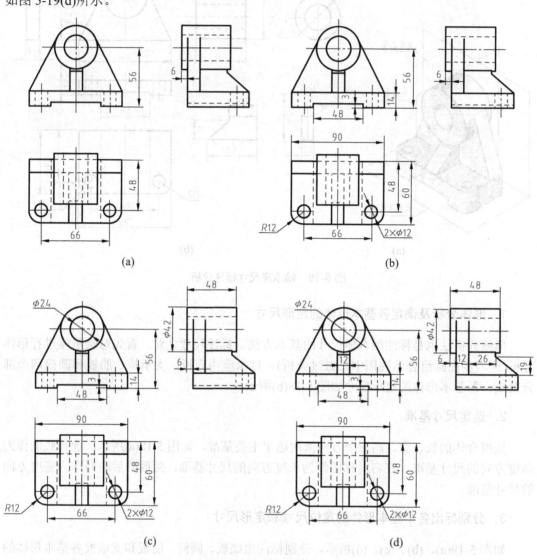

(a)

(b)

(c)

(d)

图 5-19　轴承座的尺寸标注

5.4　组合体视图的阅读

画图和读图是学习机械制图的两个重要环节。画图是运用正投影规律将组合体形状用平面图形(视图)表达出来，即由物到图(由空间到平面)。而读图则是根据已画出的平面图形(视图)中的图线和封闭线框以及视图之间的对应关系，想象出组合体空间形状，即由图到物(由平面到空间)。由于组合体视图的直观性较差，因此，要正确、快速地读懂组合体视图，必须掌握读图的基本要领和方法，并通过不断的实践，培养和发展空间想象力，逐步提高读图能力。

5.4.1 读图的基本知识

1. 应几个视图联系起来读图

"只看一图不全面，三图合看整体现"。一般情况下，仅由一个或两个视图往往不能唯一地表达组合体三维空间的形状，如图 5-20 所示二组视图，其形状各异，它们的俯视图均相同，主视图和左视图不同；如图 5-21 所示四组视图，主视图和左视图相同，但它们的俯视图不同，所以表达组合体的形状也不同；因此读图时，不能只看一个或两个视图，要几个视图联系起来一起看。来对照、分析、构思，运用投影规律，才能正确地想象出其立体形状。

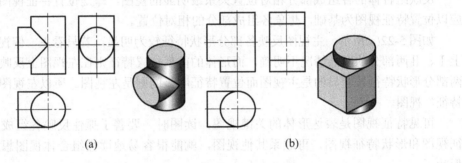

(a)   (b)

图 5-20 一个视图不能确切地表达物体的形状

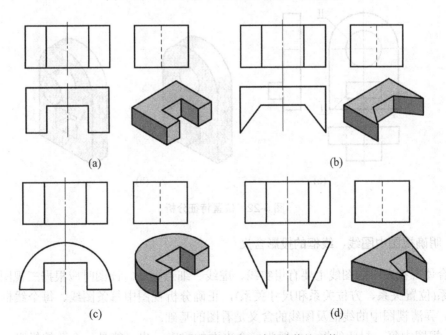

(a)   (b)

(c)   (d)

图 5-21 两个视图不能确切地表达物体形状

2. 抓特征视图想形状

抓特征视图, 就是抓组合体的形状特征视图和位置特征视图。

1) 形状特征视图

所谓形状特征视图就是最能表达组合体形状的视图。如图 5-21 所示, 由其主视图和左视图可以想象出多种组合体形状, 只有配合俯视图, 才能确定唯一的形状。如果由主视图和俯视图组合而去掉左视图或由俯视图和左视图组合而去掉主视图, 组合体形状都是确定的, 那么俯视图是确定组合体形状不可缺少的、最能反映组合体形状的视图, 即形状特征视图。

由于组成组合体的各基本形体的形状特征不一定集中在一个投影方向, 反映各基本体的特征视图也不可能集中在同一个视图上, 所以读图时, 只要注意抓住各组成部分的特征视图, 就能很容易想象出各组成部分的形状, 从而就不难想象出组合体的整体形状。

2) 位置特征

反映组合体的各组成部分相对位置关系最明显的视图, 即是位置特征视图。读图时, 应以位置特征视图为基础, 想象各组成部分的相对位置。

如图 5-22(a)所示, 主视图反映各部分形状特征较为明显, 若只看主、俯视图, 组合体上Ⅰ、Ⅱ两部分的凹凸情况不明确, 而形体的前后位置特征则在左视图上反映十分清楚。两部分形状特征较明显的是主视图而位置特征明显的则是左视图。所以左视图就是"位置特征"视图。

可见特征视图是表达形体的关键视图, 读图时, 要善于抓住反映各组成部分位置特征视图和形状特征视图, 再联系其他视图, 就能很容易地读懂组合体视图想象出形体的形状了。

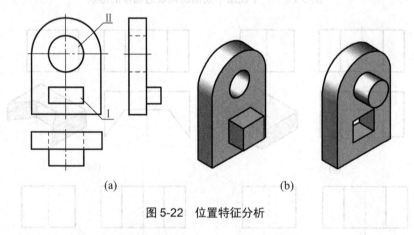

(a)　　　　　　　　(b)

图 5-22　位置特征分析

3. 明确视图中图线、线框的投影含义

组合体三视图中的图线主要有粗实线、虚线、细点画线。读图时应根据三视图之间的投影关系(位置关系、方位关系和尺寸关系), 正确分析视图中每条图线、每个线框所表示的含义。弄清视图中的线框及图线的含义是看图的基础。

(1) 视图中每一封闭线框, 一般为一个表面的投影, 也可能是一个孔的投影。下面以

图 5-23 为例进行说明。①平面的投影，图 5-23 所示的六棱柱的 B 面。②曲面的投影，如图 5-23 所示的圆柱体的 A 面。③孔的投影，如图 5-23 所示的圆柱体的 C 孔。

(2) 图中的每一条图线，可能有三种含义。①平面或曲面的积聚性投影，如图 5-23 所示圆柱面与棱柱棱面积聚性的投影 a。②两表面交线的投影，如图 5-23 所示棱柱两棱面的交线投影 b。③曲面转向轮廓线的投影，如图 5-23 所示圆柱与圆孔转向轮廓线的投影 c。

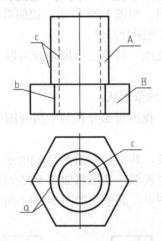

图 5-23 封闭线框和图线的含义

4．注意视图中虚、实线的变化

形体之间联接关系的变化，会使视图中的图线也相应地变化。图 5-24(a)所示的主视图中三角形线框与 L 形线框之间是粗实线，说明二者前表面不共面，再结合其他视图的投影关系，可确定三角形肋板叠加在底板和侧板中间；图 5-24(b)所示的主视图中三角形线框与 L 形线框之间是虚线，说明二者前表面共面，根据其他视图的投影关系，可知两块三角形肋板一前一后叠加在底板和侧板之间，中间为空腔。

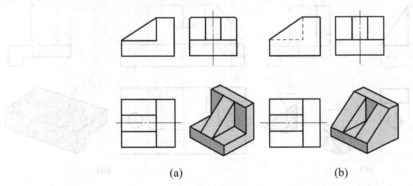

(a)　　　　　　　　(b)

图 5-24 虚实线的变化与形体联接关系

5.4.2 读图的基本方法和步骤

读组合体视图常用的方法有形体分析法和线面分析法两种。

1. 形体分析法

形体分析法是读组合体视图最基本的方法。一般从最能反映组合体形状特征明显的视图(一般为主视图)入手，对照其他视图，按封闭线框划分为几个部分，想象出各部分的基本形状、相对位置和组合形式，再综合想象出组合体的整体结构形状。

下面以轴承座的三视图为例，如图 5-25 所示，说明看图的一般方法。

(1) 抓住主视看大致，综观全图分部分。

从主视图看起，联系其他视图，可将主视图划分为四个封闭框Ⅰ、Ⅱ、Ⅲ、Ⅳ，如图 5-25(a)所示。

(2) 对投影找关系，抓特征想象形状。

根据视图之间的对正关系，找出每部分在其余两视图中投影线框，找出每部分特征视图，看懂各部分形状。

Ⅰ部分的特征视图为主视图，其形状如图 5-25(b)所示。

Ⅱ和Ⅳ部分的特征视图为主视图，其形状如图 5-25(c)所示。

Ⅲ部分的特征视图在左视图上，其形状如图 5-25(d)所示。

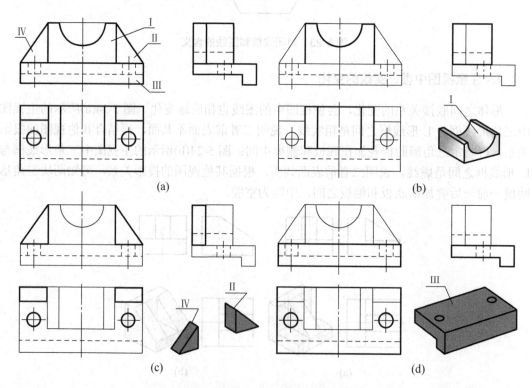

图 5-25　用形体分析法读轴承座三视图

(3) 根据方位定位置，综合起来想象整体。

分别读懂各部分的形状后，根据三视图的方位关系，形体Ⅲ在下，形体Ⅰ在其上面中部；形体Ⅱ、Ⅳ在此上面，并分布在Ⅰ两侧，四形体后表面平齐。从而综合想象出它们的整体形状。如图 5-26 所示。

　　形体分析法读图的着眼点是体，而不是体上的线、面。因此，对于视图中一些局部投影复杂之处，有时就需要用线面分析法读图。

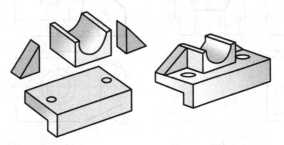

(a) 各基本形体的形状　　　(b) 组合体的空间形状

图 5-26　轴承座空间形状

2. 线面分析法

　　组合体也可以看做是若干面(平面或曲面)、线(直线或曲线)围成。线面分析法就是把组合体分解成若干线和面，通过在视图上划线框、对投影，弄清它们的形状及相对位置，进而想象出组合体的空间形状的方法。

　　线面分析法常用于切割型组合体。对于形体比较复杂的组合体，可先用形体分析法看懂组合体的主要形状，再用线面分析法弄清某些面、线的含义。

　　现以如图 5-27 所示压块为例，说明线面分析法看图的方法和步骤。

　　首先对压块作形体分析：由于三个视图的轮廓基本上都是矩形(只是切掉了几个角)，所以它的原始形体是长方体。

　　1) 抓住特征分清面

　　所谓抓住特征，就是指看懂组合体上各被切面的空间位置和几何形状。从压块的外表面来看，主视图左上方的缺角是用正垂面切出的，俯视图左端的前、后缺角是分别用两个铅垂面切出的，左视图下方前、后的缺块，则分别用正平面和水平面切出的。可见，压块的外形是一个长方体被几个特殊位置平面切割后形成的。由此可知，长方体被特殊位置平面切割，因其平面的某些投影有积聚性，所以，在视图上都较明显地反映出切口的位置特征。在搞清被切面的空间位置后，再根据平面的投影特性，分清各切面的几何形状。

　　(1) 被切平面为"垂直面"

　　一般应先从该平面投影积聚成直线的视图出发，再在其他两视图上找出对应的线框，即边数相等的类似形。

　　如图 5-27(a)所示，应先从主视图中的斜线(正垂面的积聚性投影)出发，在俯视图中找出与它对应的梯形线框，则左视图中的对应投影也一定是一个梯形线框(图中的粗实线)。将其旋转归位便可知，P 面是垂直于正面而倾斜于水平面和侧面的梯形平面。

　　如图 5-27(b)所示应先从俯视图中的斜线(铅垂面的积聚性投影)出发，在主、左视图上找出与它对应的投影为七边形。将其旋转归位便可知，Q 面是垂直于水平面且与正面和侧面倾斜的七边形。

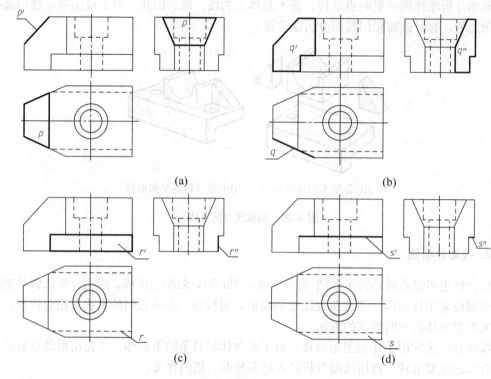

(a)　　　　　　　　　　　(b)

(c)　　　　　　　　　　　(d)

图 5-27　线面分析法看图步骤

(2) 被切面为"平行面"

一般也应先从该平面投影积聚成直线的视图出发,在其他两视图上找出对应的投影——直线和反映该平面实形的平面图形。

如图 5-27(c)所示,应先从左视图 r″直线入手,再找出 R 面的正面投影(反映实形的矩形线框)和水平面的投影(一直线);如图 5-27(d)所示,从左视图的直线 s″出发,找出 S 面的水平投影(反映实形的四边形)和正面投影(一直线)。可知 R 面是正平面,S 面是水平面。

其余表面比较简单易看,我们不再一一分析。

2) 综合起来想整体

在看懂压块各表面的空间位置与形状后,还必须根据视图搞清面与面间的相对位置,进而综合想象出压块的整体形状,如图 5-28 所示。

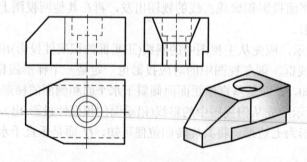

图 5-28　线面分析法看图

上例是用线面分析法，先看懂各面的形状和位置，然后按照各面在空间的相对位置进行"组装"想象而得出形体的整体形状。

对切割型组合体，还可以通过"先整后切"的方式进行读图。即在视图上先补齐基本体所缺的图线，想象出形体未切前的完整形状，然后用线面分析法，通过分析截断面(切口)的投影，确定各截切面的位置，按形体的切割顺序，逐步想象出形体的整体形状。

应当指出，在上述看图过程中，没有利用尺寸来帮助看图。而有时图中的尺寸是有助于分析物体形状的。如直径代号表示圆孔或圆柱形，半径代号则表示圆角等等。

综合上面的分析可知，看图时应以形体分析法为主，而线面分析法一般情况下只作为一种手段，用来分析视图中难以看懂的图线和线框的含义。

5.4.3　已知两视图补画第三视图

由已知两视图补画第三视图，既包含看图的过程，又包含画图的过程，同时也检验了读图的效果，是一个综合性的练习。

例 5-1　如图 5-29 所示，已知架体的正面投影和水平投影，想象出它的形状并补画出侧面投影。

分析：如前所述，投影图中的封闭线框表示物体上一个面的投影，而投影图中两个相邻的封闭线框通常是物体上相交的或者是不相交的两个面的投影。如图 5-29(b)所示，正面投影中的三个封闭线框 $1'$、$2'$、$3'$ 对照水平投影，由于没有一个类似形与上述封闭线框对应，因此，1、2、3 所代表的三个面一定与水平面垂直，它们在水平投影中的对应投影可能是 1、2、3 三条线中的一条。联系正面投影和水投影可知，这个架体分为前、中、后三层，由于架体正面投影上的所有轮廓均为可见，一定是最低的一层位于前层，最高的一层位于后层，因此，1、2、3 三个面的水平投影如图 5-29(b)所示。进一步分析可知，最低的前层上有一个半圆柱形的槽；中层的上端也有一个半圆柱的槽，半圆柱的直径与架体宽度相等；最高的后层上有一个直径较小的半圆柱槽；中层和后层有一个圆柱形的通孔。最后想象出架体的形状，如图 5-29(c)所示。

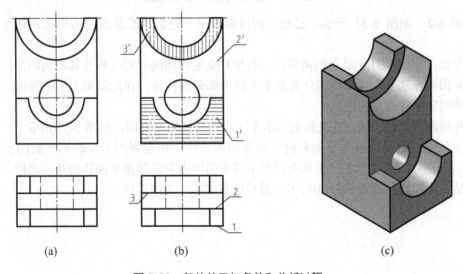

(a)　　　　　　　　　(b)　　　　　　　　　(c)

图 5-29　架体的已知条件和分析过程

作图：根据正面投影和水平投影的对正关系，逐步画出每一层及该层每个面的侧面投影，最后检查、加深。作图过程如图5-30(f)所示。

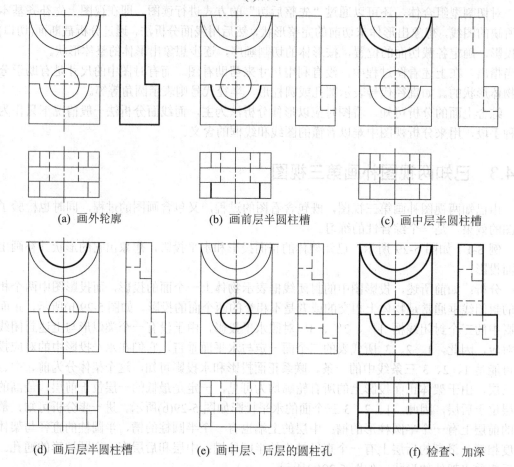

(a) 画外轮廓　　　　　　(b) 画前层半圆柱槽　　　　　(c) 画中层半圆柱槽

(d) 画后层半圆柱槽　　　　(e) 画中层、后层的圆柱孔　　　　(f) 检查、加深

图 5-30　补画架体侧面投影的过程

例 5-2　如图 5-31 所示，已知正面投影和水平投影，想象出它的形状并补画出侧面投影。

分析：如图 5-31(a)所示的两视图，假想补全主视图的外形线框使其成为矩形，而俯视图又是圆的一部分，可知该形体的基本主体为部分圆柱体，在此基础上切割而成，因此，可按切割顺序补画左视图。

补画左视图的步骤：首先画出基本主体末切割前的左视图，如图 5-31(b)所示；然后将基本主体左、右两边用水平面和侧平面各切去一块，在左视图上反映侧平面的实形，如图 5-31(c)所示；再考虑主体上部中间和下部中间用水平面和侧平面各切开一通槽，底部左右各钻一小圆孔，如图 5-31(d)所示。最后检查描深，完成作图。

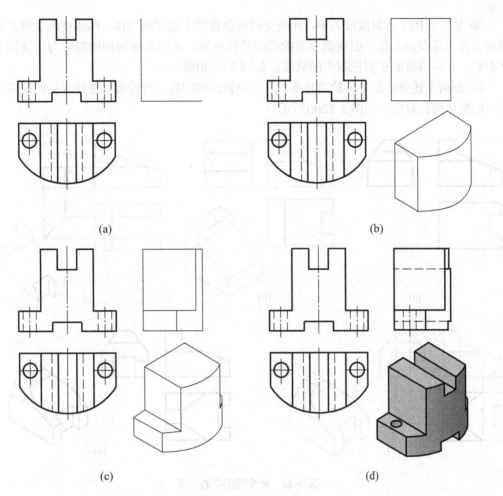

(a)

(b)

(c)

(d)

图 5-31　补画左视图

5.4.4　补画视图的缺线

补画视图中的缺线，是读图的进一步要求，也是学习审核图样的方法之一。读图时，通过投影分析，判断视图中的错画之处，想象出正确立体形状。然后分析视图缺错图线的原因，并根据组合体的组合形式和表面联接关系，运用线面分析法和点、线、面的投影规律，逐个补画出视图中的缺线。

例 5-3　如图 5-32(a)所示，补全俯视图、左视图中缺少的图线。

(1) 形体分析：由三个视图的外轮廓看出，该形体为切割体，其主体形状如图 5-32(b)所示。可用线面分析法，按切割顺序逐步补全视图中的缺线。

(2) 作图步骤如下。

① 补画基本主体的投影图线，如图 5-32(b)所示。

② 俯视图左边缺口，对应主视图中的虚线，由此可知该处是用两正平面和一侧平面切开一通槽，该槽在俯视图中有积聚性。按投影关系补全其左视图上的图线，如图 5-32(c)

所示。

③ 从左视图上方斜线段入手，此线变对应主视图中的封闭线框，形体被两个侧垂面分别切去前上角和后上角。根据侧垂面的投影特性可知，该面在俯视图的投影与主视图上线框类似。补画该断面在俯视图中的缺线，如图5-32(d)所示。

④ 根据上述分析想象出的整体形状，对应补画的图线进行检查，使补画完的视图与想象出的整体形状对应，如图5-32(e)所示。

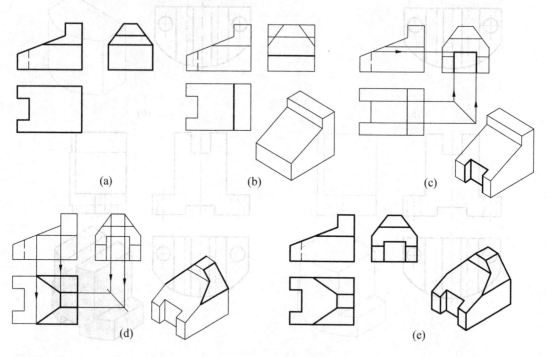

图5-32 补全视图中的缺线

5.5 组合体的构形设计

根据已知条件构思组合体的形状，兼顾大小，并表达成视图的过程称为组合体的构形设计。组合体的构形设计能把空间想象、形体构思和视图表达三者结合起来。这不仅能提高画图、读图能力，还能发展空间想象能力，是培养创新能力的有效途径，也是产品设计过程中的重要组成部分。

5.5.1 组合体构形设计的方法

根据组合体的一个或两个视图(以主视图为主)构思组合体，通常有多个答案。由不充分的条件构思出多种组合体是思维发散的结果。要提高思维发散能力，不仅要熟悉有关组合体方面的各种知识，还要自觉运用联想的方法，只有这样才能构思出新颖、独特、有创意的组合体。

1. 切割法

切割形体有多种方式：平面切割、曲面切割(包括贯通)、曲直综合切割、凸向切割、凹向切割等。采用不同的切割方式或变换切割位置，会产生形态各异的立体造型。

例 5-4 根据图 5-33 所给的组合体主视图构思组合体，并画出其俯视图。

分析：根据图 5-33 所给的主视图，可以假定组合体的原形是一个长方体，切割为前后面有三个处于不同位置的可见平面。这三个表面的凹凸、倾斜、平曲可构成多种不同形状的组合体。

对于中间的面形，通过凹与凸的联想，可构思出如图 5-33(a)、图 5-33(b)所示的组合体；通过对倾斜的联想，可构思出如图 5-33(c)、图 5-33(d)所示的组合体；通过平曲联想，可构思出如图 5-33(e)、图 5-33(f)所示的组合体。

用同样的方法对其余的两面形进行联想，然后三个面形再组合可构思出更多的组合体。

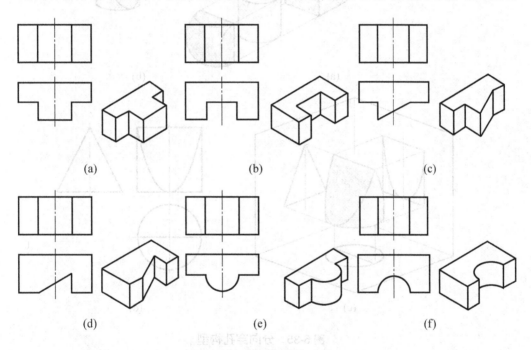

图 5-33 切割法构思组合体

例 5-5 如图 5-34 所示，平板上切割出有三个孔(方孔、圆孔、三角孔)，试设计一个组合体形体，使它能沿三个不同方向不留间隙地通过这三个孔，画出该形体的三视图。

图 5-34 三向穿孔板

分析：穿孔构型，一般先从形状简单、容易构型的大孔入手，想象出尽可能多的能穿过此孔的形体，然后用排除法剔除不符合其他两个孔条件的形体，再用切割法对留下来的形体按孔形进行切割，以达到穿孔要求。这里，先从最大的方孔开始构思形体，能沿前后方向通过方孔的形体很多，如图 3-35(a)所示有长方体、圆柱、三棱柱等，但能从上下方向通过圆孔的只有圆柱，而要使圆柱沿左右方向通过三角孔，只需用两个侧垂面切去圆柱的前后两块即可，如图 3-35(b)所示。将平板上的三个孔作为形体三视图的外轮廓如图 3-35(c)所示，只需补全视图中的漏线，即得形体的三视图，如图 5-35(d)所示。

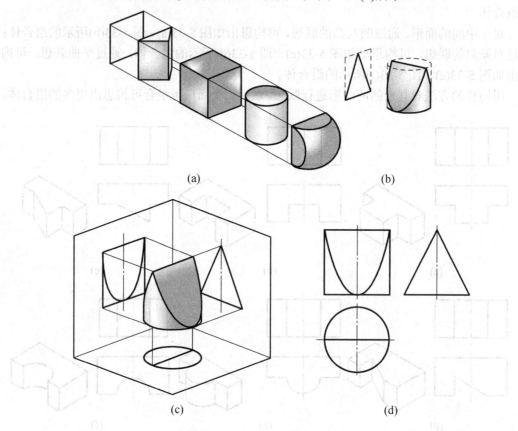

图 5-35　分向穿孔构型

2．综合法

同时运用叠加法、切割法和变换法进行构型设计的方法称为综合法。这是构型设计的常用方法，基本形体和它们之间的组合方式其中包含了叠加、切割和综合三种组合体构成方式。

例 5-6　已知组合体的主视图构思组合体，并画出俯视图和左视图。

如图 5-36 所示的主视图，把它作为两个基本体的简单叠加或切割可构思出如图 5-36(a)、(b)、(c)所示的组合体；作为两个回转体的叠加可构思出如图 5-36(d)，为一个等直径的圆柱体正交相贯；作为复杂的基本体的切割可构思出如图 5-36(e)所示，为一个直径为正方形对角线大小的球被六个投影面平行面截切；用综合方法可构思出如图 5-36(f)所示，在四棱柱前叠加一个被 45°角铅垂面截切的圆柱。

满足图 5-36 所给主视图要求的组合体远非以上所举，读者可自行构思。

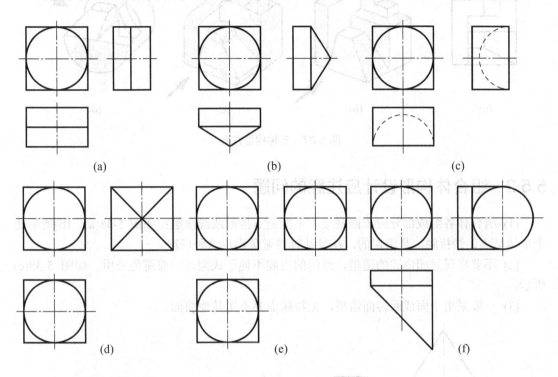

图 5-36 综合法构思构形组合体

3. 构型设计力求多样、新颖、独特

构成组合体所使用的基本体种类、组合方式和相对位置应尽可能多样和变化，充分发挥想象力，突破常规的思维方式，力求构思出新颖、独特的造型方案。

例 5-7 要求按给定的俯视图(如图 5-37a 所示)设计组合体。

分析：由于所给视图含有六个封闭线框，故可构想该形体有六个上表面，它们可以是平面，也可是曲面，位置可高可低，还可倾斜；整个外框表示底面，它也可以是平面、曲面或斜面，这样就可以构想出许多方案。

如图 5-37(b)所示的方案均是由平面体叠加构成，由前向后逐层拔高，富有层次感，但显得单调；如图 5-37(c)所示的方案也是叠加构成，但含有圆柱面、球面，且高低错落有致，形体变异多样；如图 5-37(d)所示的方案则采用圆柱切割而成，既有平面截切，又有曲面截切，构思新颖、独特。

为了更好地运用发散思维构思组合体，这里介绍一下评价思维发散的三个指标：发散度(构思对象的数量)、变通度(构思对象的类别)和新异度(构思出的对象的新颖、独特程度)。若构思出的组合体全都是简单的叠加体，即使数量很多，发散思维的水平也不很高。只有在提高思维的变通度上下工夫，不仅构思出图，还构思出如图 5-37 所示的组合体，才有可能构思出新颖、独特、有创意的形体来。

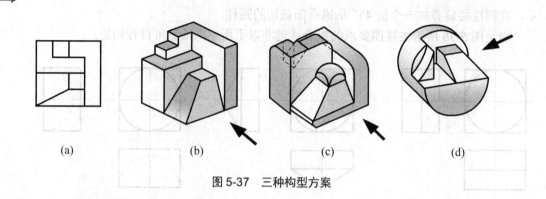

(a)   (b)   (c)   (d)

图 5-37   三种构型方案

5.5.2   组合体构形设计应注意的问题

(1) 组合体各组成部分应牢固联接，不能是点接触或线接触；如图 5-38(a)、(b)所示两个形体呈点、线接触，是错误的，在设计时要避免出现这种情况。

(2) 不要出现封闭内腔的造型，封闭的内腔不便于成型，一般避免采用。如图 5-38(c)所示。

(3) 一般采用平面或回转面造型，无特殊需要不用其他曲面。

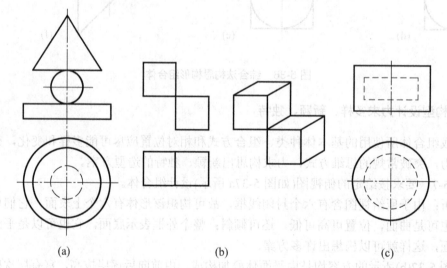

(a)   (b)   (c)

图 5-38   形体间以点、线或圆接触

第6章 轴 测 图

6.1 轴测图的基本知识

轴测图是一种立体图,在这种图上能同时反映出物体长、宽、高三个方向的形状,因此富有立体感,在机械工程中常把它作为辅助性的图样来使用。

1. 轴测图的形成

用平行投影法,将物体连同确定其空间位置的直角坐标系一起向倾斜于基本投影面的单一投影面 P 进行投影,表达出物体长、宽、高三个方向形状,这样形成的投影图称为轴测投影图,简称轴测图,如图 6-1 所示。

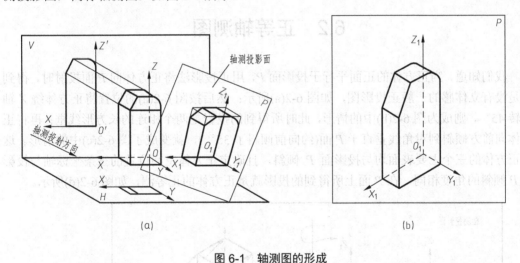

图 6-1 轴测图的形成

2. 轴测投影常用术语

(1) 轴测投影面获得轴测图的投影面 P 称为轴测投影面,简称轴测面。

(2) 轴测轴相互垂直的空间坐标轴 OX、OY、OZ 在 P 面上的投影 O_1X_1、O_1Y_1、O_1Z_1 称为轴测投影轴,简称轴测轴。如图 6-1 (a)所示。

(3) 轴间角轴测投影中相邻两根轴测轴之间的夹角,称为轴间角。如图 6-1 (b)所示。

(4) 轴向伸缩系数沿轴测轴方向,线段的投影长度与其在空间的真实长度之比,称为轴向伸缩系数。并分别用 p、q、r 表示 OX、OY、OZ 轴的轴向伸缩系数。

3. 轴测图的基本性质

轴测图是用平行投影法得到的，因而它具有平行投影的各种特性，作图时主要应用以下几点。

(1) 立体上分别平行于 X、Y、Z 三坐标轴方向的棱线，在轴测图上应分别平行于相应的轴测轴，画图时可按规定的轴向伸缩系数度量其长度。

(2) 立体上不平行于 X、Y、Z 三坐标轴方向的棱线，则在轴测图上不平行于任一轴测轴，画图时不能直接度量其长度，此时，应找出棱线两端点的坐标值，依此确定不平行于轴测轴的棱线在轴测图中应表示的位置。

(3) 立体上互相平行的棱线，在轴测图上仍然互相平行。

(4) 轴测图中一般只画出可见部分的轮廓线，必要时可用虚线画出其不可见的轮廓线。

轴测图有很多种，每一种都有一套轴间角及相应的轴向伸缩系数，国家标准推荐了两种作图比较简便的轴测图，即正等轴测图(简称正等测)及斜二轴测图(简称斜二测)。这两种常用的轴测图的轴测轴位置、轴间角大小及各轴向伸缩系数也各不相同，但表示物体高度方向的 Z 轴，始终处于竖直方向，以便于符合人们观察物体的习惯。

6.2　正等轴测图

我们知道，当正方体的正面平行于投影面 P，用正投影法将正方体向 P 面投射时，得到的是没有立体感的一般正投影图，如图 6-2(a)所示；然后按图 6-2(a)的位置将正方体绕 Z 轴旋转 45°，则成为图 6-2(b)中的情形，此时所得到的投影是两个相连的长方形线框；再将正方体向前方倾斜到对角线垂直于 P 面(约向前倾斜了 35°)，就变成了图 6-2(c)中的情形。这时正方体的三个主要表面均与投影面 P 倾斜，且确定正方体空间位置的三条坐标轴与投影面 P 倾斜的角度相同，在 P 面上所得到的投影就是正方体的正等测，如图 6-2(d)所示。

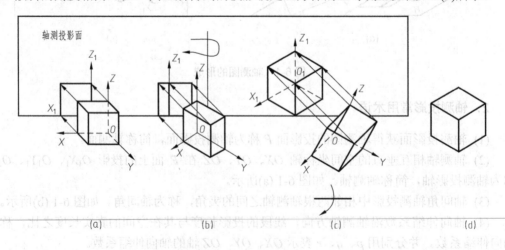

(a)　　　　　　(b)　　　　　　(c)　　　　　　(d)

图 6-2　正等测的形成

正等测的三个轴间角均为120°，三条轴的轴向伸缩系数都相等($p= q= r≈ 0.82$)，如图 6-3(a)所示。为作图方便，常把轴向伸缩系数简化为1，用简化伸缩系数画出的正等测图是原图的 1.22 倍，如图 6-3(b)、(c)所示。

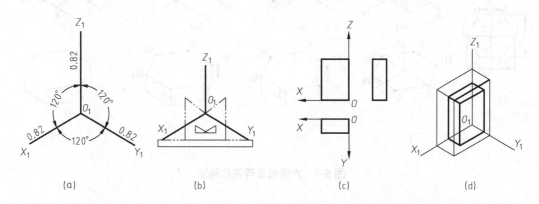

图 6-3　正等测图的参数

6.2.1　平面立体的正等轴测图

轴测图常用的基本作图的方法是坐标法。下面通过例题说明。

例 6-1　求作图 6-4(a)所示的六棱柱的正等测。

由六棱柱的正投影图可知，正六棱柱的顶面和底面都是平行于水平面的正六边形，在轴测图中顶面将是可见的，底面是不可见的。为了减少不必要的作图线，先从其特征面——顶面开始作图往往比较方便。

作图步骤如下。

(1) 因为正六棱柱前后、左右对称，所以，为方便作图，选顶面的中心作为坐标原点，棱柱的轴线作为 Z_1 轴，顶面的两对称线作为 X_1、Y_1 轴，画出轴测轴，如图 6-4(b)所示。

(2) 根据正投影图顶面的尺寸 D，在 X_1 轴上直接定出 I_1/IV_1，点的位置，如图 6-4(b)所示。

(3) 根据尺寸 S，在 Y_1 轴上以 O_1 点为基准，各向取 $S/2$，定出 K_1、m_1 点，如图 6-4(c) 所示，再过 K_1、m_1 点作平行于 O_1X_1 的直线，如图 6-4(d)所示，然后在这两条平行直线上，以 Y_1 轴为界各向取 $a/2$，求得点 II_1、III_1、V_1、VI_1，如图 6-4(e)所示。

(4) 依次联接各 I_1-II_1-IV_1-III_1-V_1-VI_1 点，即得顶面六边形的正等测图，如图 6-4(f)所示。

(5) 过顶点 I_1、II_1、IV_1 作 Z_1 轴的平行线，如图 6-4(g)所示，并截取六棱柱的高 H，得出可见的四条棱及下底面六边形的四个端点，如图 6-4(h)所示，顺序联接这四个端点，即完成六棱柱的正等测，如图 6-4(i)所示。

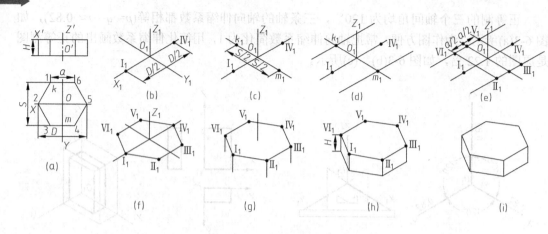

图 6-4　六棱柱正等测的画法

6.2.2　平行于坐标面的圆的正等轴测图

在正等测中，平行于坐标面的平面圆，都变成了椭圆，分为水平面椭圆、正面椭圆及侧面椭圆。它们除了长短轴的方向不同外，椭圆的形状、大小及画法都是一样的。如图 6-5(a) 所示。画平行于坐标面的圆的正等测时，要注意以下两方面。

(1) 椭圆的长、短轴方向。长轴垂直于相应的轴测轴，同时长轴与外切菱形的长对角线重合；短轴平行于相应的轴测轴，同时短轴与外切菱形的短对角线重合。因此，圆柱、圆锥、圆台，其底面椭圆的短轴与轴线应画在一条线上，如图 6-5(b) 所示。

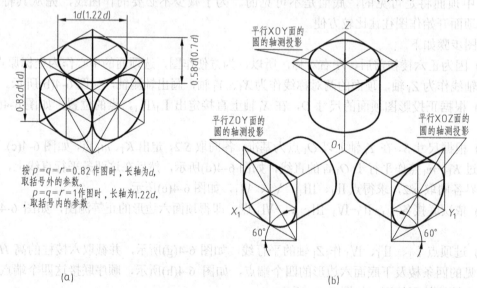

图 6-5　三种位置两面圆及圆柱的正等测

(2) 椭圆的长、短轴大小，如图 6-5(a) 所示。如按理论伸缩系数 0.82 作图时，长轴取为圆的直径 d，短轴为 $0.58d$；如按简化伸缩系数为 1 作图时，则长、短轴均放大 1.22 倍，即长轴长度等于 $1.22d$，短轴长度等于 $1.22 \times 0.58d$。但为简化作图，椭圆常采用近似画法，此时不必计算其长、短轴的长度。

例 6-2 按简化伸缩系数，求出平行于 H 面的圆(直径为 d)的正等测。

作图步骤如下。

首先，作出轴测轴 O_1X_1、O_1Y_1，并分别以圆的直径 d 为边作出平面圆外切四边形的轴测投影(菱形)，如图 6-6(a)所示。其次，以图 6-6(b)中 A、B 点为圆心，以 AC 为半径在 CD 间画大圆弧，以 BE 为半径在 EF 间画大圆弧。再次，联接 AC、AD 交长轴于 I、II 两点，如图 6-6(c)所示。然后，分别以 I、II 两点为圆心，I D、II C 为半径，在 CF、DE 间画两小圆弧，并与两个大圆弧相切，如图 6-6(d)所示，即为所求的平面圆的正等测。

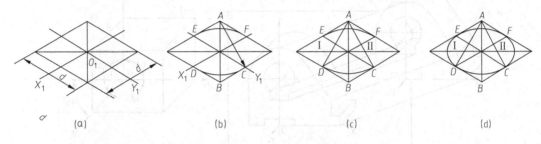

图 6-6 平面圆按外切菱形画轴测图的画图过程

6.2.3 圆角正等轴测图

如图 6-7(a)所示，平面立体的每个圆角相当于一个整圆的四分之一。下面简单介绍圆角的正等测的作图过程。

先在正投影图上确定圆角半径 R 的圆心和切点的位置，如图 6-7(a)所示。再画出平板上表面的正等测图，在对应边上量取 R，自量取得的点(是切点)作边线的垂线，以两垂线的交点为圆心，在切点内画圆弧，所得即为平面上圆角的正等测图，如图 6-7(b)所示。然后根据平板厚度 h，将圆角圆心垂直向下移 h，完成平板下表面的圆角轴测图，最后做两表面圆角的公切线，即完成带圆角平板的正等测，如图 6-7(c)所示。

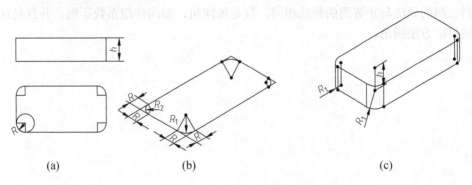

图 6-7 圆角正等测的近似画法

6.3 斜二轴测图

如果使物体的 XOZ 坐标面平行于轴测投影面，采用斜投影法向轴测投影面投影，所得到的轴测图称为斜二轴测图，简称斜二测，如图 6-8 所示。

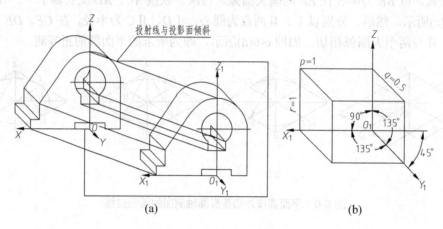

图 6-8 斜二测的轴间角和轴向伸缩系数

1. 斜二测轴间角和轴向伸缩系数

O_1X_1 轴与 O_1Z_1 轴相互垂直(即轴间夹角为 90°)，O_1Y_1 轴与 O_1X_1 轴和 O_1Z_1 轴的夹角均为 135°。轴向伸缩系数 $p=r=1$，$q=0.5$，如图 6-8(b)所示。凡是平行于 XOZ 坐标面的平面图形，在斜二测图中，其轴测投影均反映实形，如图 6-8(a)所示。所以，对于那些在正面上形状复杂以及在正面上有圆的单方向物体，以斜二测作图较方便。

2. 斜二测的画法

斜二测的画法与正等测的画法相同，只是轴间角、轴向伸缩系数不同，并且是在 XOZ 面上按投影方法画出。

第 7 章　机件的常用表达方法

通过本章的学习，学生应具备绘画机械制图的各种常用绘图方法的能力，能合理地选择对各类典型零件结构的表达方法并拟定表达方案。

在实际生产中，由于使用要求不同，机件的结构形状多种多样，有的用前面介绍的三个视图还不能表达清楚，还需要采用其他表达方法；有的则不用三个视图就能表达清楚。为此，国家标准《技术制图》和《机械制图》中规定了视图、剖视图、断面图以及其他基本表示法。熟悉并掌握这些基本表示法，在绘制图样时，可根据机件不同的结构特点，从中选取适当的方法，以便完整、清晰、简便地表达各种机件的内外形状。

7.1　视　　图

《技术制图》(GB/T 17451—1998)规定中的视图主要用于表达机件外部结构形状，一般仅画出机件的可见部分，必要时才用虚线画出不可见部分。

视图包括基本视图、向视图、局部视图和斜视图四种。

7.1.1　基本视图

在原有三个投影面的基础上，再增设三个互相垂直的投影面，从而构成一个正六面体的六个侧面，这六个侧面称为基本投影面。将机件放在正六面体内，分别向各基本投影面投射，所得的视图称为基本视图，如图 7-1 所示。六个基本视图中，除了前述的主视图、俯视图和左视图外，还包括从右向左投射所得的右视图，从下向上投射所得的仰视图，从后向前投射所得的后视图。

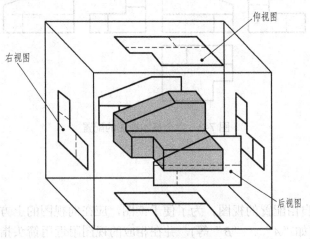

图 7-1　基本视图的形成

六个基本投影面展开时，规定正面不动，其余各投影面按图 7-2 所示展开到与正面在同一个平面上。六个基本投影面按图 7-3 所示配置时，一律不标注视图名称，它们仍保持"长对正、高平齐、宽相等"的投影关系。由前向后投射所得的主视图应尽量反映机件的主要轮廓，并根据实际需要选用其他视图，在完整、清晰地表达机件形状的前提下，使采用的视图数量为最少，力求制图简便。

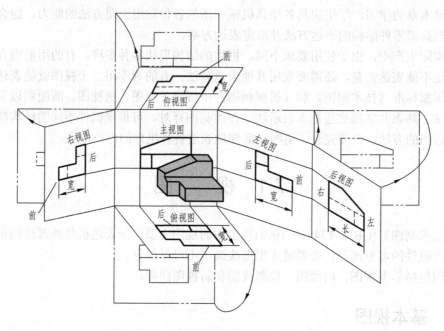

图 7-2　六个基本投影面的展开及投影规律

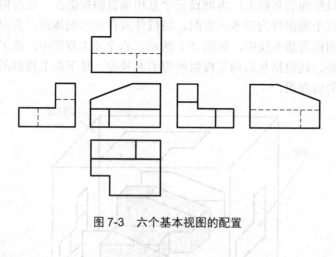

图 7-3　六个基本视图的配置

7.1.2　向视图

向视图是可以自由配置的视图。为了便于读图，应在向视图的上方用大写拉丁字母标出该向视图的名称(如"A"、"B"等)，并在相应的视图附近用箭头指明投射方向，注上相同的字母，如图 7-4 所示。表示投射方向的箭头尽可能配置在主视图上，只有后视图投射方向的箭头才配置在其他视图上。

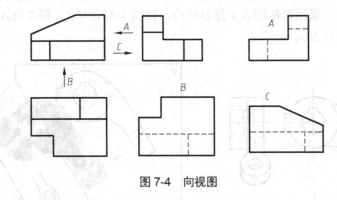

图 7-4　向视图

7.1.3　斜视图

当机件上存在倾斜于基本投影面的结构时,为了表达倾斜部分的真实外形,可设置一个与倾斜部分平行的辅助投影面,再将倾斜结构向该投影面投射并展平。这种将机件向不平行于基本投影面的平面投射所得的视图称为斜视图,如图 7-5(a)所示。

斜视图的配置、标注及画法如下。

(1) 斜视图通常按向视图的配置形式配置并标注,即在斜视图的上方用字母标出视图名称,在相应的视图附近用带相同字母的箭头指明投射方向,如图 7-5(b)所示。

(2) 必要时,允许将斜视图旋转配置,并加注旋转符号,如图 7-5(c)所示。旋转符号为半圆形,半径等于字体高度。表示该视图名称的字母应靠近旋转符号的箭头端,也允许将旋转角度写在字母之后。

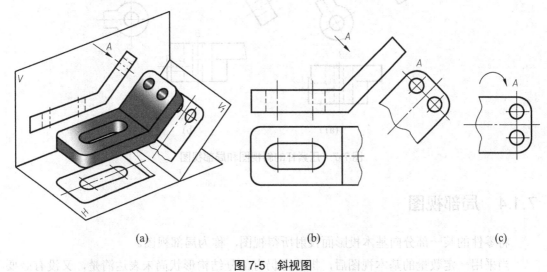

(a)　　　　　　　　　　　　　　(b)　　　　　　　　　　(c)

图 7-5　斜视图

(3) 斜视图仅表达倾斜表面的真实形状,其他部分用波浪线断开。

以上介绍了基本视图、向视图、局部视图和斜视图。在实际绘图时,并不是每个机件的表达方案中都采用这四种视图,而是根据实际需要灵活选用。如图 7-6(a)所示压紧杆的三视图，由于压紧杆左端耳板是倾斜结构，所以俯视图和左视图都不反映实形，画图比较困难，表达不清楚。采用斜视图表示倾斜结构，如图 7-6(b)所示。图 7-7(a)、图 7-7(b)所示为压紧杆的两种表达方式。

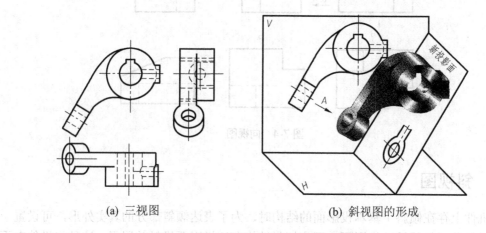

(a) 三视图　　　　　　　　　(b) 斜视图的形成

图 7-6　压紧杆的三视图及斜视图的形成

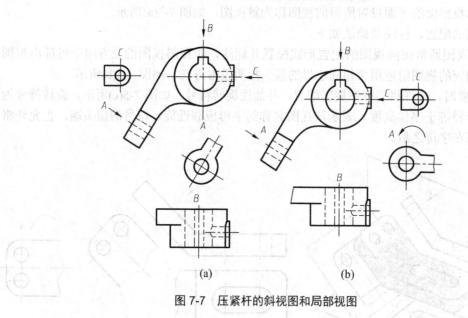

(a)　　　　　　　　　(b)

图 7-7　压紧杆的斜视图和局部视图

7.1.4　局部视图

将零件的某一部分向基本投影面投射所得视图，称为局部视图。

当采用一定数量的基本视图后，机件上仍有部分结构形状尚未表达清楚，又没有必要画出完整的基本视图时，可采用局部视图来表达。

如图 7-8 所示的机件，为了表达左、右两个凸缘形状，采用两个局部视图来表达，既简练又突出重点。

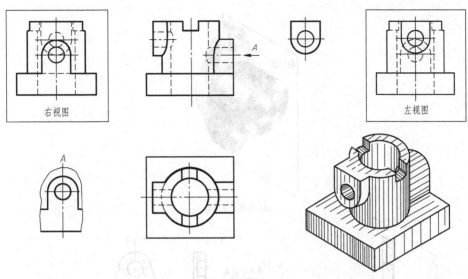

图 7-8 局部视图

局部视图的配置、标注及画法。

(1) 按基本视图的形式配置，如图 7-8 中的局部视图配置在左视图位置；也可按照向视图的配置形式配置在适当位置，如图 7-8 中的局部视图 *A*。当局部视图按投影关系配置，中间没有其他视图隔开时，可以省略标注。

(2) 局部视图用带字母的箭头标明所表达的部位和投射方向，并在局部视图的上方标注相应的字母。如图 7-8 中的 *A*。

(3) 局部视图的断裂边界通常用波浪线或双折线表示，如图 7-8 中的 *A* 向局部视图。但当所表示的局部结构是完整的，其图形的外轮廓线呈封闭时，波浪线可省略不画。波浪线不应超出机件实体的投影范围。

7.2 剖 视 图

7.2.1 剖视图的基本概念

用视图来表达机件的形状时，对于机件上看不见的内部结构(如孔、槽等)，用虚线表示，如图 7-9 (a)、图 7-10 (a)所示支架的主视图。如果机件的内部结构比较复杂，视图上会出现较多虚线，有些甚至与外形轮廓重叠，既不便于画图和读图，也不便于标注尺寸。为此，国家标准(GB/T 17452—1998、GB/T 4458.6—2002)规定采用剖视图来表达机件的内部形状。

假想用剖切面剖开机件，将处在观察者与剖切面之间的部分移去，而将其余部分向投影面投射所得的图形称为剖视图。剖视图简称剖视。剖视图的形成过程如图 7-9(a)、(b)所示。图 7-9(c)中的主视图即为支架的剖视图。

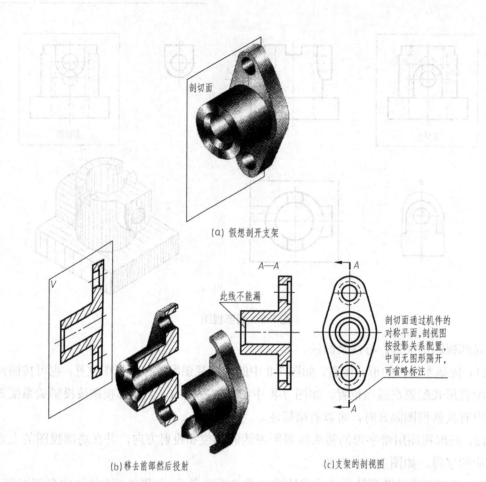

剖切面

(a) 假想剖开支架

V

A—A

A

此线不能漏

剖切面通过机件的
对称平面,剖视图
按投影关系配置,
中间无图形隔开,
可省略标注

A

(b) 移去前部然后投射

(c) 支架的剖视图

图 7-9 剖视图的形成

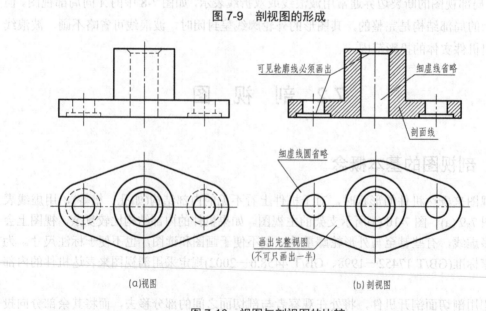

可见轮廓线必须画出

细虚线省略

剖面线

细虚线圆省略

画出完整视图
(不可只画出一半)

(a) 视图

(b) 剖视图

图 7-10 视图与剖视图的比较

7.2.2 剖视图的画法

1. 确定剖切面的位置

一般常用平面作为剖切面(也可用柱面)。画剖视图时，为了表达机件内部的真实形状，剖切平面一般应通过机件内部结构的对称平面或孔的轴线，如图 7-9 所示。

2. 画剖视图

将剖切平面剖切到的断面轮廓及其后面的可见轮廓线，都用粗实线画出，如图 7-9(c) 所示的主视图。

3. 画剖面符号

应在剖切平面剖切到的断面轮廓内画出与材料相应的剖面符号。机件的材料不同，其剖面符号的画法也不同，国家标准规定了各种材料的剖面符号，如表 7-1 所示。

表 7-1 剖面符号

材料	符号	材料	符号
金属材料(已有规定剖面符号除外)		型砂、填砂、粉末冶金、砂轮、陶瓷刀片、硬质合金刀片	
线圈绕组元素		玻璃及供观察用的其他透明材料	
转子、电枢、变压器和电抗器等的叠钢片		木材 纵断面	
非金属材料(已有规定剖面符号者除外)		木材 横断面	
胶合板(不分层数)		砖	
基础周围的泥土		格网(筛网、过滤网等)	
混凝土		液体	
钢筋混凝土		气体	

注：① 剖面符号仅表示材料的类别，材料的名称和代号必须另行注明。

② 叠钢片的剖面线方向应与束装中叠钢片的方向一致。

③ 液面用细实线绘制。

④ 由不同材料嵌入或粘贴的成品，用其中主要材料的剖面符号表示。如夹丝玻璃的剖面符号用玻璃的剖面符号。

表中金属材料的剖面符号常称为剖面线，应画成间隔均匀的平行细实线，向左或向右倾斜均可。同一机件的各个视图中的剖面线方向与间距必须一致。当不需要在剖面区域中表示材料的类别时，所有材料的剖面符号均可采用与金属材料相同的剖面线，因此这种剖面符号又称为通用剖面线。通用剖面线应以适当角度的细实线绘制，最好与主要轮廓线或剖面区域的对称线成45°角，如图7-10(b)所示。

4. 剖视图的配置与标注

为了便于看图，在画剖视图时，应标出剖切符号和剖视图名称。剖切符号是指剖切面起、止和转折位置(用粗短画线表示)及投射方向(用箭头或粗短画线表示)的符号。在剖视图上方用大写字母标出剖视图名称"$X—X$"，并在剖切符号的附近注上相同的字母，如图7-11中的$A—A$和$B—B$所示。当剖视图按基本视图关系配置时，可省略箭头，如图7-11中的$A—A$所示。

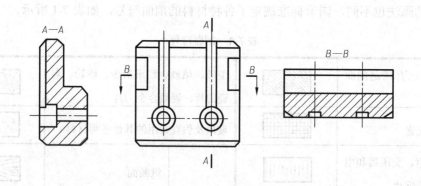

图 7-11　剖视图的配置与标注

当单一剖切平面通过机件的对称面或基本对称面，且剖视图按基本视图关系配置时，剖切位置、投射方向以及剖视图都非常明确，可省去全部标注，如图7-10(b)所示。

5. 画剖视图时应注意以下几点

(1) 由于剖切是假想的剖开机件，并不是真把机件切开并拿走一部分。因此当机件的一个视图画成剖视图时，其他视图一般仍按完整机件画出，如图7-9(c)中的左视图。

(2) 为了使剖视图清晰，在剖视图中不可见的结构形状，但在其他视图上已经表达清楚的，其虚线可省略不画；对没有表达清楚的结构形状，其虚线不可省略。

(3) 剖切平面后面的可见轮廓线应全部画出，不要漏画。如图7-12所示为画剖视图时容易漏画的图线的对比。

错误

正确

图 7-12　剖视图中容易漏画的图线示例

7.2.3　剖视图的种类

根据剖视图剖切范围来划分，剖视图可分为全剖视图、半剖视图和局部剖视图三种。

1. 全剖视图

用剖切面(剖切面可以是平面或柱面)将机件完全剖开所得到的剖视图称为全剖视图。由于全剖视图是将机件完全剖开，机件外形的投影受到影响，所以全剖视图适用于内部结构形状较复杂且各方向均不对称而外形较简单的机件。如图 7-13 所示。

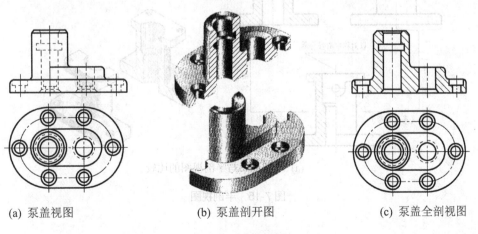

(a) 泵盖视图　　　　　　　　　(b) 泵盖剖开图　　　　　　　　　(c) 泵盖全剖视图

图 7-13　全剖视图

2. 半剖视图

当机件具有对称平面时，在垂直于对称平面的投影面上投射所得的图形，可以对称中心线为界，一半画成剖视以表达内形，另一半画成视图以表达外形，这种组合图形称为半剖视图。如图 7-14 所示，由于该机件左右、前后都对称，所以主、俯视图都画成半剖视图。

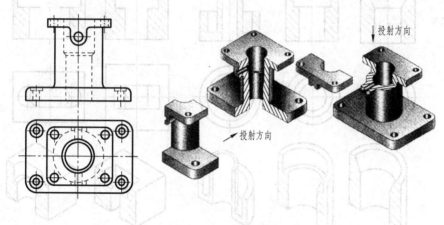

图 7-14　半剖视图的形成

半剖视图既充分表达了机件的内部形状，又保留了外部形状，所以常用于表达内部和外部形状都比较复杂的对称机件。但当机件的形状接近于对称，且不对称部分已另有图形表达清楚时，也可画成半剖视图，如图 7-15 所示。画半剖视图时应注意以下两点。

(1) 半个视图与半个剖视图的分界线应画细点画线。

(2) 机件的内部形状已在平剖视图中已表达清楚，在另一半表达外形的视图中不必再画出虚线，但这些内部结构中的孔或槽的中心线仍应画出。

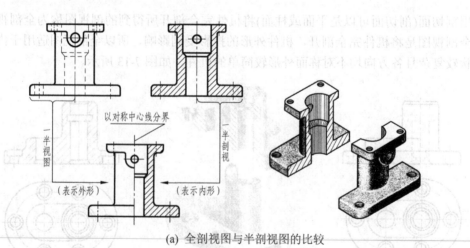

(a) 全剖视图与半剖视图的比较

图 7-15　半剖视图

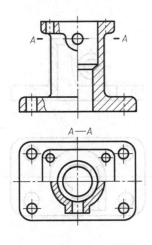

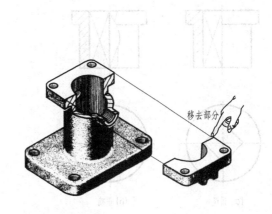

移去部分

(b) 半剖视图

图 7-15　半剖视图(续)

3. 局部剖视图

用剖切面将机件的局部剖开，并用波浪线或双拆线表示剖切范围，所得到的剖视图称为局部剖视图，如图 7-16 所示。局部剖视图的剖切位置和剖切范围根据需要而定，用局部剖视图表达零件是一种比较灵活的表达方法。主要适用于以下几种情况。

(1) 机件上只有某一局部结构需要表达，但又不宜采用全剖视图时，如图 7-17 所示。

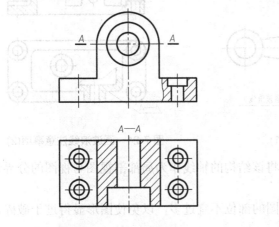

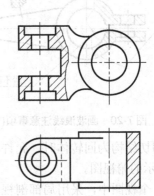

图 7-16　局部剖视图

图 7-17　用局部剖视图表达局部结构

(2) 机件具有对称面，但轮廓线与对称中心线重合，不宜采用半剖视表达内部形状，这类机件也常采用局部剖视，如图 7-18 所示。

(3) 当不对称机件的内、外部形状都要表达。可采用局部剖视图的表达方法，如图 7-19 所示。

画局部剖视图时应注意以下几点。

(1) 波浪线只能画在机件表面的实体部分，不能穿空而过(必须断开)，也不能超出实体的轮廓线之外，如图 7-20 所示。

(2) 波浪线不应画在轮廓线的延长线上，也不能与其他图线重合，如图 7-21 所示。

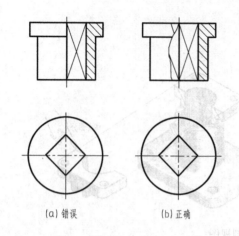

(a) 错误　　　(b) 正确

图 7-18　用局部剖视图表达对称面处有轮廓线的机件

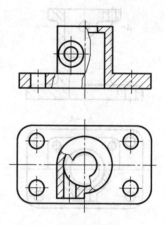

图 7-19　用局部剖视图表达不对称机件的内、外部形状

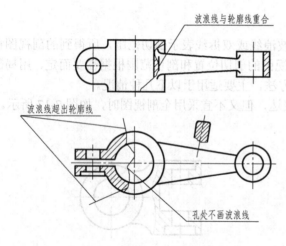

波浪线与轮廓线重合

波浪线超出轮廓线

孔处不画波浪线

图 7-20　画波浪线注意事项(1)

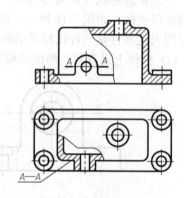

图 7-21　画波浪线注意事项(2)

(3) 被剖切结构为回转体时，允许将该结构的轴线作为局部剖视图与视图的分界线，如图 7-17 所示的俯视图。

(4) 在一个视图中，采用局部剖视图的部位不宜过多，以免使图形显得过于破碎，影响看图。

(5) 当用单一的剖切平面剖切，且剖切位置明显时，局部剖视图的标注可省略。当剖切平面的位置不明显或剖视图不在基本视图位置时，应标注剖切符号、投射方向和局部剖视图的名称，如图 7-21 所示。

7.2.4　剖切平面的种类及剖切方法

由于机件内部结构的多样性和复杂性，就经常需要选用不同数量和不同位置的剖切面来剖开机件，才能把机件的内部结构表达清楚。剖切面共有三种，即单一剖切面、几个平行的剖切面和几个相交的剖切面。

1. 单一剖切面

(1) 剖切平面可以是平行于某一基本投影面的平面，如图 7-22 所示。

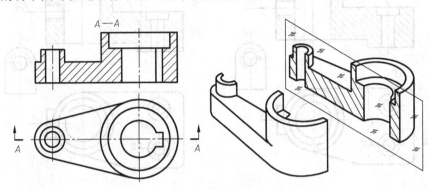

图 7-22　单一剖切平面(平行于基本投影面)

　　(2) 剖切平面也可以是不平行于任何基本投影面的平面，如图 7-23 的斜切面所示。采用斜剖切面所画的剖视图称为斜剖视，这种剖视图通常按向视图或斜视图的形式配置并标注。一般按投影关系配置在与剖切符号相对应的位置上。必要时，允许将斜剖视图旋转配置，但必须在剖视图上方标注出旋转符号(同斜视图)，如图 7-23 所示。剖视图名称在旋转符号箭头的一侧。

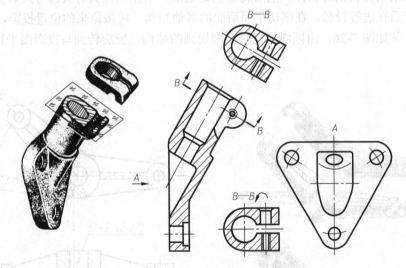

图 7-23　单一斜剖切平面获得的全剖视图

2. 几个平行的剖切平面

　　当机件上的几个欲剖部位不处在同一个平面上时，可采用这种剖切方法。平行的剖切平面可能是两个或多个，各剖切平面的转折处必须是直角，如图 7-24 所示。

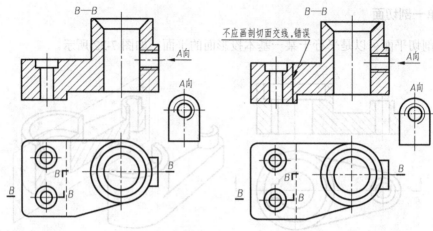

图 7-24　几个平行的剖切平面

　　因为剖切面是假想的，因此不能画出剖切平面转折处的投影。此外，剖视图中不应出现不完整结构要素。

3. 几个相交的剖切面

　　用两个相交的剖切平面剖开机件，以表达具有回转轴零件的内部结构。画这种剖视图，是先假想按剖切位置剖开机件，然后将被剖切面剖开的结构及其有关部分旋转到与选定的投影面平行后在进行投影。在剖切平面后面的其他结构，应按原来的位置投影，如图 7-25 中的油孔。又如图 7-26，由倾斜剖切平面剖切到的结构，应旋转到与投影面平行后再进行投影。

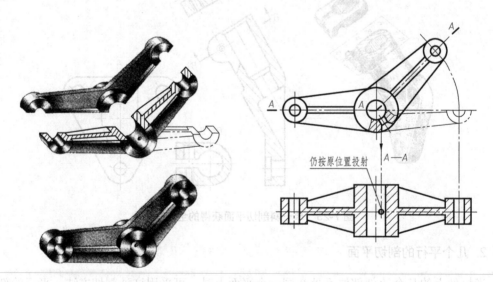

图 7-25　两个相交的剖切平面

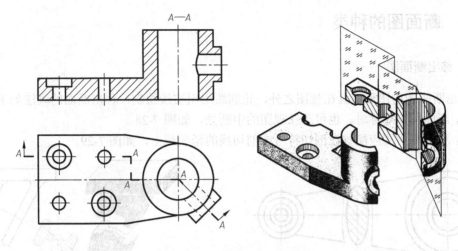

图 7-26　几个相交的剖切平面

7.3　断　面　图

7.3.1　断面图的概念

假想用剖切面将物体的某处切断，仅画出该剖切面与物体接触部分的图形，称为断面图(GB/T 17452—1998 、GB/T 4458.6—2002)，简称断面(见图 7-27)。断面图，实际上就是使剖切平面垂直于结构要素的中心线(轴线或主要轮廓线)进行剖切，然后将断面图形旋转90°，使其与纸面重合而得到的，如图 7-27 所示。主视图上表明了键槽的形状和位置，键槽的深度由断面图来表达，并标注尺寸。

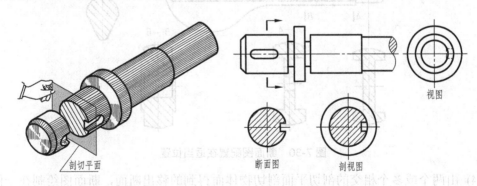

图 7-27　断面图的形成及其与视图、剖视图的比较

画断面图时，注意断面图与剖视图的区别。断面图仅画出机件被剖切处的断面形状，而剖视图不仅画出机件被剖切处的断面形状，而且必须画出被剖切处后面的可见轮廓线。

7.3.2 断面图的种类

1. 移出断面图

移出断面图的图形应画在视图之外，轮廓线用粗实线绘制。移出断面的画法如下。

(1) 断面图形对称时，也可画在视图的中断处，如图 7-28。

(2) 移出断面图应配置在剖切符号或剖切线的延长线上，如图 7-29。

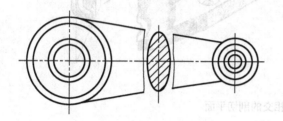

图 7-28　画在视图中断处的断面图

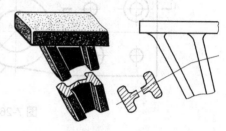

图 7-29　画剖切位置延长线上的断面图

(3) 必要时，移出断面可配置在其他适当位置。在不致引起误解时，允许将图形旋转配置，此时应在断面图上方注出旋转符号，标注的规定与旋转剖面标注的规定相同，如图 7-30 所示。

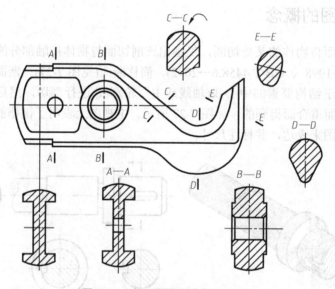

图 7-30　断面图配置在适当位置

(4) 由两个或多个相交的剖切平面剖切物体而得到的移出断面，断面图绘制在一侧，图形的中间应断开，如图 7-29 所示。

(5) 当剖切平面通过回转面形成的孔或凹坑的轴线时，或通过非圆孔会导致出现完全分离的断面图形时，这些结构应按剖视图绘制，如图 7-31 所示。

(6) 按照 GB/T 4458.6—2002 的新规定，逐次剖切的多个断面图形可按图 7-32、图 7-33 的形式配置。

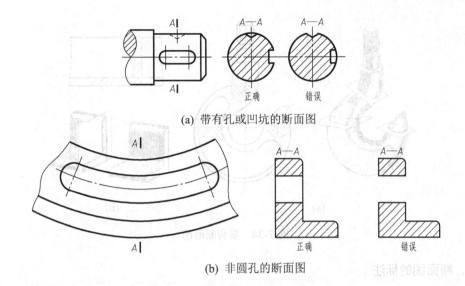

(a) 带有孔或凹坑的断面图

(b) 非圆孔的断面图

图 7-31　按剖视图绘制的断面图

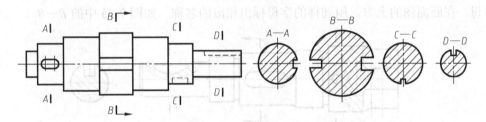

图 7-32　逐次剖切的多个断面图形的配置形式(1)

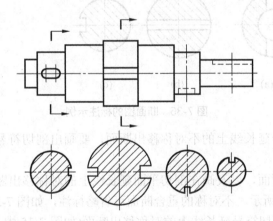

图 7-33　逐次剖切的多个断面图形的配置形式(2)

2. 重合断面

画在视图轮廓线内的断面，称为重合断面(见图 7-34(a))。重合断面的轮廓线用细实线绘制。当视图中的轮廓线与重合断面的图形重叠时，视图中的轮廓线仍应连续画出，不可间断(见图 7-34(b))。

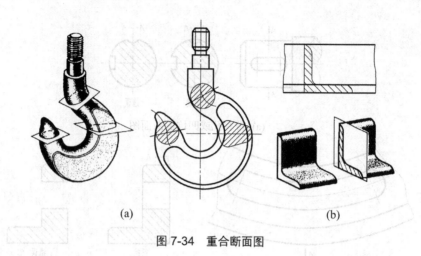

(a)   (b)

图 7-34　重合断面图

3. 断面图的标注

(1) 移出断面一般应用剖切符号表示剖切位置和投射方向(用箭头表示)，并注上大写拉丁字母，在断面图的上方，用同样的字母标出相应的名称，如图 7-35 中的 $B—B$ 。

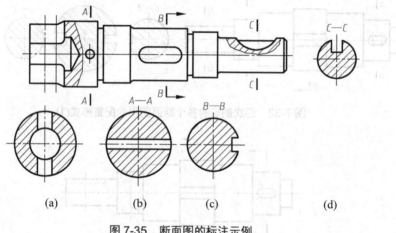

(a)   (b)   (c)   (d)

图 7-35　断面图的标注示例

(2) 画在剖切符号延长线上的不对称移出断面，要画出剖切符号和箭头，不必注写字母，如图 7-27 所示。

(3) 对称的重合断面，以及画在剖切平面延长线上的对称移出断面，均不必标注，如图 7-34(a)、图 7-35(a)所示。不对称的重合断面可省略标注，如图 7-34 (b)所示。

(4) 不是配置在剖切符号延长线上的对称移出断面(如图 7-35 中 $A—A$)，以及按投影关系配置的移出断面(图 7-35 中 $C—C$)，均可省略箭头。

7.4　其他表达方法

在机械制图中，为了使图样表达的清晰和画图简便，机械制图标准(GB/T 16675.1—1996)规定了局部放大图和简化画法。

7.4.1　局部放大图

将机件的部分结构用大于原图形所采用的比例画出的图形，称为局部放大图。采用局部放大图，是为了能够使机件上的细小结构表达清楚，便于标注尺寸和技术要求，如图 7-36 所示。

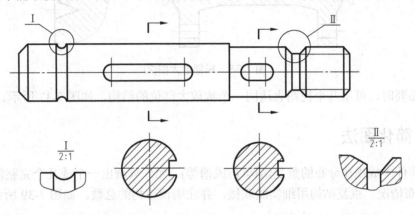

图 7-36　表达方式与原图上被放大部分的表达方式无关

画局部放大图时应注意如下几点。

(1) 局部放大图可画成视图、剖视图或断面图，与原图上被放大部分的表达方式无关，如图 7-37 所示，局部放大图尽量配置在被放大部位的附近。

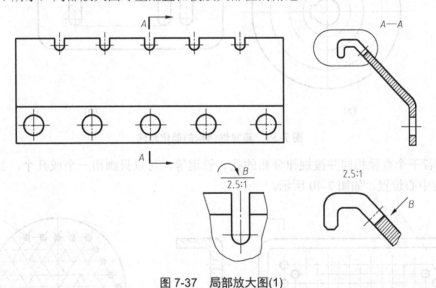

图 7-37　局部放大图(1)

(2) 绘制局部放大图时，除螺纹牙型、齿轮和链轮的齿形外，应将被放大部分用细实线圈出。在同一机件上有几处需要放大画出时，用罗马数字标明放大部位的顺序，并在相应的放大图的上方标出相应的罗马数字及采用比例，以便区别，如图 7-37 所示。若机件上只有一处需要放大时，只需在局部放大图的上方注明所采用比例，如图 7-38 所示。

(3) 同一机件上不同部位的局部放大图，当其图形相同或对称时，只需画出其中的一个，并在几个被放大的部位标注同一罗马数字，如图 7-38 所示。

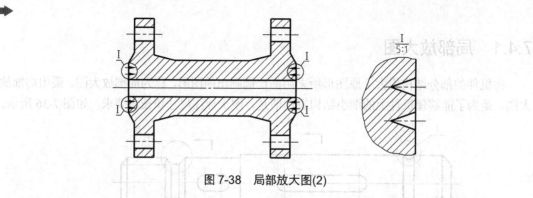

图 7-38　局部放大图(2)

(4) 必要时，可用几个视图表达同一个被放大部位的结构，如图 7-37 所示。

7.4.2　简化图法

(1) 零件中成规律分布的重复结构(齿或槽等)，允许只画出一个或几个完整的结构，并反映其分布情况。重复结构用细实线联接，并注明该结构的总数，如图 7-39 所示。

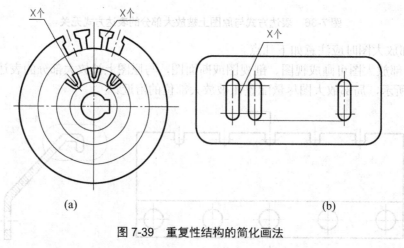

(a)　　　　　　　　　　　　　(b)

图 7-39　重复性结构的简化画法

(2) 若干个直径相同并按规律分布的孔、管道等，可以只画出一个或几个，其余只标出它们的中心位置，如图 7-40 所示。

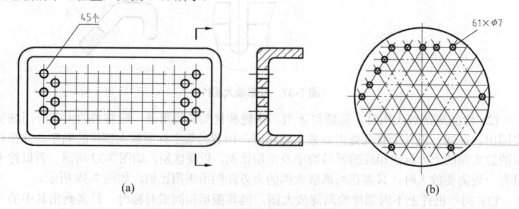

(a)　　　　　　　　　　　　　(b)

图 7-40　相同孔的简化画法

(3) 对于机件的肋、轮辐及薄壁等结构，如按纵向剖切，这些结构都不画剖面符号，而用粗实线将它与其邻接部分分开，如图 7-41(a)所示。当零件回转体上均匀分布的肋、轮辐、孔等结构，不处于剖切面上时，可将这些结构旋转到剖切面上画出，如图 7-41(b)所示。

(4) 较长的机件(轴、杆、型材、连杆等)沿长度方向的形状一致或按一定规律变化时，可断开后缩短绘制，如图 7-42 所示。

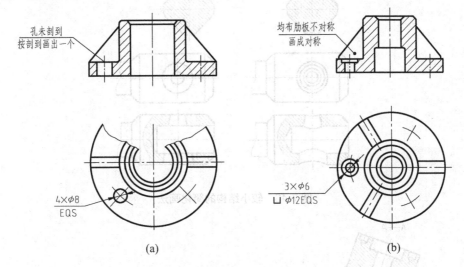

图 7-41　零件回转体上均布结构的简化画法

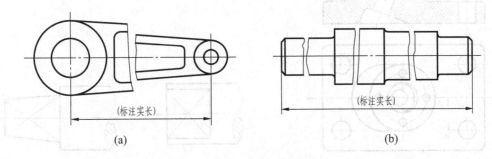

图 7-42　轴、连杆的折断画法

(5) 当机件上较小的结构及斜度等已在一个图形中表达清楚时，其他图形应当简化或省略，如图 7-43 所示。

(6) 与投影面倾斜角度小于或等于 30° 的圆或圆弧，其投影可用圆或圆弧代替，如图 7-44 所示。当回转体零件上的平面在图形中不能充分表达时，可用两条相交的细实线表示这些平面，如图 7-45 所示。

(7) 圆柱形法兰和类似零件上均匀分布的孔，可按图 7-46 所示的方法表示(由机件外向该法兰端面方向投影)。

(8) 对于对称机件的视图可只画一半或四分之一，并在对称中心线的两端画出两条与其垂直的平行细实线。如图 7-47 所示。

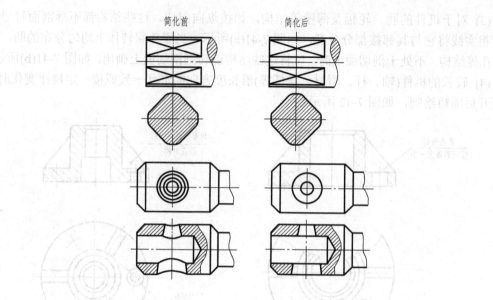

简化前   简化后

图 7-43 较小结构的简化画法

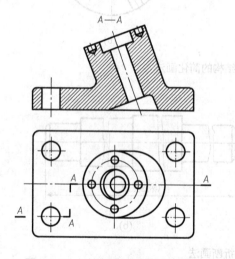

图 7-44 小角度倾斜面的简化画法

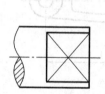

图 7-45 平面的简化画法

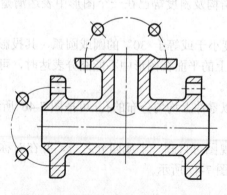

图 7-46 法兰盘上均布孔的简化画法

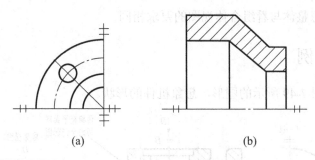

(a)　　　　　　　　　　(b)

图 7-47　对称机件的简化画法

7.5　机件表达方法的综合举例

7.5.1　看剖视图

"剖视图"泛指基本视图、辅助视图(向视图、局部视图、斜视图)、剖视图、断面图和依据其他表达方法绘制的图形等。

"剖视图"与三视图相比，具有表达方式灵活，"内、外、断层"形状兼顾，投射方向和视图位置多变等特点。据此，看剖视图一般应采用以下方法和步骤。

(1) 弄清各视图之间的联系　先找出主视图，再根据其他视图的位置和名称，分析哪些是辅助视图、剖视图和断面图，它们是从哪个方向投射的，是在哪个视图的哪个部位、用什么面剖切的，是不是移位、旋转配置的等。只有明确相关视图之间的投影关系，才能为想象物体形状创造条件。

(2) "分部分，想形状看剖视图"的方法与看组合体视图一样，依然是以形体分析法为主、线面分析法为辅。但看剖视图时，要注意利用有、无剖面线的封闭线框，来分析物体上面与面间的"远、近"位置关系。如图 7-48 所示的主视图中，线框 I 所示的面在前，线框 II、III、IV 所示的面(含半圆弧所示的孔洞)在后，当然，表示外形面的线框 V 等更为靠前。同理，俯视图中的 IV 面在上，VII 面居中，VIII 面在下。运用好这个规律看图，对物体表面的同、向位置将产生层次感，甚至立体感，对看图很有帮助。

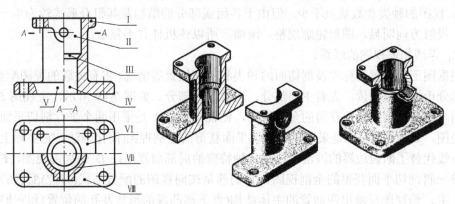

图 7-48　有、无剖面线的线框分析

(3) 综合起来想整体与看组合体视图的要求相同。

7.5.2 看图举例

例 7-1 根据图 7-49 所示的图形，想象机件的形状。

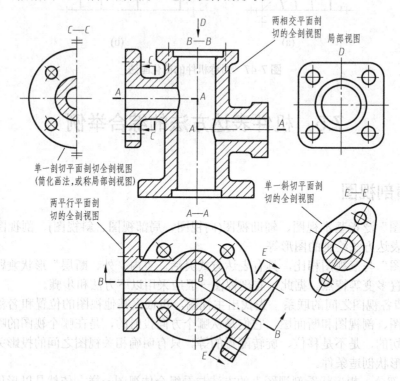

图 7-49 根据视图想象机件形状

看图的具体方法与步骤如下。

(1) 概括了解。

看图时应先浏览全图。看一看视图名称、数量、剖切位置、投射方向及图形位置，以便对机件的复杂程度有一个初步了解。图 7-49 共有五个图形，即四个剖视图和一个局部视图(D)。视图的种类和数量虽不少，但由于各组成部分的结构及其组合形式较为单一，剖切位置、投射方向明显，图形轮廓规整、清晰，所以该机件并不复杂。

(2) 弄清相关视图的联系。

根据图形的配置和标注及剖切面的种类和剖切位置等情况，将有关联的视图配合起来，用形体分析法进行识读，先看主要部分，后看次要部分。如图 7-49 所示，主视图 B—B 是采用两个相交的剖切平面获得的全剖视图，俯视图 A—A 是采用两个平行剖切平面获得的全剖视图，右视图 C—C 是采用单一剖切平面获得的全剖视图(简化画法。它实际上是用对称中心线代替了断裂边界的波浪线，是一种特殊的局部剖视图)。D 是局部视图，E—E 是采用单一斜剖切平面获得的全剖视图，它们都是按向视图的配置形式(移位)配置的。综上所述，主、俯视图反映出四通管的主体结构(含下部凸缘的形状及孔的位置)和它们之间的相对位置，其余三个视图则主要反映左、右和上部凸缘的形状和孔的分布情况。

(3) 综合起来想整体。

以主视图为中心，环顾所有图形，将分散想象出的各部分结构形状按它们之间的相对位置综合起来，即可在头脑中形成该机件的整体形象，如图 7-50 所示。

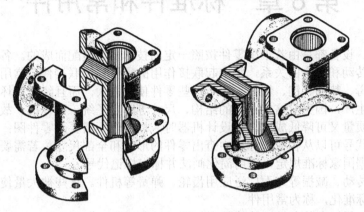

图 7-50 机件的轴测图

（3）综合卫生评价。

注：上面图中所示，可从附图中看出，将专项检查充其中的标准本标准工之间所相对有相，但有矛盾术，请注明。

第 8 章　标准件和常用件

各种机器、设备都是由若干个零件按照一定的技术要求装配而成的。各零件之间必然存在着联接、传动和配合的关系，其中起联接作用的零件称为联接件。常用的联接件有螺栓、螺钉、螺母、垫圈、键、销等。由于这些零件使用量大，而且经常损坏需要更换，为了便于专业化生产，国家对这些零件的结构、尺寸等制定了统一的标准，故称为标准件。这样即能保证质量又可降低成本。在设计机器时，标准件不需要画零件图；看图时，根据标准件的标记代号可以从相应的标准中查出零件的形状和全部尺寸；若需要画零件图时，标准件可以根据国家标准规定，采用简化画法并标出标记代号。

在机械的传动、减振等方面广泛应用齿轮、弹簧等机件。这些被大量使用的机件，只有部分结构被标准化，称为常用件。

本章主要介绍标准件和常用件的基本知识、规定画法、代号及标注方法。

8.1　螺纹及螺纹联接件

8.1.1　螺纹

螺纹分外螺纹和内螺纹两种，在圆柱或圆锥表面上形成的螺纹，称为外螺纹，在圆柱的内表面上形成的螺纹，称为内螺纹。内外螺纹成对使用。

螺纹的形成

各种螺纹都是根据螺旋线的原理加工而成的。螺纹的加工方法很多，如图 8-1(a)所示在车床上进行车削加工螺纹的方法，工件等速旋转，车刀沿轴向等速移动，刀尖相对于工件表面的运动轨迹便是圆柱螺旋线，即可加工出螺纹。图 8-1(b)所示为用丝锥加工小直径内螺纹的过程。先用钻头钻内孔，再用丝锥在孔内攻螺纹。

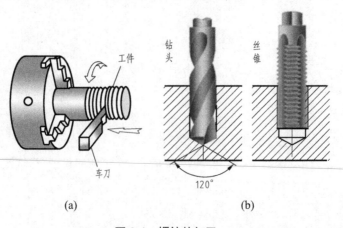

(a) 　　　　　　　　　　(b)

图 8-1　螺纹的加工

8.1.2　螺纹的基本要素

1. 螺纹牙型

在通过螺纹轴线的剖面上，螺纹的轮廓形状称为螺纹牙型。常用的牙型有三角形、梯形、锯齿形和管螺纹等，如图 8-2 所示。

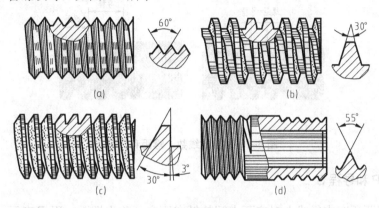

图 8-2　螺纹的牙型

在螺纹凸起的顶部，联接相邻两个牙侧的螺纹表面称为牙顶。在螺纹沟槽的底部，联接相邻两个牙侧的螺纹表面称为牙底。牙顶和牙底之间的那部分螺旋称为牙侧。在螺纹牙型上，两相邻牙侧间的夹角叫牙型角，如图 8-2 所示。

2. 螺纹直径

螺纹的直径有大径、小径、中径，如图 8-3 所示。

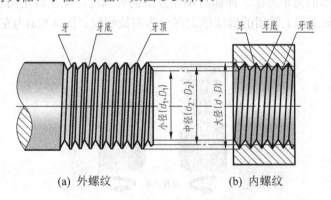

(a) 外螺纹　　　　　(b) 内螺纹

图 8-3　外螺纹和内螺纹的直径

螺纹大径：与外螺纹牙顶或内螺纹牙底相重合的假想圆柱面的直径称为螺纹的大径，用 d (外螺纹)或 D (内螺纹)表示。一般称为螺纹的公称直径。

螺纹小径：与外螺纹牙底或内螺纹牙顶相重合的假想圆柱面的直径称为螺纹的小径，用 d_1 (外螺纹)或 D_1 (内螺纹)表示。

螺纹中径：指一个假想圆柱或圆锥的素线(称为中径线)通过牙型上沟槽和凸起宽度相等的直径。中径用 d_2 (外螺纹)或 D_2 (内螺纹)表示。

3. 线数

螺纹有单线和多线之分。沿一条螺旋线形成的螺纹为单线螺纹；沿两条或两条以上的螺旋线形成的螺纹为多线螺纹，线数用 n 表示。如图 8-4(a)所示为单线螺纹(n=1)、图 8-4(b)所示为双线螺纹(n=2)。

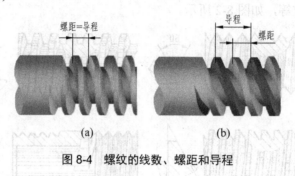

图 8-4　螺纹的线数、螺距和导程

4. 螺距 P 和导程 S

螺纹相邻两牙在中径线上对应两点间的轴向距离，称为螺距，用 P 表示。同一条螺旋线上的相邻两牙在中径线上对应两点间的轴向距离，称为导程，用 S 表示。单线螺纹的导程等于螺距，多线螺纹的导程等于螺距乘以线数，即 $S=nP$，如图 8-4 所示。

5. 旋向

内、外螺纹旋合时的旋转方向称为旋向。螺纹分右旋和左旋两种，顺时针旋转时旋入的螺纹，称为右旋螺纹；逆时针旋转时旋入的螺纹，称为左旋螺纹。判别螺纹的旋向，可采用如图 8-5 所示的简单方法，即面对轴线竖直的外螺纹，螺纹自左向右上升的为右旋；反之为左旋。实际工程上常用的螺纹绝大部分为右旋螺纹。图 8-5(a)为左旋螺纹、8-5(b)为右旋螺纹。

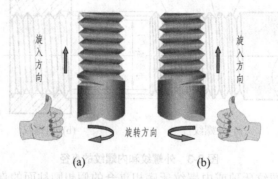

图 8-5　螺纹的旋向

螺纹由牙型、公称直径、螺距、线数和旋向五个要素确定，通常称为螺纹五要素。只有这五项要素都相同的外螺纹和内螺纹才能互相旋合，从而实现零件间的联接或传动。

凡是前三项(牙型、公称直径、螺距)符合标准，称为标准螺纹。而牙型符合标准，直径或螺距不符合标准的，称为特殊螺纹。对于牙型不符合标准的，称为非标准螺纹。

8.1.3 螺纹的规定画法

由于螺纹是采用专用机床和刀具加工,所以无需将螺纹的真实投影画出。国家标准《机械制图》GB/T 4459.1—1995 制定了螺纹的规定画法。以简化作图。

1. 外螺纹的规定画法

在平行于螺纹轴线的投影面的视图中,外螺纹牙顶(即大径)及螺纹终止线用粗实线绘制,螺纹牙底(即小径)用细实线绘制并画入倒角之内。小径通常画成大径的 0.85 倍。在垂直于螺纹轴线的投影面的视图中,表示牙底的细实线圆只画 3/4 圈,此时倒角圆省略不画,如图 8-6 所示。

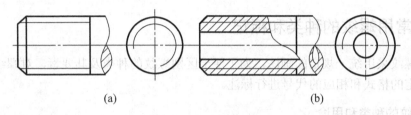

(a)   (b)

图 8-6 外螺纹的画法

2. 内螺纹的规定画法

在平行于螺纹轴线的投影面的剖视图中,内螺纹牙顶(即小径)及螺纹终止线用粗实线表示,螺纹牙底(即大径)用细实线表示;对于不穿通的螺孔,钻孔深度应比螺孔深度大 0.5D,底部锥顶角应以 120° 画出,如图 8-7(a)所示。在垂直于螺纹轴线的投影面的视图中,表示牙底的细实线圆或虚线圆,也只画 3/4 圈,倒角圆也省略不画。如图 8-7(b)所示。

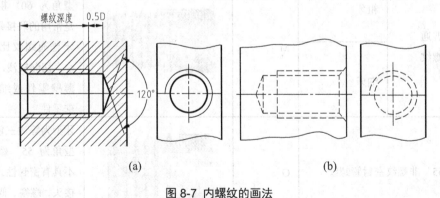

螺纹深度   0.5D

120°

(a)   (b)

图 8-7 内螺纹的画法

无论是外螺纹或内螺纹,在剖视图或断面图中的剖面线都必须画到粗实线。

3. 螺纹联接的规定画法

一般用剖视图表示内、外螺纹联接时,其旋合部分按外螺纹的画法绘制,不旋合部分仍按各自的画法表示。画图时应注意使外螺纹大、小径的粗实线和细实线应分别与内螺纹大、小径的细实线和粗实线对齐，而与倒角的大小无关。螺纹联接的画法如图 8-8(a)、(b) 所示。

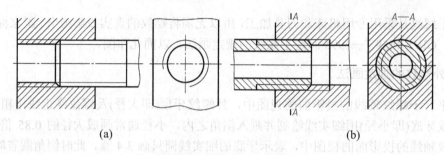

(a)　　　　　　　　　　　　　　　　(b)

图 8-8　螺纹联接的画法

8.1.4　常用螺纹的种类和标记

由于螺纹采用统一规定的画法，为了便于区别螺纹的种类及其要素，对螺纹必须按国家标准规定的格式和相应的代号进行标注。

1. 螺纹的种类和用途

螺纹按用途分为联接螺纹和传动螺纹这两类，前者起联接作用，后者用于传递动力和运动。常用螺纹的种类与用途如表 8-1 所示。

表 8-1　常用螺纹的种类代号、用途

螺纹类别		螺纹种类代号	特征代号	外形及牙型	特点及用途
联接螺纹	普通螺纹	粗牙	M		牙型为等边三角形。牙型角为 60° 粗牙螺纹是常用的联接螺纹；细牙普通螺纹比粗牙的小，切深较浅，它用于薄壁零件或细小的精密零件
		细牙			
	55° 非螺纹密封管螺纹		G		牙型为等边三角形。牙型角为 55° 螺纹本身不具有密封性。用于管接头、螺塞、阀门及其他附件

续表

螺纹类别		螺纹种类代号	特征代号	外形及牙型	特点及用途
管螺纹	55°螺纹密封管螺纹	圆锥内螺纹	R_c		牙型为等边三角形。牙型角为55°用于管子和其他管螺纹联接的附件
		圆柱内螺纹	R_p		
		圆锥外螺纹	R		
传动螺纹	梯形螺纹		T_r		牙型为等腰梯形，牙型角为30°。可传递两个方向的动力。常用于机床的传动丝杠上
	锯齿形螺纹		B		牙型为锯齿型，只能传递单向动力。常用于螺旋压力机等的传动丝杆上

2．螺纹的标记

1）普通螺纹

普通螺纹的标记格式如下。

普通螺纹粗牙或细牙特征代号用 M 表示，粗牙螺纹螺距规定不必标注。

(1) 螺纹公差带代号由中径、顶径的公差等级的数字及基本偏差的字母(外螺纹用小写字母，内螺纹用大写字母)所组成。当两个公差带相同，只注写一个。

(2) 旋向右旋螺纹不必标注，左旋螺纹应标注"LH"。

(3) 普通螺纹的旋合长度分短(S)、中(N)、长(L)三种，中等旋合长度不标注。

例如：公称直径为 10mm、螺距为 1mm 的单线粗牙普通螺纹，中径和顶径的公差带代号分别为 4h 和 5h 左旋，短旋合长度，其螺纹标记为：M10-4h5h-S-LH。

公称直径为 14mm，导程 6mm，螺距为 2mm，三线，其中径公差带代号为 5g，顶径公差带代号为 6g，中等旋合长度，右旋细牙普通外螺纹，其螺纹标记为：M14×6(P2)-5g6g。

2）管螺纹

管螺纹分为 55°密封管螺纹、55°非密封管螺纹和 60°圆锥管螺纹。

(1) 55°密封管螺纹的标记格式如下。

特征代号　尺寸代号　旋向代号

特征代号：圆锥外螺纹用 R 表示；圆锥内螺纹用 R_c 表示；圆柱内螺纹用 R_p 表示。

尺寸代号：用 1/4、1/2、3/4、1 等表示。

(2) 55° 非密封管螺纹的标记格式如下。

特征代号	尺寸代号	公差等级代号	旋向代号

螺纹特征代号用 G 表示。

公差等级代号：外螺纹分为 A、B 两级，内螺纹公差带只有一种，所以不加标注。

(3) 60° 圆锥管螺纹的特征代号为 NPT。

例如："G3/4A-LH"表示 55° 非密封外管螺纹，尺寸代号为 3/4，公差等级为 A 级，左旋。

R1/2 表示用螺纹密封的圆锥外螺纹，尺寸代号为 1/2，右旋。

3) 梯形和锯齿形螺纹

梯形、锯齿形的螺纹标记格式如下。

特征代号	尺寸代号	公差带代号	旋合长度代号	旋向代号

(1) 梯形螺纹特征代号用 T_r 表示；锯齿形螺纹特征代号用 B 表示。

(2) 尺寸代号：单线公称直径×螺距；多线公称直径×导程

(3) 旋向代号：旋向右旋不必标注，左旋螺纹应标注 LH。

(4) 公差等级代号 只标注中径公差带。

(5) 旋合长度分短、中、长三种，中等旋合长度不标注。

例如："$T_r40×14(P7)LH$"表示梯形螺纹，公称直径为 40mm，导程为 14mm，螺距为 7mm，双线，左旋，中等旋合长度；"B40×7"表示锯齿形螺纹，公称直径为 40mm，螺距为 7mm，单线，右旋，中等旋合长度。

3．常用标准螺纹的标注和识读的举例

常用标准螺纹标注图例及其说明如表 8-2 所示。

表 8-2　常用标准螺纹的标注图例及其说明

螺纹种类		标注图例	说　明
普通螺纹	粗牙	M24-5g6g-s	M24-5g6g-s 粗牙普通螺纹,螺纹的大径 24,中径、顶径公差代号 5g6g,右旋,短旋合长度
	细牙	M24×2-6H	M24×2-6H 细牙普通螺纹,螺纹的大径 24,螺距 2,中径、顶径公差代号 6H,右旋,中等旋合长度

续表

螺纹种类	标注图例	说　明
55°非密封管螺纹	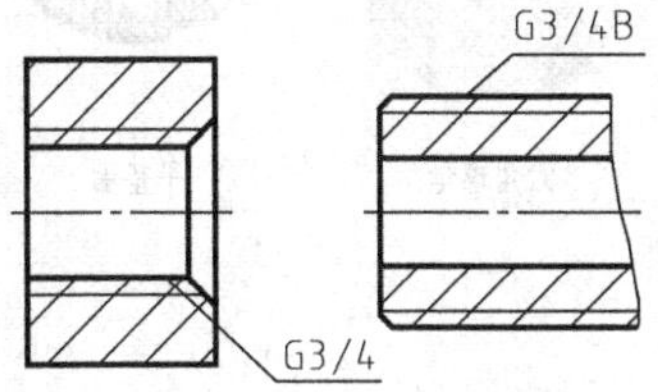 G3/4B G3/4	G3/4、G3/4B 55°非密封管螺纹的圆柱内螺纹和 B 级圆柱外螺纹，尺寸代号 3/4
55°密封管螺纹	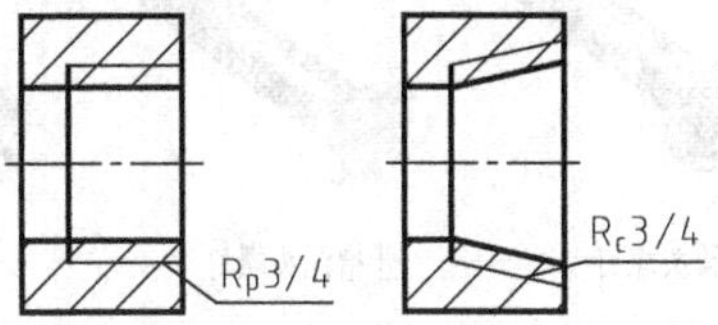 R$_p$3/4　　R$_c$3/4	R_p 3/4、R_c 3/4 55°密封管螺纹的圆柱内螺纹和圆锥内螺纹，尺寸代号 3/4
梯形螺纹	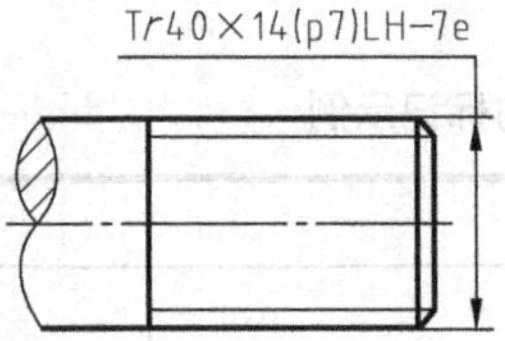 Tr40×14(p7)LH-7e	T_r 40×14(P7)LH-7e 梯形螺纹，公称直径为 40，导程为 14，螺距为 7，双线，左旋，中径公差带代号 7e，中等旋合长度
锯齿形螺纹	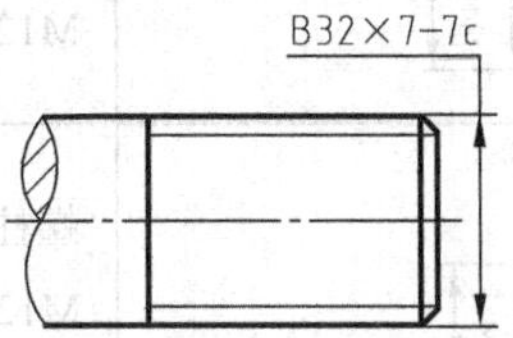 B32×7-7c	B32×7-7c 锯齿形螺纹螺，公称直径 32，螺距为 7，右旋，中径公差 7c

8.2　螺纹紧固件

　　螺纹的紧固件种类很多，常见有螺栓、螺柱、螺钉、螺母、垫圈等。如图 8-9 所示。联接形式有螺栓联接、双头螺柱联接、螺钉联接等。

8.2.1　螺纹紧固件的标记方法

　　螺纹紧固件的结构、尺寸均已标准化，并由专业工厂生产。设计时选用这些紧固件，不需要画出它们的零件图，只需写出规定标记即可。表 8-3 列出了一些常用的螺纹紧固件的简图和标记示例。紧固件标记方法为：名称、国标代号、螺纹规格或公称尺寸、公称长度等，如表 8-3 所示。

图 8-9　螺纹紧固件

表 8-3　常用螺纹紧固件的标记示例

名　称	视　图	标记示例
六角头螺栓	50　M12	螺栓 GB/T 5780—2000 M12×50
双头螺柱	18　50　M12	螺柱 GB/T 899—1988 M12×50
开槽沉头螺钉	45　M10	螺钉 GB/T 68—2000 M10×45
六角螺母	M16	螺母 GB/T 41—2000 M16
平垫圈	φ12.5	垫圈 GB/T 97.1—2002 12-140HV
弹簧垫圈	φ12.5	垫圈 GB/T 93—1987 12

8.2.2 螺纹紧固件的画法

螺纹紧固件在零件联接中广泛应用，在装配图中画出它的机会很多，因此，必须掌握其画法。

(1) 查表画法。根据紧固件标记，在相关的标准中查得各有关尺寸后作图。

(2) 比例画法。根据螺纹公称直径(d、D)，按与其近似的比例关系计算出各部分尺寸后作图。有效长度 l 根据需要计算后，查表取标准长度。图 8-10 所示为螺栓、螺母、螺钉和垫圈的比例画法。

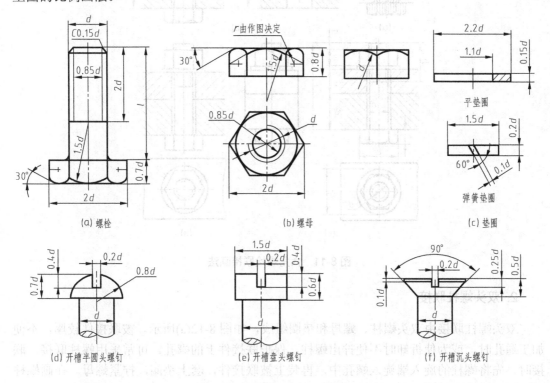

图 8-10 单个螺纹联接件的比例画法

8.2.3 螺纹紧固件装配图的画法

1. 螺栓联接

螺栓联接由螺栓、螺母、垫圈组成，如图 8-11(a)所示。螺栓联接用于联接两个不太厚的零件 δ_1、δ_2。被联接两个零件必须先加工出通孔。把螺栓穿入两个被联接件的内孔中，套上垫圈，拧上螺母，如图 8-11 所示。在画图时应注意下列几点。

(1) 被联接件上的孔径比螺栓直径大 $1.1d$。螺栓的螺纹长度终止线应低于垫圈的底面，以示拧螺母还有足够的螺纹长度。

(2) 当剖切平面通过螺杆的轴线时，螺栓、螺柱、螺钉、螺母及垫圈等均按末剖切绘制，在剖视图上，相邻两个件的剖面线的方向相反或间隔不同。

(3) 螺栓的有效长度 l=(δ_1+δ_2)+0.15d(垫圈厚 h)+0.8d(螺母厚 m)+0.3d(螺纹伸出长度 a)

根据估算值查附表 2-1 中螺栓的有效长度 l 的系列值，选一个标准值。

如图 8-11(c)所示螺栓联接的画法,螺栓联接也可按图 8-11(d)的简化画法。

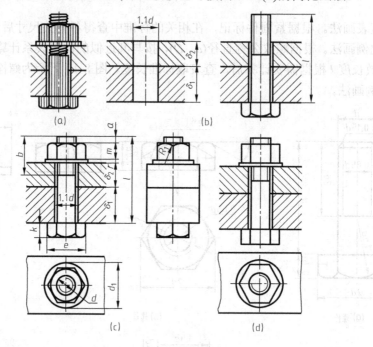

图 8-11　六角螺栓联接画法

2. 双头螺柱联接

双头螺柱联接由双头螺柱、螺母和垫圈组成，如图 8-12(a)所示。被联接件较厚，不便加工通孔时，或为使拆卸时不便拧出螺柱，保护联接件上的螺孔，可常采用螺柱联接。联接时，先将螺柱的旋入端旋入螺孔中，再装上被联接件，套上垫圈，拧紧螺母。在画螺柱联接图时应注意下列几点。

(1) 旋入端螺纹长度终止线应与结合面平齐，以示旋入端已紧。

(2) 旋入端长度 b_m 的值由旋入零件的材料所决定：

钢和青铜 $b_m = d$ ；铸铁 $b_m = 1.25d$ 或 $1.5d$ ；铝合金 $b_m = 2d$

(3) 机件上的螺孔的螺纹深度应大于旋入端有螺纹长度 b_m。在画图时，螺纹孔深按 $b_m + 0.5d$ 画出，钻孔深度按 $b_m + d$ 画出。

(4) 有效长度 l。

l=δ+0.15d(垫圈厚 h)+0.8d(螺母厚 m)+0.3d(螺纹伸出长度 a)

根据估算值查附表 2-2 中双头螺柱的有效长度 l 的系列值，选一个标准值。

(5) 螺母和垫圈的各部分画法与前述相同。

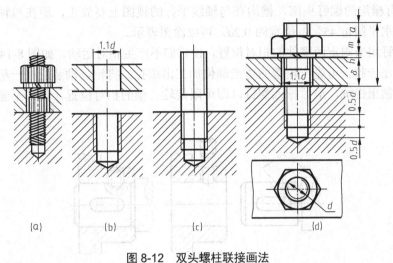

图 8-12　双头螺柱联接画法

3. 螺钉联接

常用螺钉种类很多，按其用途可分为联接螺钉和紧定螺钉两类。螺钉联接不用螺母，而是将螺钉直接拧入机件的螺孔里，如图 8-13 所示。通常用于受力不大、不经常拆卸场合。它的联接画法除头部以外，其他部分与螺柱联接画法相似。如图 8-13 所示几种常用螺钉装配图的比例画法。

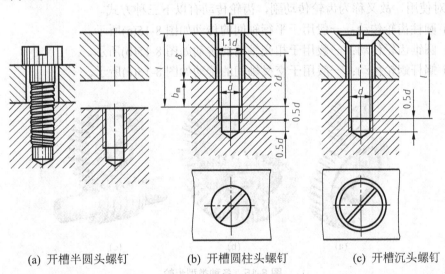

(a) 开槽半圆头螺钉　　(b) 开槽圆柱头螺钉　　(c) 开槽沉头螺钉

图 8-13　螺钉联接的画法

画螺钉联接图时应注意下列几点。

(1) 螺纹长度终止线必须超出两被联接件的结合面。

(2) 螺钉的有效长度 l 应按下式估算：$l = \delta + b_m$。

b_m 根据被旋入零件的材料而定，见双头螺柱。然后根据估算值在附表 2-4 中确定 l 的系列值，选取相近的标准数值。

(3) 具有槽沟的螺钉头部，槽沟在与轴线平行的视图上要放正，而在与轴线垂直的视图上画成与水平倾角 45°，槽宽约 0.2d，可以涂黑表示。

紧定螺钉用来固定两零件的相对位置，使它们不产生相对运动。如图 8-14 所示，欲将轴、轮固定在一起。可先在轮毂的适当部位加工出螺孔，将轮、轴装配在一起，以螺孔导向，在轴上钻出锥坑，最后拧入螺钉，即可限定轮、轴的相对位置，使其不能产生轴向相对移动。

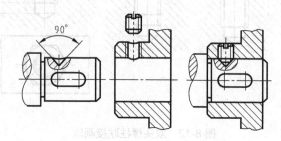

图 8-14　紧定螺钉联接的画法

8.3　齿　　轮

齿轮是机械中广泛应用的一种传动件，常用于传递动力、改变转数和旋转方向。齿轮一般成对使用，故又称为齿轮传动副，齿轮传动有以下三种方式。

(1) 圆柱齿轮传动：一般用于平行轴间的传动如图 8-15(a)所示。

(2) 圆锥齿轮传动：一般用于相交轴间的传动如图 8-15(b)所示。

(3) 蜗杆蜗轮传动：一般用于交叉轴间的传动如图 8-15(c)所示。

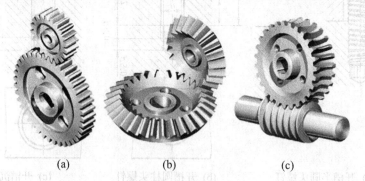

(a)　　　　　　　　(b)　　　　　　　　(c)

图 8-15　各种类型齿轮

8.3.1　圆柱齿轮

圆柱轮齿有直齿、斜齿、人字齿等，如图 8-16 所示。常用的为直齿圆柱齿轮，其结构一般由轮齿、轮体(轮缘、轮辐、轮毂)组成，如图 8-16(a)所示。齿廓曲线多为渐开线。

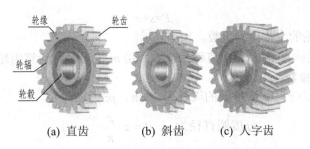

(a) 直齿　　　(b) 斜齿　　　(c) 人字齿

图 8-16　三种常见圆柱齿轮

1. 直齿圆柱齿轮各部分名称、代号及尺寸关系

标准直齿、圆柱齿轮各部分名称、代号及尺寸如图 8-17 所示。

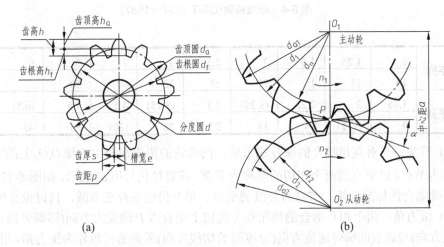

图 8-17　标准直齿圆柱齿轮各部分名称及尺寸

1) 基本参数

(1) 齿顶圆：通过轮齿顶部的圆称为齿顶圆，其直径代号用 d_a 表示。

(2) 齿根圆：通过轮齿根部的圆称为齿根圆，其直径代号用 d_f 表示。

(3) 分度圆：是介于齿顶圆与齿根圆之间，该圆位于齿厚和槽宽相等的位置，称为分度圆，其直径代号用 d 表示。

(4) 齿高。

齿顶高：齿顶圆与分度圆之间的径向距离称为齿顶高，其代号用 h_a 表示。

齿根高：齿根圆与分度圆之间的径向距离称为齿根高，其代号用 h_f 表示。

全齿高：齿顶圆和齿根圆之间的径向距离称为齿高，其代号用 h 表示。$h = h_a + h_f$。

(5) 齿距、齿厚、槽宽。

齿距：在分度圆上相邻两齿廓对应点之间的圆弧长称为齿距，用 p 表示。

齿厚：同一轮齿的两侧齿廓之间的分度圆弧长称为齿厚，用 s 表示。

槽宽：相邻两齿的两邻侧齿廓之间的分度圆弧长称为槽宽，用 e 表示。

$$P=s+e$$

(6) 齿数：齿轮的个数称为齿数，用 z 表示。

(7) 模数：齿距与圆周率的比值称为模数，用 m 表示。在计算齿轮各部分尺寸和制造齿轮时，都要用到模数。

当齿轮的齿数为 z 时，分度圆的周长为：$d\pi = pz$

分度圆直径为：$d = z \cdot \dfrac{p}{\pi}$

由于式中出现了无理数，不便于计算和标准化，令 $m = \dfrac{p}{\pi}$，则 $d = zm$。我们把 m 称为模数。

模数是设计和制造齿轮的基本参数，为了设计和制造方便，图标中已将模数的数值标准化，如表 8-4 所示。

表 8-4　标准模数(GB/T 1357—1987)

mm

第一系列	1	1.25	1.5	2	2.5	3	4	5	6	8
	10	12	16	20	25	32	40	50		
第二系列	1.75	2	2.25	(3.25)	3.5	(3.75)	4.5	5.5	(6.5)	7
	9	(11)	14	18	22	28	(30)	36	45	

(8) 节圆：一对互相啮合的渐开线齿轮，两齿轮的齿廓在两中心线 O_1O_2 上的啮合接触点 P 称为节点，过节点的两个相切的圆称为节圆，其直径代号用 d' 表示，如图 8-17(b)所示。一对正确啮合的标准齿轮，节圆与分度圆重合。单个齿轮不存在节圆，只讨论分度圆。

(9) 压力角：两个相互啮合的齿轮在分度圆上啮合点 P 的受力方向(即渐开线齿廓曲线的法线方向)与该点的瞬时速度方向(分度圆的切线方向)所夹的锐角称为压力角，用 α 表示。我国规定的标准压力角为 $\alpha = 20°$，如图 8-17(b)所示。

(10) 中心距：两啮合齿轮轴线之间的距离称为中心距，用 a 表示。在标准情况下，a 称为标准中心距。

$$a = (d_1 + d_2)/2 = m(z_1 + z_2)/2$$

只有模数和压力角相等两齿轮才能相互啮合。

2) 尺寸关系

模数、齿数和压力角是齿轮的三个基本参数，它们的大小是通过设计计算并按相关标准确定的。直齿圆柱齿轮的尺寸关系如表 8-5 所示。

表 8-5　直齿轮各部分尺寸计算

名　称	代　号	计算公式	说　明
齿数	Z	根据设计要求或测绘而定	是齿轮的基本参数，设计计算时，先确定，再计算其他各部分尺寸
模数	m	$m=p/\pi$ 或 d/z 根据强度计算或测绘而得	
分度圆直径	d	$d=mz$	

机
械
制
图

续表

名　称	代　号	计算公式	说　明
齿顶高	h_a	$h_a = m$	
齿根高	h_f	$h_f = 1.25m$	
齿高	h	$h = 2.25m$	$h = h_a + h_f$
齿顶圆直径	d_a	$d_a = d + 2h_a = m(z+2)$	$h_a = m$
齿根圆直径	d_f	$d_f = d - 2h_f = m(z-2.5)$	$h_f = 1.25m$
齿距	P	$p = \pi m$	
齿厚	S	$s = \pi m/2$	
槽宽	e	$e = \pi m/2$	
节圆直径	d'	$d' = d$	
中心距	a	$a = m(z_1 + z_2)/2$	$a = (d_1 + d_2)/2$

2. 直齿圆柱齿轮的画法

1) 单个圆柱齿轮的画法

国家标准规定齿顶圆和齿顶线用粗实线绘制；分度圆和分度线用细点画线绘制；齿根圆和齿根线用细实线绘制，也可以不画，如图 8-18(a)所示。

在剖视图中，当剖切平面通过齿轮的轴线时，剖视图上的轮齿不剖，齿根线用粗实线绘制，如图 8-18(b)所示。

斜齿、人字齿轮在非圆外形视图上用三条与齿线方向相一致的细实线表示，如图 8-18(c)、8-18(d)所示。

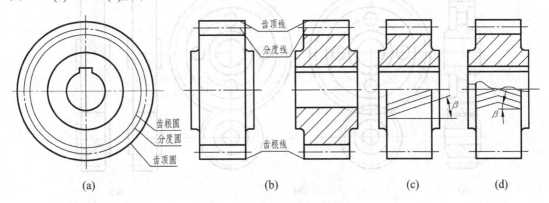

(a)　　　　　　　　(b)　　　　　　　　(c)　　　　(d)

图 8-18　直齿圆柱齿轮的画法

图 8-19 为直齿轮零件图示例。

2) 圆柱齿轮的啮合画法

两标准齿轮啮合时，它们的分度圆处于相切位置，此时的分度圆又称节圆。啮合部分的规定画法如下。

(1) 在垂直于圆柱齿轮轴线的投影面的视图中，两齿轮的节圆相切，啮合区的齿顶圆用粗实线绘制，也可省略不画，节圆用细点线绘制，齿根圆省略不画如图 8-20(a)、8-20(b)所示。

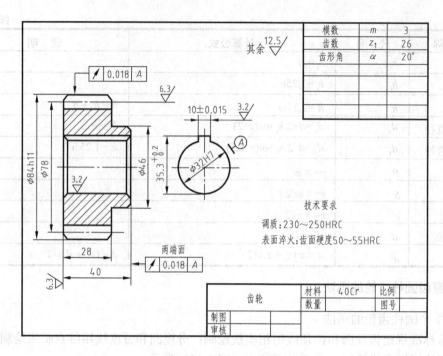

模数	m	3
齿数	z_1	26
齿形角	α	20°

技术要求

调质：230～250HRC

表面淬火：齿面硬度50～55HRC

齿轮		材料	40Cr	比例	
		数量		图号	
制图					
审核					

图 8-19　直齿轮零件图

(2) 在平行于圆柱齿轮轴线的投影面的视图中，啮合区的齿顶线和齿根线省略，节线用粗实线绘制，如图 8-20(c)所示。

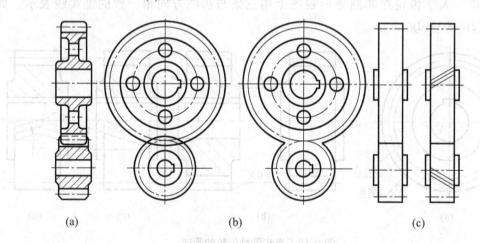

(a)　　　　　　　　　(b)　　　　　　　　　(c)

图 8-20　直齿轮轮啮合的画法

(3) 在剖视图中，一个齿轮的轮齿用粗实线绘制，另一个齿轮的轮齿被遮挡的部分用虚线绘制，也可以省略不画，如图 8-21 所示。

3) 齿轮和齿条啮合的画法

当齿轮的直径无限大时，其齿顶圆、齿根圆、分度圆和齿廓曲线都画成为直线。齿轮也就变成了齿条。

齿轮和齿条啮合时，齿轮旋转，齿条作直线运动。齿轮和齿条啮合的画法与两个圆柱齿轮啮合的画法基本相同，只是齿轮的节圆与齿条的节线相切，如图 8-22 所示。在俯视图中，齿条上齿形的终止线用粗实线表示。

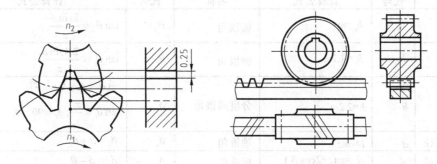

图 8-21　圆柱齿轮副啮合区的画法　　　　图 8-22　齿轮和齿条啮合的画法

8.3.2　直齿圆锥轮

1. 直齿圆锥齿轮各部分名称、代号及尺寸计算

　　分度曲面为圆锥面的齿轮称为圆锥齿轮。圆锥齿轮的轮齿位于圆锥面上，因此它的轮齿一端大而另一端小，齿厚由大端到小端逐渐变小，模数和分度圆也随之变化。为了设计和制造方便，规定直齿锥齿轮以其大端模数为标准模数，用它来计算大端轮齿各部分的尺寸。圆锥齿轮各部分名称和代号如图 8-23 所示。

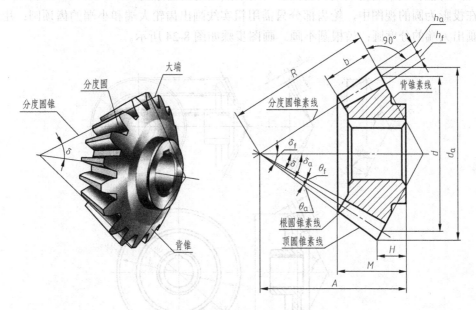

图 8-23　直齿锥齿轮各部分名称、代号

　　直齿圆锥齿轮各部分尺寸都与大端模数和齿数有关。各部分尺寸的计算公式如表 8-6 所示。

表 8-6　圆锥齿轮各部分尺寸计算

基本参数：模数 m　齿数 z　分度圆锥角 δ					
名称	代号	计算公式	名称	代号	计算公式
齿顶高	h_a	$h_a = m$	齿顶角	θ_a	$\tan \theta_a = \dfrac{2 \sin \delta}{z}$
齿根高	h_f	$h_f = 1.2m$	齿根角	θ_f	$\tan \theta_f = \dfrac{2.4 \sin \delta}{z}$
齿高	h	$h = 2.2m$	分度圆锥角	δ	当 $\delta_1 + \delta_2 = 90°$ 时 $\tan \theta_1 = \dfrac{z_1}{z_2}$，$\delta_2 = 90 - \delta_1$
分度圆直径	d	$D = mz$	顶锥角	δ_a	$\delta_a = \delta + \theta_a$
齿顶圆直径	d_a	$d_a = m(z + 2\cos \delta)$	根锥角	δ_f	$\delta_f = \delta - \theta_f$
齿根圆直径	d_f	$d_f = m(z - 2.4\cos \delta)$	背锥角	δ_v	$\delta_v = 90° - \delta$
锥距	R	$R = \dfrac{mz}{2 \sin \delta}$	齿宽	b	$b \leqslant R/3$

2. 圆锥齿轮的画法

圆锥齿轮的画法与圆柱齿轮基本相同，由于圆锥的特点，在表达和作图方法上较圆柱齿轮复杂。

1) 单个圆锥齿轮的画法

在投影为非圆的视图中，圆锥齿轮画法与圆柱齿轮相类似，即采用剖视，其轮齿按不剖处理，用粗实线画出齿顶线和齿根线，用细点画线画出分度线。

在投影为圆的视图中，轮齿部分只需用粗实线画出齿轮大端和小端的齿顶圆；用细点画线画出大端的分度圆；齿根圆不画。画图步骤如图 8-24 所示。

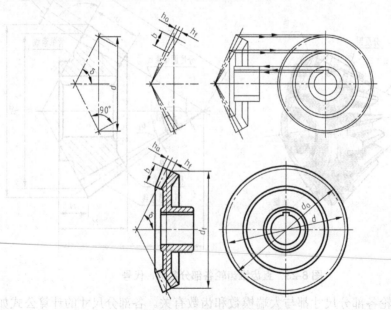

图 8-24　单个圆锥齿轮的画法

直齿圆锥齿轮的零件图示例如图 8-25 所示。

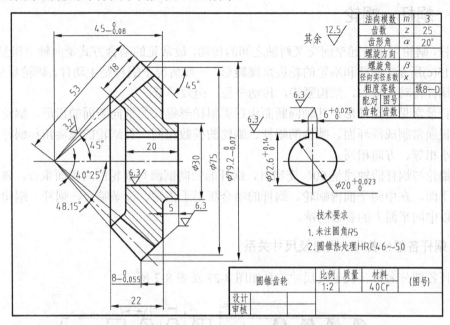

图 8-25　直齿锥齿轮零件图示例

2) 圆锥齿轮啮合的画法

圆锥齿轮啮合时，两分度圆锥相切，锥顶交于一点。画图时主视图多用剖视表示，并将一齿轮的齿顶线画成粗实线，另一齿轮的齿顶线画成虚线或省略，在外形视图中，一齿轮的节线与另一齿轮的节圆相切。作图的步骤如图 8-26 所示。

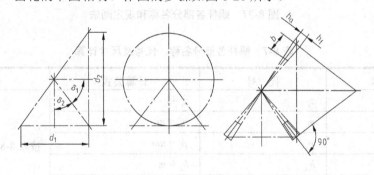

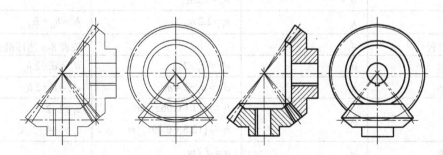

图 8-26　圆锥齿轮的啮合画法

8.3.3　蜗杆、蜗轮

蜗杆、蜗轮用来传递空间交叉两轴之间的传动，最常见的啮合方式是两轴交错呈 90°，如图 8-15(c)所示。蜗杆和蜗轮的轮齿是螺旋形，一般情况下蜗杆是主动件，蜗轮是从动件。蜗轮、蜗杆传动比较大，结构紧凑，传动平稳，但效率低。

蜗杆最常见是圆柱形，其轴向断面齿形类似梯形螺纹的轴向断面的齿形。蜗轮的齿顶面和齿根面常制成圆环面。啮合的蜗杆、蜗轮的模数相同，且蜗轮的螺旋角和蜗杆的螺旋升角大小相等、方向相同。

当蜗轮与蜗杆的轴线呈 90° 交错时，蜗杆的轴向剖面与蜗轮的对称面重合，该平面称为中间平面。在中间平面内蜗轮、蜗杆的啮合相当于齿轮、齿条啮合。蜗杆、蜗轮的尺寸计算均以中间平面上的参数为准。

1. 蜗杆各部分名称、代号及尺寸关系

蜗杆各部分名称、代号及尺寸关系如图 8-27 及表 8-7 所示。

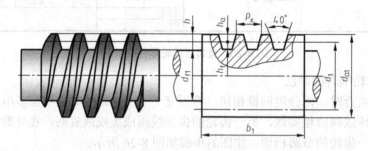

图 8-27　蜗杆各部分名称和规定画法

表 8-7　蜗杆各部分名称、代号及尺寸计算

名　称	代　号	计算公式	说　明
头数	z_1	$z_1 = 1 \sim 4$	按表 8-8 选标准值
轴向模数	m_x	$m_x = m$	
齿距	p_x	$p_x = \pi m$	
齿顶高	h_{a1}	$h_{a1} = m$	
齿根高	h_{f1}	$h_{f1} = 1.2\, h_{f1}$	
齿高	h_1	$h_1 = 2.2\, m$	$h_1 = h_{a1} + h_{f1}$
分度圆直径	d_1		按表 8-8 选标准值
顶圆直径	d_{a1}	$d_{a1} = d_1 + 2\, m$	$d_{a1} = d_1 + 2\, h_{a1}$
根圆直径	d_{f1}	$d_{f1} = d_1 - 2.4\, m$	$d_{f1} = d_1 - 2\, h_{f1}$
齿宽	b_1	$b_1 \leqslant (11 + 0.06 z_2) m$	$z_1 = 1 \sim 2$
		$b_1 \leqslant (12.5 + 0.09 z_2) m$	$z_1 = 3 \sim 4$
直径系数	q	$q = d_1 / m$	

为了减少蜗轮加工刀具的数量(蜗轮滚刀与配对蜗杆的形状相同),蜗杆分度圆直径 d_1 已经标准化,并与轴向模数 m_x 有固定的搭配关系,其值见表 8-8。

表 8-8　圆柱蜗杆 m_x 和 d_1

m_x	2	2.5	3.15	4	5	6.3	8	10	12.5	16	20	25
d_1	22.4	28	35.5	40	50	63	80	90	112	140	160	200
	35.5	45	56	71	90	112	140	160	200	250	315	400

2. 蜗杆的画法

蜗杆一般用一个与其轴线平行的投影面的视图,并在该视图中作一局部剖视表达齿形,如图 8-27 所示。

在外形视图中,齿顶圆和齿顶线用粗实线画,分度圆和分度线用细点画线画,齿根圆和齿根线用细实线绘制或省略不画。

3. 蜗轮各部分名称、代号及尺寸关系

蜗轮各部分名称、代号及尺寸关系如图 8-28 以及表 8-9 所示。

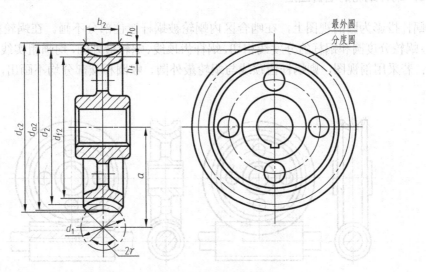

图 8-28　蜗轮各部分名称和规定画法

表 8-9　蜗轮各部分名称、代号及尺寸计算

名　称	代　号	计算公式	说　明
齿数	z_2	无	无
端面模数	m_t	$m_t = m_x = m$	等于蜗杆的轴向模数
齿距	p	$p = p_x = \pi m$	等于蜗杆的轴向齿距

续表

名　称	代　号	计算公式	说　明
分度圆直径	d_2	$d_2 = m\,z_2$	在中间平面内
喉圆直径	d_{a2}	$d_{a2} = m\,(z_2+2) = d_2 + 2\,h_{a2}$	在中间平面内
根圆直径	d_{f2}	$d_{f2} = m\,(z_2-2.4) = d_2 - 2\,h_{f2}$	在中间平面内
齿顶高	h_{a2}	$h_{a2} = m$	
齿根高	h_{f2}	$h_{f2} = 1.2\,m$	

蜗轮的分度圆、喉圆、齿根圆均在中间平面内。中间平面上的模数称为端面模数(m_t)，蜗轮的端面模数等于蜗杆的轴向模数。蜗轮的最外圆称为蜗轮的齿顶圆。

4．蜗轮的画法

蜗轮一般用两个视图表示，如图 8-28 所示。主视图为全剖视图，画出蜗轮轴线及中间平面的投影，并根据中心距定出蜗轮圆环面的母线圆圆心，画出齿宽角 2γ 及齿顶圆柱面的投影，左视图画出最外圆、分度圆、轮体部分。

5．蜗杆蜗轮的啮合画法

蜗杆投影为圆的视图上，在啮合区内蜗轮被蜗杆遮住部分不画。在蜗轮投影为圆的视图上，蜗轮分度圆和蜗杆的分度线相切，蜗杆齿顶线、蜗轮最外圆，均画粗实线，如图 8-29(a) 所示；若采用剖视图，则蜗杆齿顶线与蜗轮最外圆、喉圆相交部分均不画出，如图 8-29(b) 所示。

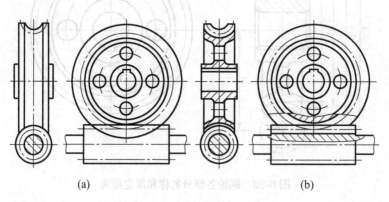

(a)　　　　　　　　　　　　　　(b)

图 8-29　蜗轮和蜗杆的啮合画法

8.4　键、销、滚动轴承、弹簧

8.4.1　键联接

键是用来联接轴和装在轴上的零件(皮带轮、齿轮等)，以传递扭矩。如图 8-30 所示。

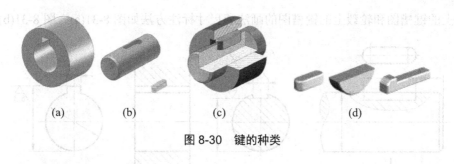

图 8-30　键的种类

1. 常用键的种类及标记

键的种类很多，常用的是普通平键、半圆键、钩头楔键等，如图 8-30 所示。其中，普通平键应用最广泛。键是标准件，画图时，根据联接处的轴径在标准中查得相应的结构、尺寸和标记(普通平键查附表 3-1)，其标注示例如表 8-10 所示。

表 8-10　键的标准编号、画法和标记示例

名称及 标准编号	图　例	标记及说明
普通平键 GB/T 1096—2003		b=8m，h=7mm，L=25mm 的 A 型普通平键： 键 8×25 GB/ T 1096—2003
半圆键 GB/T 1099.1—2003		b=6m，　h=10mm，　d_1=2，L=24.5mm 的半圆键： 键 6×25 GB/T 1099.1—2003
钩头楔键 GB/T 1565—1979		b=18，h=11mm，L=100mm 的钩头楔键： 键 18×100 GB/T 1565—1979

2. 键槽的画法及尺寸标注

因为键是标准件，所以一般不必画出它的零件图，但要画出零件上与键相配合的键槽。

轴上的键槽图和轮毂上的键槽图的画法和尺寸标注方法如图 8-31(a)、图 8-31(b)所示。

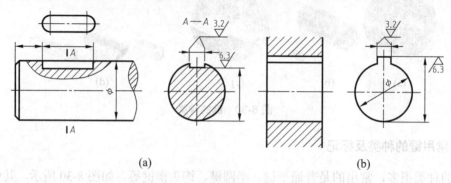

(a)   (b)

图 8-31　键槽的画法和尺寸标注

3. 键联接的画法

1) 普通平键联接和半圆键联接的画法

普通平键联接和半圆键联接的两个侧面是工作面，在装配图中，键与键槽侧面之间应不留有间隙；而键的顶面是非工作面，它与轮毂的键槽顶面之间应留有间隙，如图 8-32 和图 8-33 所示。

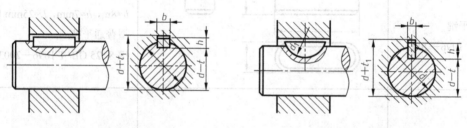

图 8-32　普通平键联接　　　　　　　　图 8-33　半圆键联接

2) 钩头楔键联接的画法

钩头楔键的顶面有 1：100 的斜度，联接时将键打入键槽。因此，键的顶面和底面同为工作面，槽底和槽顶都没有间隙，键的两侧为非工作面，与键槽的两侧面应留有间隙，如图 8-34 所示。

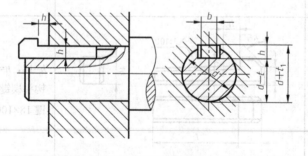

图 8-34　钩头楔键联接

4. 花键与花键联接的画法

花键联接在机器中被广泛地应用，它具有传递转矩大，导向性好，联接可靠等特点。花键按齿形可分为矩形花键、梯形花键及渐开线花键等。其中，矩形花键应用最普遍，它的结构和尺寸都已标准化。

1) 矩形花键的画法

矩形花键又有外花键和内花键之分，在轴上的花键称为外花键，在孔内的花键称为内花键。

(1) 矩形外花键的画法。外花键在平行于花键轴线的投影面的视图中，大径用粗实线、小径用细实线绘制，并要画入倒角内，工作长度的终止线和尾部长度末端画细实线。在垂直于花键轴线的投影面中，用断面图画出一部分或全部齿形，如图 8-35 所示。

(2) 矩形内花键的画法。内花键在平行于花键轴线的投影面的剖视图中，大径及小径均用粗实线绘制；在垂直于花键轴线的投影面中，用局部视图画出一部分或全部齿形，如图 8-36 所示。

(3) 矩形花键的尺寸标注。矩形花键采用一般尺寸标注时，应标注出大径 D、小径 d、齿宽 B 和齿数、工作长度等数据，有时还加注全长，如图 8-35、图 8-36 所示。

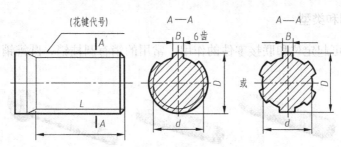

图 8-35　外花键的画法

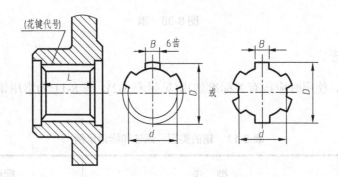

图 8-36　内花键的画法和尺寸标注方法

矩形花键也可采用代号标注。代号指引线用细实线自大径引出，如图 8-36 所示。

花键代号按序排列。例如：

外花键代号：$6 \times 23f7 \times 26a11 \times 6d10$

内花键代号：$6 \times 23H7 \times 26H10 \times 6H11$

式中第一项表示齿数，第二、三、四项分别表示小径、大径、齿宽及公差代号。

2) 矩形花键联接画法

(1) 矩形花键联接用剖视表示时，其联接部分按外花键的画法绘制，如图 8-37 所示。

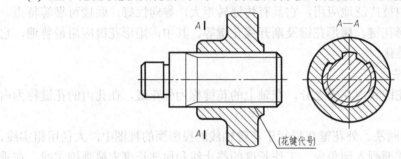

图 8-37　矩形花键联接画法

(2) 花键联接图中尺寸标注。在联接图中可以标注相应的联接花键代号，代号指引线自大径引出，标注 6×23H7/f7×26H10/a11×6H11/d10。

8.4.2　销联接

1. 销的功用和类型

销在机器中可起定位和联接零件的作用，常用的销有圆柱销、圆锥销和开口销等。如图 8-38 所示。

(a) 圆柱销　　　　(b) 圆锥销　　　　(c) 开口销

图 8-38　销

2. 销的标记

销是标准件，使用时应按有关标准选用(见附表 3-2)。表 8-11 为常用销的类型、画法及标记。

表 8-11　销的类型、画法和标记示例

名　称	型　式	标记示例
圆柱销		公称直径 d=5mm 、长度 L=20mm，A 型圆柱销：销 GB/T 119.1—2000　5×20

名　称	型　式	标记示例
圆锥销		公称直径 d=10mm、长 度 L=60mm，A 型圆锥销: 销 GB/T 117—2000　10×60
开口销		公称直径 d=5mm、长度 L=40mm 的开口销: 销 GB /T 91—2000　5×40

3. 销联接画法

用销联接或定位的两个零件，销孔是在装配时一起加工的，在零件图上圆锥销孔的尺寸应引出标注，其中 $\phi5$ 是所配圆锥销的公称直径(用旁标注方法)，如图 8-39 所示。圆柱销、圆锥销和开口销的联接画法如图 8-40 所示。

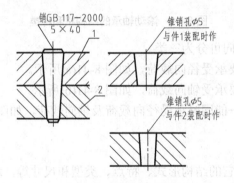

图 8-39　圆锥销的尺寸标注

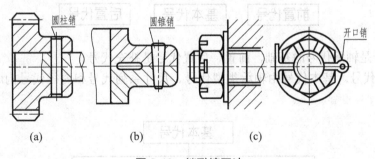

图 8-40　销联接画法

8.4.3　滚动轴承

在机器设备中，用来支承轴的零件称为轴承。轴承分为滚动轴承和滑动轴承两种。其作用是支持轴旋转及承受轴上的载荷。由于滚动轴承具有摩擦力小、结构紧凑的优点，所以被广泛用于机器中。

1. 滚动轴承的种类

滚动轴承的种类很多，但结构大体相同，滚动轴承通常是由内圈(或下圈)、外圈(或上圈)滚动体和保持架(隔离架)组成，如图 8-41 所示。内圈装在轴径上，外圈安装于机座的轴承孔内，滚动体被保持架均匀地隔开，可以沿内外圈的滚道滚动。在大多情况下是外圈固定不动而内圈随轴转动。

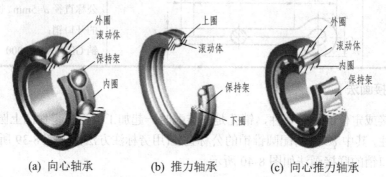

| (a) 向心轴承 | (b) 推力轴承 | (c) 向心推力轴承 |

图 8-41   滚动轴承的结构格和种类

滚动轴承按其受力方向可分为三类。

(1) 向心轴承——主要承受径向载荷，如图 8-41(a)所示。

(2) 推力轴承——主要承受轴向载荷，如图 8-41(b)所示。

(3) 向心推力轴承——能同时承受径向载荷及轴向载荷，如图 8-41(c)所示。

2. 滚动轴承代号

滚动轴承是标准件，它的结构形式、特点、类型和尺寸等，均采用代号来表示。轴承的代号由基本代号、前置代号、后置代号三部分组成。

基本代号是轴承代号的基础，前置、后置代号是补充代号。

(1) 基本代号。基本代号由轴承类型代号、尺寸系列代号和内径代号构成，其排列顺序如下。

```
            ┌──────────┐
            │ 基本代号 │
            └──────────┘
    ┌───────────┼───────────┐
┌────────┐ ┌────────────┐ ┌────────┐
│类型代号│ │尺寸系列代号│ │内径代号│
└────────┘ └────────────┘ └────────┘
```

类型代号用数字及字母表示，如表 8-12 所示。

(2) 尺寸系列代号。尺寸系列代号由轴承宽(高)度系列代号和直径系列代号组合而成，均用两个数字表示。

表 8-12　滚动轴承的类型代号(GB/T272—1993)

代　号	轴承类型	代　号	轴承类型
0	双列角接触轴承	7	角接触球轴承
1	调心球轴承	8	推力圆柱滚子轴承
2	调心滚子轴承和推力调心滚子轴承	N	圆柱滚子轴承双列用 NN 表示
3	圆锥滚子轴承	NA	滚针轴承
4	双列深沟球轴承	U	外球面轴承
5	推力球轴承	QJ	四点接触球轴承
6	深沟球轴承		

(3) 内径代号。内径代号表示滚动轴承的公称内径，用两位数字表示，其表示方法如表 8-13 所示。

表 8-13　滚动轴承内径代号(GB/T 272—1993)

轴承公称内径/mm		内径代号	示　例
0．6~ 10(非整数)		用公称内径毫米数直接表示，在其与尺寸系列代号之间用"/"分开	深沟球轴承 618/2.5　　d=2.5mm
1~ 9(整数)		用公称内径毫米数直接表示，对深沟及角接触球轴承 7、8、9 直径系列,内径与尺寸系列代号之间用"/"分开	深沟球轴承 625　　d=5mm 深沟球轴承 618/5　　d=5mm
10~ 17	10	00	深沟球轴承 6200　　d=10mm
	12	01	深沟球轴承 6201　　d=12mm
	15	02	深沟球轴承 6202　　d=15mm
	17	03	深沟球轴承 6203　　d=17mm
20~ 480(22、28、32 除外)		用公称内径毫米除以 5 的商数，商数为个位数，需在商数左边加 0，如 08	调心滚子轴承 23208　　　d=40mm 深沟球轴承　6218　　　d=90mm
≥500 以及 22、28、32		用公称内径毫米数直接表示，但在与尺寸系列代号之间用"/"分开	调心滚子轴承 230/500　　　d=500mm 深沟球轴承 62/22　　　d=22mm

标记示例：

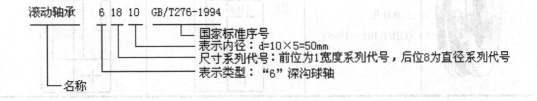

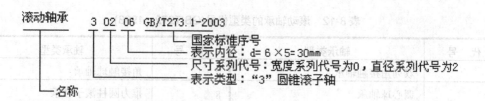

```
滚动轴承   3 02 06 GB/T273.1-2003
                    └── 国家标准序号
                  └── 表示内径：d= 6 ×5= 30mm
               └── 尺寸系列代号：宽度系列代号为0，直径系列代号为2
            └── 表示类型："3" 圆锥滚子轴
       └── 名称
```

3. 滚动轴承的画法(GB 4459.7—1998)

在装配图中，需较详细地表达滚动轴承的主要结构时，可采用规定画法；若只需较简单地表达滚动轴承的主要结构时，可采用特征画法，但同一图样中应采用同一种画法。这两种画法如表 8-14 所示。

表 8-14　滚动轴承的特征画法和规定画法(GB/T 4458.1—1998)

轴承类型	名称及基本代号	特征画法	规定画法
	深沟球轴承 60000 型 (GB/T 276—1994)		
	圆锥滚子轴承 30000 型 (GB/T 273.1—2003)		
	推力球轴承 51000 型 (GB/T 301—1995)		

8.4.4 弹簧

弹簧在机器和仪表中起减震、储能和测力等作用，其特点是当去掉外力后，弹簧能立即恢复原状。

弹簧的种类很多，常见有螺旋弹簧和蜗卷弹簧等。根据受力情况不同，螺旋弹簧又分为压缩弹簧、拉伸弹簧和扭转弹簧三种，几种常见的弹簧如图 8-42 所示。本节只介绍普通圆柱螺旋压缩弹簧的画法和尺寸计算。

(a)圆柱螺旋压缩弹簧 (b)圆柱螺旋拉伸弹簧 (c)圆柱螺旋扭转弹簧 (d)蜗卷弹簧　　　　(e)板弹簧

图 8-42 几种常见弹簧

1．圆柱螺旋压缩弹簧名称、代号及尺寸关系

(1) 型材直径 d：缠绕弹簧的钢丝直径，按标准选取。

(2) 弹簧直径：中径 D_2，弹簧的内径和外径的平均值，按标准选取；外径 D，弹簧的最大直径，$D = D_2 + d$；内径 D_1，弹簧的最小直径，$D_1 = D - 2d$。

(3) 节距 t：除支承圈外，相邻两圈截面中心线的轴向距离。

(4) 有效圈数 n、支承圈数 n_2 和总圈数 n_1：为了使螺旋压缩弹簧工作时受力均匀，增加弹簧的平稳性，弹簧两端应并紧、磨平。并紧、磨平的各圈仅起支承作用，称为支承圈。如图 8-43 所示的弹簧，两端各有 1.25 圈为支承圈，即 $n_2 = 2.5$。保持相等节距的圈数，称为有效圈数。有效圈数与支承圈数之和，称为总圈数。即：$n_1 = n + n_2$。

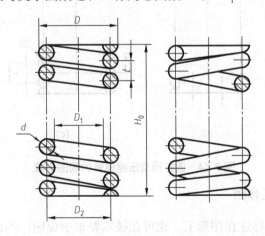

图 8-43 圆柱螺旋压缩弹簧的名称及尺寸关系

(5) 自由高度 H_0：弹簧在不受外力作用时的高度或长度。

$$H_0 = nt + (n_2 - 0.5)d$$

(6) 弹簧展开长度 L：制造弹簧所需型材的长度 $L \approx n_1 \sqrt{(\pi D_2)^2 + t^2}$

2. 圆柱螺旋压缩弹簧的画法及画图步骤

根据 GB/T 4459.4—2003，螺旋弹簧规定画法如下。

(1) 圆柱压缩弹簧可画成视图、剖视图或示意图，如图 8-43 和图 8-46 所示。

(2) 在与弹簧轴线平行的投影面的视图中，弹簧的螺旋线应画成直线。

(3) 螺旋弹簧不分左旋或右旋，一律画成右旋，对于左旋弹簧应注代号 LH。

(4) 有效圈数在 4 圈以上的弹簧，可以只画 1~2 圈(不含支承圈)，中间各圈可省略不画。当中间部分省略后，可适当缩短图形的长度，但画出簧丝中心线。

(5) 如要求两端并紧、磨平时，不论支承圈数多少，均可按照 $n_2 = 2.5$ 时的画法绘制，必要时也可按支承圈的实际结构绘制。

3. 螺旋压缩弹簧画法举例

已知圆柱螺旋弹簧的型材直径 d=6mm，外径 D=42mm，节距 t=12mm，有效圈数 n=6，支承圈数 n_2=2.5，右旋，其作图步骤如图 8-44 所示。

(1) 算出弹簧中径 D_2 及自由高度 H_0。画出长方形 $ABCD$，如图 8-44(a)所示。

(2) 画出支承圈部分直径与簧丝直径相等的圆和半圆，如图 8-44(b)所示。

(3) 画出有效圈数部分直径与簧丝直径相等的圆，如图 8-44(c)所示。

(4) 按右旋方向作相应圆的公切线及剖面线，即完成作图，如图 8-44(d)所示。

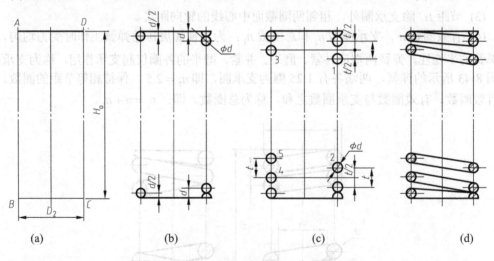

图 8-44　圆柱螺旋压缩弹簧的画图步骤

4. 螺旋压缩弹簧工作图

弹簧的参数应直接标注在图形上，也可在技术要求中说明；当需要表明弹簧的负荷与高度之间的变化关系时，须用图解表示，如图 8-45 所示。

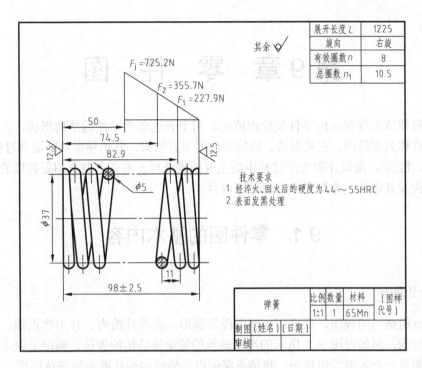

展开长度 L	1225
旋向	右旋
有效圈数 n	8
总圈数 n₁	10.5

其余 ✓

$F_j = 725.2N$

$F_2 = 355.7N$

$F_1 = 227.9N$

技术要求
1. 经淬火、回火后的硬度为 44～55HRC。
2. 表面发黑处理

弹簧	比例	数量	材料	(图样代号)
	1:1	1	65Mn	
制图 (姓名) (日期)				
审核				

图 8-45　弹簧零件图

5. 装配图中螺旋压缩弹簧的简化画法

装配图中，弹簧被看作实心体，因此，被弹簧挡住的结构一般不画出，如图 8-46(a)所示。

弹簧被剖切时，弹簧丝直径在图形上等于或小于 2mm 时，可以涂黑表示，如图 8-46(b)所示；也可用示意画法，如图 8-46(c)所示。

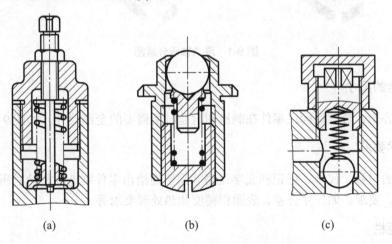

(a)　　　　　　　　(b)　　　　　　　　(c)

图 8-46　装配图中的弹簧画法

第 9 章　零 件 图

任何机器或部件都是由零件装配而成的。用于表达单个零件的结构形状、大小及技术要求的图样称为零件图。它是制造、检验零件的主要依据，并指导零件制造全过程(包括备料、加工、检验)，是设计和生产过程中的主要技术资料。本章主要介绍零件图的内容、常见零件结构及其画法、典型零件的表达等内容。

9.1　零件图的基本内容

1．一组图形

选用一组适当的视图、剖视图、断面图等图形，将零件的内、外形状正确、完整、清晰地表达出来。例如对图 9-1 所示的滑动轴承的轴承座结构的表达。画出了取半剖的主视图和左视图及一个未剖的俯视图，将轴承座的内、外结构形状准确地表达出来。

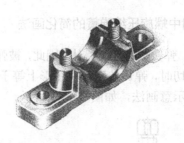

图 9-1　滑动轴承分解图

2．齐全的尺寸

正确、齐全、合理地标注零件在制造和检验时所需要的全部尺寸。如图 9-2 所示。

3．技术要求

用规定的符号、代号、标记和文字说明等简明地给出零件制造和检验时所应达到的各项技术指标、要求。如尺寸公差、表面粗糙度和热处理要求等。

4．标题栏

填写零件名称、材料、比例、图号以及制图、审核人员的责任签字和签字日期等。

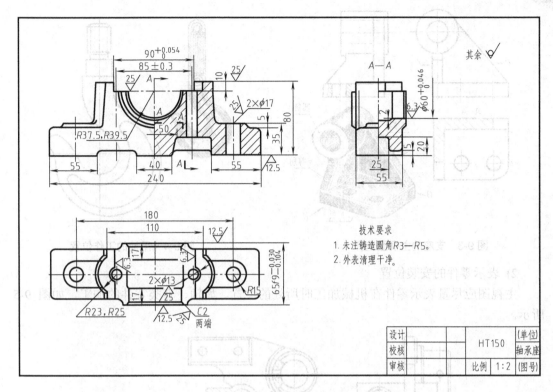

图 9-2　滑动轴承座零件图

9.2　零件图的视图选择

零件图的视图选择，是根据零件的结构特点、加工方法，以及零件在机器或部件中的位置、作用等因素，然后灵活选择视图、剖视图、断面图及其他表达方法，并尽量减少视图的数量。

9.2.1　主视图的选择

主视图的选择

主视图是一组图形的核心，一般将表示零件信息量最多的那个视图作为主视图，主视图通常是根据零件的工作位置、加工位置或安装位置选择。

1) 表示零件的工作位置或安装位置

如图 9-3、图 9-4 所示，其主视图就是根据它们的工作位置、安装位置，并尽量多地反映其形状特征的原则选定的。

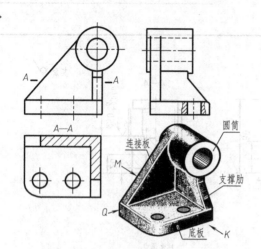

图 9-3 支座的主视图选择

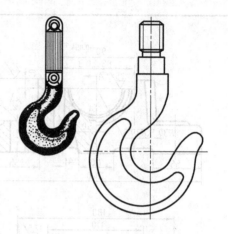

图 9-4 吊挂的工作位置

2) 表示零件的安装位置

主视图应尽量表示零件在机械加工时所处的位置。如轴、套类零件的加工，如图 9-5 所示。

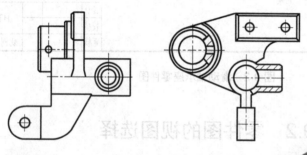

图 9-5 视图选择

9.2.2 其他视图的选择

主视图选定后，再运用形体分析法对零件的各组成部分进行分析，对主视图没有表达清楚的部分，选用其他视图来完善表达。在选择其他视图时，应优先选择基本视图，后选择其他视图；先选择表达零件的主要部分，后选择表达零件的次要部分；各个视图的内容应相互配合，彼此互补，避免重复。另外，所选视图数量应最少。

9.3　零件图的尺寸标注

零件图是制造、检测零件的技术文件，零件图中的图形只表达零件的形状，而零件的大小则由图上标注的尺寸来确定。零件图中的尺寸要求标注得正确、完整、清晰、合理。

9.3.1　尺寸基准的选择

标注尺寸的起点，称为尺寸基准。通常选择零件上的一些几何元素作为尺寸基准，如零件上的面和线。选择尺寸基准的目的，一是为了确定零件在机器中的位置或零件上几何元素的位置，以符合设计要求；二是为了在制作零件时，确定测量尺寸的起点位置，便于加工和测量，以符合工艺要求。因此，根据基准作用的不同，可把基准分为设计基准和工艺基准两类。

1. 设计基准

根据机器的构造特点及对零件结构的设计要求所选定的基准，称为设计基准。图 9-6(a)是齿轮泵的泵座，它是齿轮泵(图 9-6(b))的一个主要零件，属于箱体类。长度方向的尺寸，应当以对称平面为基准。因此，标注出了 240、180、85、88 等对称尺寸，以便保证安装孔、螺钉孔之间的长向距离及其对于轴孔的对称关系。在制作这个零件的木模时，要以这个基准确定其外形；在加工前划线时，也是首先划出这条基准线(见图 9-5)，然后根据它来确定各个圆孔的中心位置。

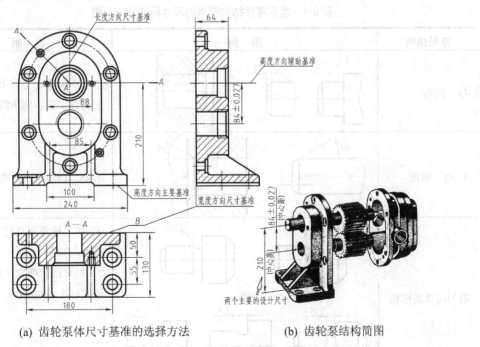

(a) 齿轮泵体尺寸基准的选择方法　　　　　(b) 齿轮泵结构简图

图 9-6　泵座的尺寸基准选择

高度方向的尺寸,应当以泵座的底面为基准,以便保证主动轴孔到底面的距离 210 这个重要尺寸。宽度方向的尺寸,应当选择 *B* 面为基准(见图 9-5)。因为 *B* 面是一个安装结合面,而且是一个最大的加工表面,同时也可保证底板上安装孔间的宽向距离。这三个基准均为设计基准。

在高度方向上,两个齿轮的中心距 84 是一个有严格要求的尺寸。为保证其尺寸精度,这个尺寸必须以上轴孔的轴线为基准往下标注,而不能再以底面为基准往上标注。这样,在高度方向就出现了两个基准。其中,底面这个基准(即决定主要尺寸的基准)称为主要基准,上孔轴线这个基准称为辅助基准(在加工划线时,应先定出这两个基准,然后才能定出其他定位线)。就是说,在零件长、宽、高的每一个方向上都应有一个主要基准(有时与设计基准重合),而除了主要基准之外的附加基准,称为辅助基准。应注意,辅助基准与主要基准之间必须直接有尺寸相联系,如图 9-6 中的辅助基准是靠尺寸 210 与主要基准底面相联系的。

2. 工艺基准

为便于对零件加工和测量所选定的基准,称为工艺基准。在图 9-6 中,工艺基准与设计基准重合。基准确定之后,主要尺寸应从设计基准出发标注,一般尺寸则应从工艺基准出发标注。

9.3.2 尺寸的标注形式

常见的尺寸标注形式如表 9-1、表 9-2 所示。

表 9-1 常见零件结构要素的尺寸标注方法示例

常见结构	图 例	说 明
45°倒角	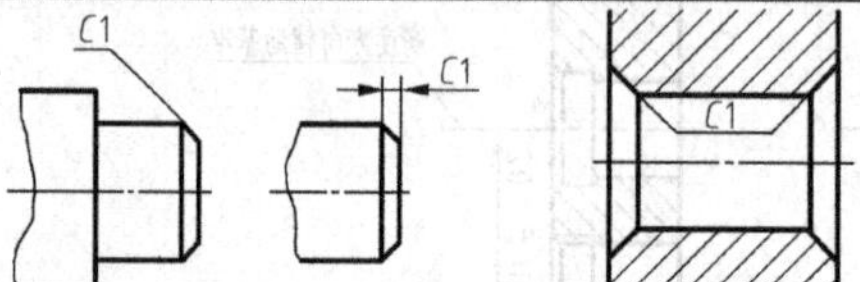	C 表示倒角角度为 45°,C 后面的数字表示倒角的高度
非 45°倒角	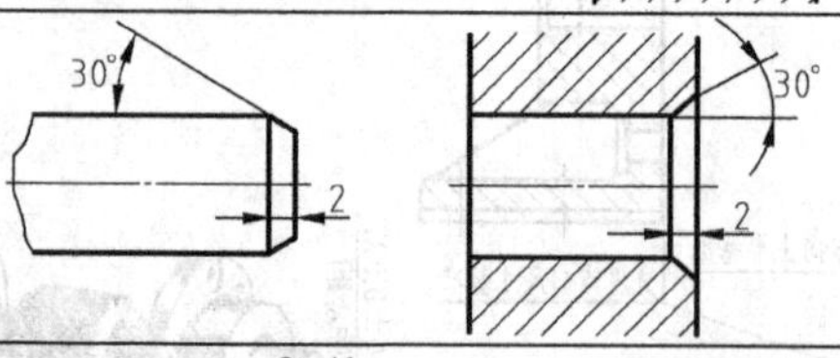	非 45°倒角按图例的形式标注
退刀槽及越程槽	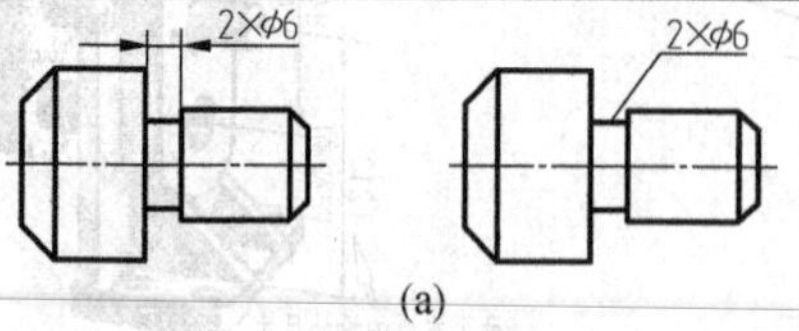 (a) 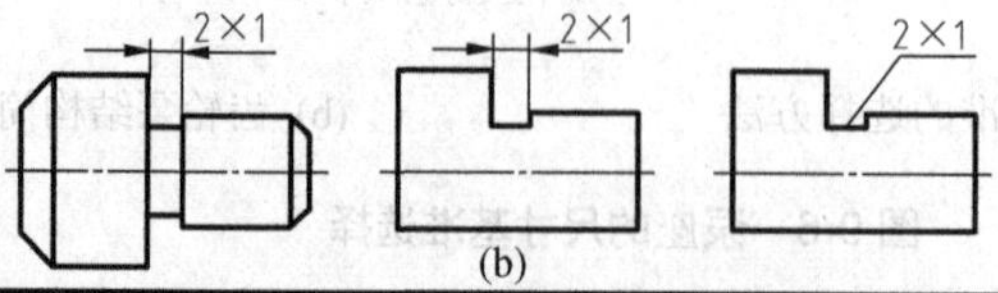 (b)	① 按"槽宽×直径"的形式标注,如图(a); ② 也可按"槽宽×槽深"的形式标注,如图(b)

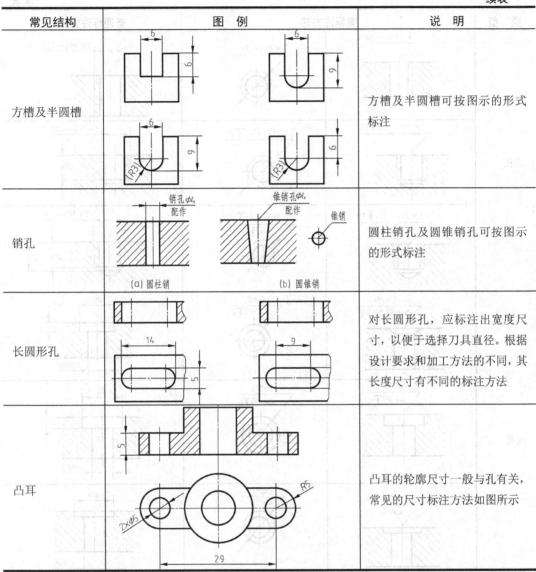

常见结构	图 例	说 明
方槽及半圆槽		方槽及半圆槽可按图示的形式标注
销孔	(a) 圆柱销　(b) 圆锥销	圆柱销孔及圆锥销孔可按图示的形式标注
长圆形孔		对长圆形孔，应标注出宽度尺寸，以便于选择刀具直径。根据设计要求和加工方法的不同，其长度尺寸有不同的标注方法
凸耳		凸耳的轮廓尺寸一般与孔有关，常见的尺寸标注方法如图所示

表 9-2　各种孔的尺寸标注方法示例

类 型	旁标注方法		普通标注方法
光孔			

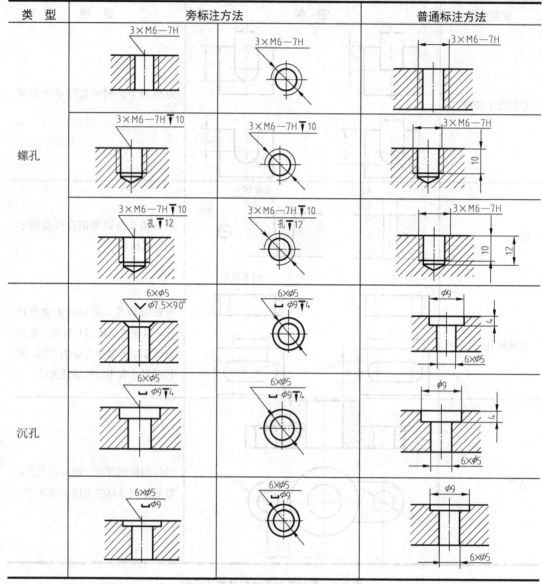

类型	旁标注方法		普通标注方法

9.3.3　合理标注尺寸应注意的事项

在标注零件的尺寸之前，应先对零件各组成部分的形状、结构、作用以及与其相连的零件之间的关系进行分析，分清哪些是影响零件质量的尺寸，哪些是对零件质量影响不大的尺寸。影响零件质量的尺寸简称主要尺寸，如零件的装配尺寸、安装尺寸、特征尺寸等；对零件质量影响不大的尺寸简称次要尺寸，如不需要进行切削加工表面的尺寸、无相对位置要求的尺寸等。然后选定尺寸基准，并按形体、结构的分析方法，确定必要的定形及定位尺寸。尺寸标注的一般原则如下。

(1) 避免标注成封闭的尺寸链。

封闭的尺寸链是指除了标注全长尺寸外，又对轴上各段尺寸首尾相接进行标注，形成了封闭的尺寸链。如图 9-7(a)所示。标注尺寸时不允许标注成封闭的尺寸链，而应将要求不高的一个尺寸空下来不标注，这样将加工的累计误差累积到这个次要尺寸上，以保证主要尺寸的精度。如图 9-7(b)所示。

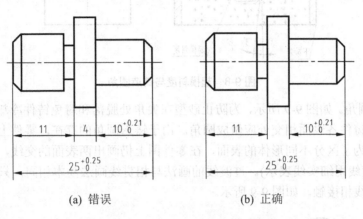

| (a) 错误 | (b) 正确 |

图 9-7　避免标注成封闭尺寸链

(2) 主要尺寸要直接标注，以保证设计的精度要求，次要的尺寸一般按形体分析的方法进行标注。

(3) 尺寸标注应符合工艺要求，即应符合零件的加工顺序和检测方便的要求。

9.4　零件上常见的工艺结构

零件的结构和形状除了应满足使用上的要求外，还应满足制造工艺的要求，必须对零件上的某些结构进行规范，合理地设计与表达零件的结构，以使其符合铸造工艺和机械加工工艺的要求。

9.4.1　铸造工艺结构

铸造工艺结构

(1) 起模斜度。如图 9-8 所示，在铸造零件毛坯时，为便于将木模从砂型中取出，零件的内、外壁沿起模方向应有一定的斜度(1∶20～1∶10)。起模斜度在制作木模时应予以考虑，视图上可以不注出。

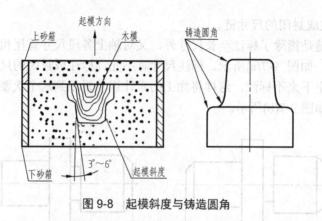

图 9-8　起模斜度与铸造圆角

(2) 铸造圆角。如图 9-9 所示，为防止砂型在尖角处脱落和避免铸件冷却收缩时在尖角处产生裂缝，铸件各表面相交处应做成圆角。由于铸造圆角的存在，零件上的表面交线就显得不明显。为了区分不同形体的表面，在零件图上仍画出两表面的交线，此交线称为过渡线(可见过渡线用细实线表示)。过渡线的画法与相贯线画法基本相同，只是在其端点处不与其他轮廓线相接触，如图 9-9 所示。

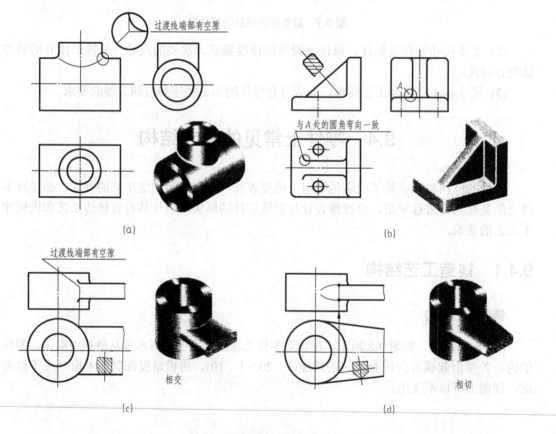

图 9-9　铸造圆角与过渡线画法

(3) 铸件壁厚。为了避免浇铸后由于铸件壁厚不均匀而产生缩孔、裂纹等缺陷，应尽可能使铸件壁厚均匀或逐渐过渡，如图 9-10 所示。

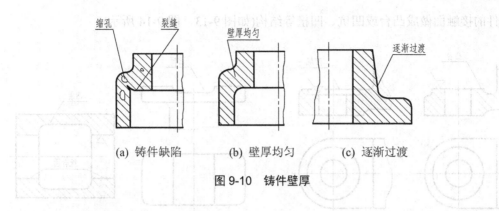

(a) 铸件缺陷   (b) 壁厚均匀   (c) 逐渐过渡

图 9-10 铸件壁厚

9.4.2　零件机械加工工艺结构

1. 倒角和倒圆

如图 9-11 所示，为了便于装配和安全操作，轴或孔的端部应加工成倒角，为避免因应力集中而产生裂纹，轴肩处应圆角过渡。当倒角为 45° 时，尺寸标注可简化，如图 9-11 中的 $C2$。

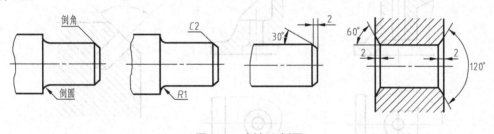

图 9-11 倒角和倒圆

2. 退刀槽和砂轮越程槽

在车削加工、磨削加工或车制螺纹时，为了便于退出刀具或使砂轮越过加工面，通常在待加工的末端先加工出退刀槽或砂轮越程槽，如图 9-12 所示。

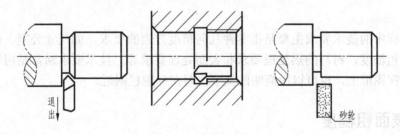

图 9-12 退刀槽和砂轮越程槽

3. 减少加工面

两零件的接触面都要加工时，为了减少加工面，并保证两零件的表面接触良好，常将两零件的接触面做成凸台或凹坑、凹槽等结构(如图 9-13、图 9-14 所示)。

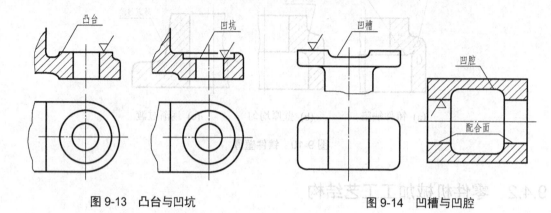

图 9-13 凸台与凹坑   图 9-14 凹槽与凹腔

4. 钻孔结构

钻孔时，应尽可能使钻头轴线与被钻孔表面垂直，以保证孔的精度、避免钻头折断。图 9-15 所示为三种处理斜面上钻孔的正确结构。

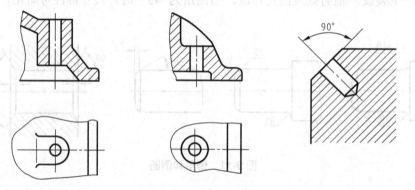

图 9-15 钻孔端面结构

9.5 零件的技术要求

零件图样中的技术要求主要是指零件几何精度方面的要求，如尺寸公差、形状和位置公差、表面粗糙度、材料的热处理要求和表面处理要求等。技术要求通常是用符号、代号或标记标注在图形上，也可以用简明的文字注写在标题栏附近。

9.5.1 表面粗糙度

1. 表面粗糙度概念

表面粗糙度是指零件加工表面上具有较小间距和峰谷所组成的微观几何形状特性，如图 9-16 所示。表面粗糙度是评定零件表面质量的一项重要技术指标。它对零件的配合、耐磨性、抗腐蚀性、密封性和外观等都有影响。所以，在保证机器性能的前提下，应根据零件不同的作用，恰当地选择表面粗糙度参数。

2. 表面粗糙度的参数及其数值

(1) 轮廓算术平均偏差 R 。在取样长度 Z 内，轮廓偏距 Y 的绝对值的算术平均值，如图 9-17 所示。取样长度 Z 为用于判别具有表面粗糙特征的一段基准线长度。评定长度 l 为评定被测轮廓所必需的一段长度，它可包括几个取样长度。两个长度可查表获得。

其表达式为

$$Ra = \frac{1}{l}\int_0^l |Y(x)|dx$$

近似表达式为

$$Ra = \frac{1}{n}\sum_{i=1}^{n}|Y_i|$$

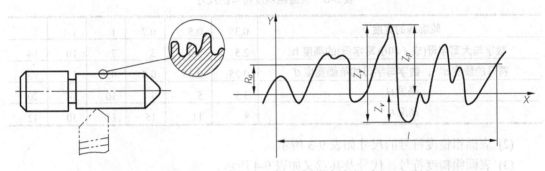

图 9-16　表面粗糙度概念　　　　　　图 9-17　表面粗糙度参数

(2) 微观不平度十点高度 Rz 在取样长度 Z 内，5 个最大的轮廓峰高的平均值与 5 个最大的轮廓谷深的平均值之和。其表达式为

$$Rz = \frac{\sum\limits_{i=1}^{5} y_{pi} + \sum\limits_{i=1}^{5} y_{vi}}{5}$$

式中：y_{pi}——第 i 个最大的轮廓峰高；

y_{vi}——第 i 个最大的轮廓谷深。

(3) 轮廓最大高度 R_y ，在取样长度 l 内，轮廓峰顶线和轮廓谷底线之间的距离。其表达式为

$$R_y = R_p + R_v$$

使用时，优先选用参数 Ra ，在表面粗糙度代号标注时可省略 Ra 。如果选用其他评定参数必须注明参数符号。

3. 表面粗糙度的画法及符号、代号的意义

(1) 表面粗糙度画法。

表面粗糙度符号的画法、表面粗糙度的符号及其数值及注写的位置，如图 9-18 所示。

机械制图

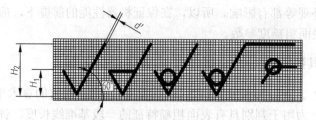 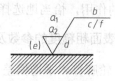

图 9-18 表面粗糙度符号的画法及其数值的注写位置

图中，d'、H_1、H_2 的尺寸如表 9-3 所示；a_1、a_2：粗糙度高度参数代号及其数值，单位为μm；b：加工要求、镀覆、表面处理或其他说明等；c：取样长度，单位为 mm，或波纹度，单位为 μm；d：加工纹理方向符号；e：加工余量，单位为 mm；f：粗糙度间距参数值，单位为 mm，或轮廓支撑长度率。

表 9-3 表面粗糙度符号的尺寸

轮廓线的宽度 b	0.35	0.5	0.7	1	1.4	2
数字与大写字母(或 / 和小写字母)的高度 h	2.5	3.5	5	7	10	14
符号的线宽 d' ，数字与字母的笔画宽度 d	0.25	0.35	0.5	0.7	1	1.4
高度 H_1	3.5	5	7	10	14	20
高度 H_2	8	11	15	21	30	42

(2) 表面粗糙度符号的尺寸如表 9-3 所示。

(3) 表面粗糙度符号、代号及其意义如表 9-4 所示。

表 9-4 表面粗糙度符号、代号及其意义

<table>
<thead>
<tr><th colspan="2">符号与代号</th><th>意义及说明</th></tr>
</thead>
<tbody>
<tr><td rowspan="5">符号</td><td>h 为字高　60° 60° 2h</td><td>基本符号，表示表面可用任何方法获得。当不加注粗糙度参数值或有关说明时，仅适用于简化代号标注</td></tr>
<tr><td></td><td>基本符号加一短画，表示表面是用去除材料的方法获得。例如：车、铣、钻、磨、剪切、抛光、腐蚀、电火花加工、气割等。可称其为加工符号</td></tr>
<tr><td></td><td>基本符号加一小圆，表示表面是用不去除材料的方法获得。例如：铸、锻、冲压变形、热轧、冷轧、粉末冶金等。或者是用于保持原供应状况的表面(包括保持上道工序的状况)。可称其为毛坯符号</td></tr>
<tr><td></td><td>在三种类别符号的长边上均可加一横线，用于标注有关参数和说明</td></tr>
<tr><td></td><td>在上述三种符号上均可加一小圆，表示所有表面具有相同的粗糙度要求</td></tr>
</tbody>
</table>

续表

符号与代号	意义及说明
代号	
3.2	用任何方法获得的表面粗糙度，Ra 的上限值为 3.2μm
3.2	用去除材料的方法获得的表面粗糙度，Ra 的上限值为 3.2μm
3.2	用不去除材料的方法获得的表面粗糙度，Ra 的上限值为 3.2μm
3.2max	用去除材料方法获得的表面粗糙度，Ra 的最大值为 3.2μm
12.5	表示所有表面具有相同的粗糙度要求，Ra 的上限值为 12.5μm

4. 表面粗糙度标注示例

常见的表面粗糙度图图例及其说明如表 9-5 所示。

表 9-5 表面粗糙度图图例及说明

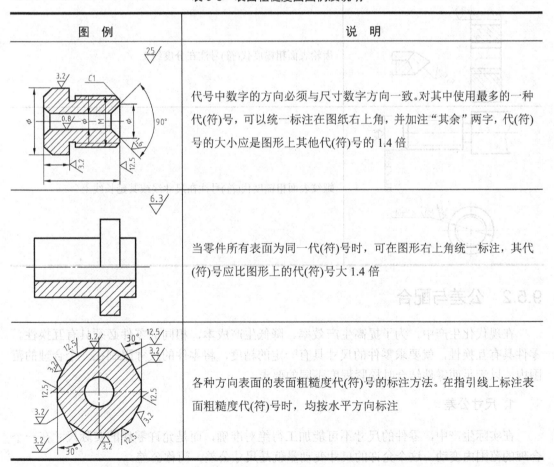

图 例	说 明
	代号中数字的方向必须与尺寸数字方向一致。对其中使用最多的一种代(符)号，可以统一标注在图纸右上角，并加注"其余"两字，代(符)号的大小应是图形上其他代(符)号的 1.4 倍
	当零件所有表面为同一代(符)号时，可在图形右上角统一标注，其代(符)号应比图形上的代(符)号大 1.4 倍
	各种方向表面的表面粗糙度代(符)号的标注方法。在指引线上标注表面粗糙度代(符)号时，均按水平方向标注

图 例	说 明
	对不连续的同一表面,可用细实线联接起来,表面粗糙度代(符)号只标注一次
	可标注简化代号,但要在标题栏附近注明这些代(符)号的意义
	齿轮表面粗糙度代(符)号注在分度线上
	螺纹表面粗糙度代(符)号注在尺寸线或其延长线上

9.5.2 公差与配合

在现代化生产中,为了提高生产效率、降低生产成本,相同的零件必须具有互换性。零件具有互换性,就要求零件的尺寸具有一定的精度,将零件的尺寸限制在一个合理的范围内,以满足两零件结合时松紧程度不同的要求。

1. 尺寸公差

在实际生产中,零件的尺寸不可能加工得绝对准确,而是允许零件的实际尺寸在一个合理的范围内变动。这个允许的尺寸变动量就是尺寸公差,简称公差。

如图 9-19 所示，当轴装进孔时，为了满足使用过程中不同松紧程度的要求，必须对轴和孔的直径分别给出一个尺寸大小的限制范围。

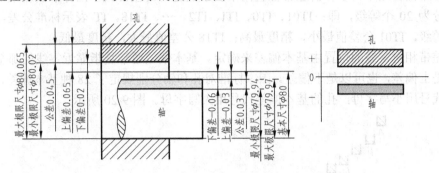

图 9-19 孔与轴的尺寸公差及公差带图

(1) 基本尺寸与极限尺寸。

基本尺寸：设计给定的尺寸，在图 9-19 中为 $\phi 80$。

极限尺寸：允许尺寸变动的两个界限值，图 9-19 中，孔的最大极限尺寸为孔 80+0.65=80.65，轴的最大极限尺寸为轴 80-0.03=79.97；孔的最小极限尺寸为孔 80+0.02=80.02，轴的最小极限尺寸为轴 80-0.06=79.94。

零件经过测量所得的尺寸称为实际尺寸，若实际尺寸在最大和最小极限尺寸之间，即为合格零件。

(2) 极限偏差与尺寸公差。

极限偏差：极限尺寸减基本尺寸所得的代数差。

上偏差：孔或轴的最大极限尺寸减基本尺寸所得的代数差。

下偏差：孔或轴的最小极限尺寸减基本尺寸所得的代数差。

孔的上、下偏差代号用大写字母 ES、EI 表示。

轴的上、下偏差代号用小写字母 es、ei 表示。

尺寸公差(简称公差)：最大极限尺寸减最小极限尺寸之差，称为公差。它是尺寸允许的变动量，是没有符号的绝对值。

公差=最大极限尺寸-最小极限尺寸=上偏差-下偏差

图 9-16 中孔、轴的公差计算如下。

孔的公差=最大极限尺寸-最小极限尺寸=80.065-80.02=上偏差-下偏差＝0.065-0.020=0.045

轴的公差=最大极限尺寸-最小极限尺寸=79.97-79.94=上偏差-下偏差＝-0.03-(-0.06)=0.03

由此可知，公差用于限制尺寸误差，是尺寸精度的一种度量。公差越小，尺寸的精度越高，实际尺寸的允许变动量就越小；反之，公差越大，尺寸的精度越低。

(3) 公差带。

为了便于分析和计算尺寸公差，以基本尺寸为基线，由代表上偏差和下偏差、或最大极限尺寸和最小极限尺寸的两条直线所限定的一个区域，称为公差带。用此种方法画出基本尺寸、极限偏差和公差的关系的图，称为公差带图。如图 9-19 所示，其中，表示基本尺寸的一条直线称为零线。零线上方的偏差为正，零线下方的偏差为负。

(4) 标准公差与基本偏差。

公差带由公差带大小和公差带位置两个要素确定。公差带大小由标准公差来确定。标准公差分为 20 个等级，即：IT01、IT0、ITI、IT2、…、IT18。IT 表示标准公差，数字表示公差等级。IT01 公差值最小，精度最高；IT18 公差值最大，精度最低。

公差带相对零线的位置由基本偏差来确定。基本偏差通常是指靠近零线的那个偏差，它可以是上偏差，也可以是下偏差。国家标准对孔和轴分别规定了 28 种基本偏差，轴的基本偏差代号用小写字母，孔的基本偏差代号用大写字母。图 9-20 所示。

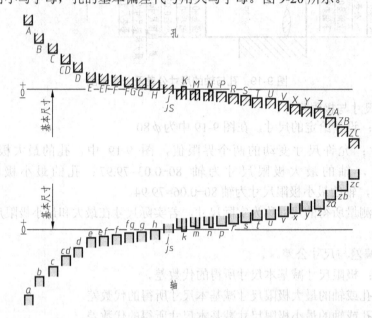

图 9-20　基本偏差系列图

(5) 公差带代号孔的基本偏差代号用大写字母。孔、轴的尺寸公差可用公差带代号表示。公差带代号由基本偏差代号(字母)和标准公差等级代号(数字)组成。例如：

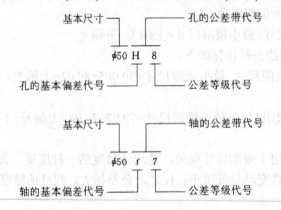

2. 配合

基本尺寸相同的、相互结合的孔和轴公差带之间的关系，称为配合。根据使用要求不同，配合的松紧程度也不同。配合的类型共有三种。

　　(1) 间隙配合。具有间隙(包括最小间隙等于零)的配合称为间隙配合，如图 9-21(a)所示。此时，孔的公差带在轴的公差带之上，孔的最大极限尺寸减去轴的最小极限尺寸之差为最大间隙，孔的最小极限尺寸减去轴的最大极限尺寸之差为最小间隙，实际间隙必须在二者之间才符合要求。间隙配合主要用于孔、轴间需产生相对运动的活动联接。

　　(2) 过盈配合。具有过盈(包括最小过盈等于零)的配合称为过盈配合，如图 9-21(b)所示。此时，孔的公差带在轴的公差带之下，孔的最小极限尺寸减去轴的最大极限尺寸为最大过盈，孔的最大极限尺寸减轴的最小极限尺寸为最小过盈。实际过盈超过最小、最大过盈即为不合格。由于轴的实际尺寸比孔的实际尺寸大，所以在装配时需要一定的外力才能把轴压入孔中。过盈配合主要用于孔、轴间不允许产生相对运动的紧固联结。

　　(3) 过渡配合。可能具有间隙或过盈的配合称为过渡配合。此时，孔的公差带与轴的公差带相互交叠，如图 9-21(c)所示。在过渡配合中，间隙或过盈的极限为最大间隙和最大过盈。其配合究竟是出现间隙或过盈，只有通过孔、轴实际尺寸的比较或试装才能知道。过渡配合主要用于孔、轴间的定位联接。

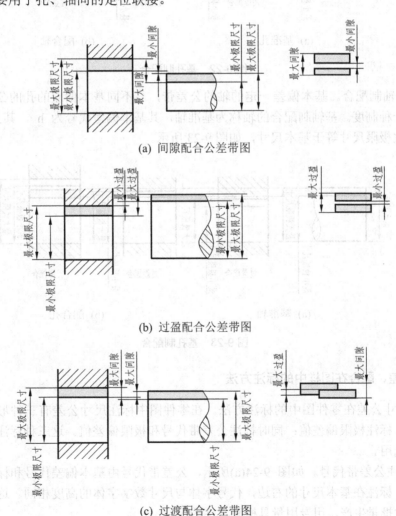

(a) 间隙配合公差带图

(b) 过盈配合公差带图

(c) 过渡配合公差带图

图 9-21　配合公差带图

3. 配合制

孔和轴的公差带形成一种配合的制度，称为配合制。根据生产实际需要，国家标准规定了两种配合制。

(1) 基孔制配合。基本偏差一定的孔的公差带，与不同基本偏差的轴的公差带形成各种配合的一种制度。基孔制配合的孔称为基准孔，其基本偏差代号为 H，下偏差为零，即它的最小极限尺寸等于基本尺寸，如图 9-22 所示。

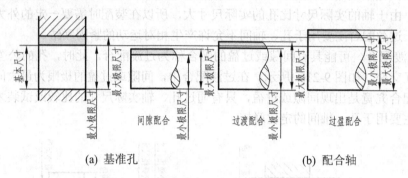

(a) 基准孔   (b) 配合轴

图 9-22 基孔制配合

(2) 基轴制配合。基本偏差一定的轴的公差带，与不同基本偏差的孔的公差带形成各种配合的一种制度。基轴制配合的轴称为基准轴，其基本偏差代号为 h，其上偏差为零，即它的最大极限尺寸等于基本尺寸，如图 9-23 所示。

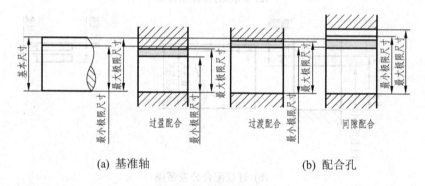

(a) 基准轴   (b) 配合孔

图 9-23 基孔制配合

4. 公差、配合在图样中的标注方法

(1) 尺寸公差在零件图中的标注方法。在零件图中标注尺寸公差有三种形式：标注公差带代号；标注极限偏差值；同时标注公差带代号和极限偏差值。这三种标注形式可根据具体需要选用。

① 标注公差带代号。如图 9-24(a)所示，公差带代号由基本偏差代号和标准公差等级代号组成，标注在基本尺寸的右边，代号字体与尺寸数字字体的高度相同。这种标注方法一般用于大批量生产，用专用量具检验零件的尺寸。

② 标注极限偏差值。上偏差标注在基本尺寸的右上方，下偏差与基本尺寸标注在同一

底线上，上、下偏差的数字的字号应比基本尺寸数字的字号小一号，小数点必须对齐，小数点后的位数也必须相同。当某一偏差为零时，用数字"0"标出，并与上偏差或下偏差的小数点前的个位数对齐，如图 9-24(b)所示。这种标注方法用于小量或单件生产。

当上、下偏差相同时，偏差值只需注一次，并在偏差值与基本尺寸之间注出"±"符号，偏差数值的字体高度与尺寸数字的字体高度相同，如" $\phi80\pm0.30$ "。

③ 公差带代号和极限偏差值一起标注，如图 9-24(c)所示。偏差数值标注在尺寸公差带代号之后，并加圆括号。这种做法在设计中便于审图，所以使用较多。

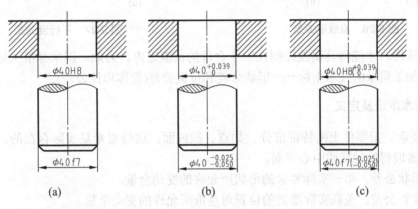

图 9-24 公差带代号、极限偏差在零件图上标注的三种形式

(2) 极限与配合在装配图上的标注。

在装配图上标注极限与配合时，其代号必须在基本尺寸的右边用分数形式注出，分子为孔的公差带代号，分母为轴的公差带代号。其注写形式有三种，如图 9-25 所示。

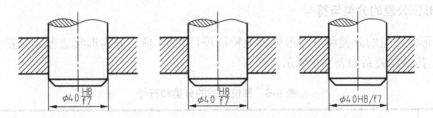

图 9-25 配合代号在装配图上标注的三种形式

9.5.3 形状公差和位置公差简介

1. 形状与位置公差的基本概念

在生产实际中，经过加工的零件，不但会产生尺寸误差，而且会产生形状和位置误差。由于零件存在严重的形状和位置误差，将使其装配困难，影响机器的质量，因此，对于精度要求较高的零件，除给出尺寸公差外，还应根据设计要求，合理地确定出形状和位置误差的最大允许值，如图 9-26(a)中的 $\phi0.08$(即销轴轴线必须位于直径为公差值 $\phi0.08$ 的圆柱面内，如图 9-26(b)所示)、图 9-27(a)中的 0.01(即上表面必须位于距离为公差值 0.01 且平行

于基准表面 A 的两平行平面之间，如图 9-27(b)所示)。

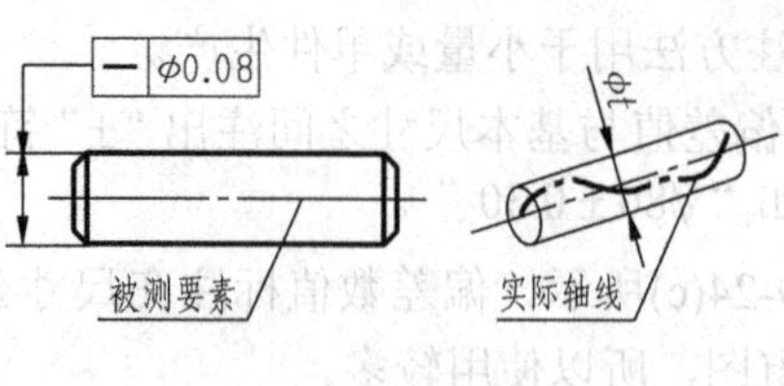

(a) (b)

图 9-26 直线度公差

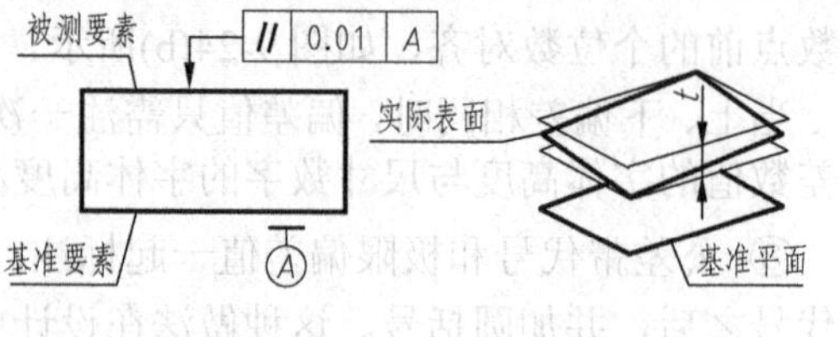

(a) (b)

图 9-27 平行度公差

只有这样，才能将其误差控制在一个合理的范围之内。为此，国家标准又规定了一项保证零件加工质量的技术指标——形状公差和位置公差(简称形位公差)。

2. 基本术语及定义

(1) 要素。指零件上的特征部分，如点、线或面。这些要素是实际存在的，也可以是由实际要素取得的轴线或中心平面。

(2) 形状公差。单一实际要素的形状所允许的变动全量。

(3) 位置公差。关联实际要素的位置对基准所允许的变动全量。

(4) 公差带。根据被测要素的特征和结构尺寸，公差带的主要形式有：圆内的区域、两同心圆之间的区域、两同轴圆柱面之间的区域、两等距曲线之间的区域、两平行直线之间的区域、圆柱面内的区域、两等距曲面之间的区域、两平行平面之间的区域和球内的区域。

3. 形位公差的分类与符号

(1) 形位公差的分类和符号形位公差特征项目共 14 项，分为形状公差、位置公差和形位公差，其隶属关系如表 9-6 所示。

表 9-6 形位公差的分类和符号

特征项目	形状公差				形状公差或位置公差		
	直线度	平面度	圆度	圆柱度	平行度	垂直度	倾斜度
符　号	—	▱	○	⌭	//	⊥	∠
特征项目	形状公差或位置公差					位置公差	
	位置度	同轴(同心)度	对称度	圆跳动	全跳动	线轮廓度	面轮廓度
符　号	⌖	◎	⌯	↗	⌰	⌒	⌓

(2) 形位公差标注中的附加符号及其说明如表 9-7 所示。

表 9-7 形位公差标注中的附加符号

说 明		符 号	说 明	符 号
被测要索的标注	直接	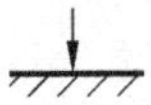	理论正确尺寸	50
			包容要求	Ⓔ
	用字母		最大实体要求	Ⓜ
			最小实体要求	Ⓛ
基准要素的标注		 Ⓐ	可逆要求	Ⓡ
			延伸公差带	Ⓟ
基准目标的标注(见图9-28)		 Φ2 / A1	自由状态(非刚性零件)条件	Ⓕ
			全周(轮廓)	⌀

4. 公差框格

形位公差要求在矩形方格中给出,该方格由两格或多格组成,如图 9-29 所示。

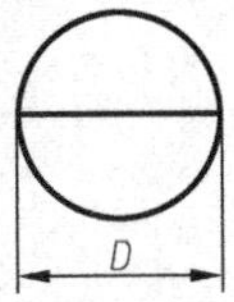

图 9-28 基准目标

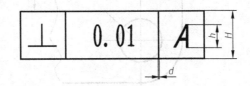

图 9-29 形位公差代号

框格中的内容,从左到右按以下次序填写。

第一格:公差特征项目符号。

第二格:公差值及有关符号。公差值用线性值,如公差带是圆形或圆柱形,则在公差值前加注 ϕ,如是球形的则加注 $S\phi$。

第三格及以后各格:用一个字母或多个字母表示基准要素或基准体系。框格应水平放置,框格及符号线宽一般选用字高的 1/1。

框格推荐宽度是:第一格等于框格的高度;第二格应与标注内容的长度相适应;第三格及以后各格必须与有关字母的宽度相适应。框格的垂直线与标注内容之间的距离应至少为线条宽度的 2 倍,且不少于 0.7mm。

5. 形位公差的标注方法

(1) 同一个要素有一个以上的公差特征项目要求时,可将一个框格放在另一个框格的下面,如图 9-30 所示。

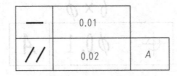

图 9-30 两个框格的画法

机
械
制
图

(2) 当公差涉及轮廓线或表面时，将箭头置于要素的轮廓线或轮廓线的延长线上(但必须与尺寸线明显地分开)，如图 9-31 所示。

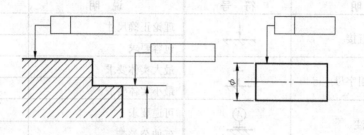

图 9-31　被测要素是轮廓线或表面

(3) 当指向实际表面时，箭头可置于带点的参考线上，该点指在实际表面上，如图 9-32 所示。

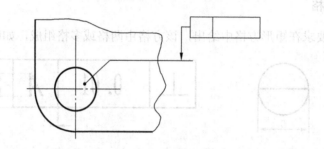

图 9-32　指向实际表面

(4) 当公差涉及轴线、中心平面或由尺寸要素确定的点时，则带箭头的指引线应与尺寸线的延长线重合，如图 9-33 所示。

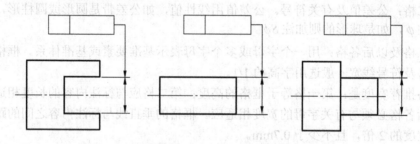

图 9-33　被测要素为轴线、中心平面时的标注方法

(5) 当一个以上要素作为被测要素时，如有 6 个要素，应在框格上方注明，如图 9-34 所示。

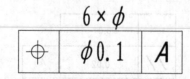

图 9-34　相同的多个被测要素的标注方法

6. 形位公差的标注示例

常见的形位公差标注示例及说明如表 9-8 所示。

表9-8 形位公差标注示例

示 例	说 明
	采用任选基准时，基准部位必须画出基准符号，并在框格中注出基准字母
	基准符号可置于用圆点指向实际表面的参考线上
	注写基准代号位置不够时，可将基准符号注在该要素尺寸引出线的下方
	基准要素本身采用最大实体要求时，基准符号直接注在形成该最大实体实效边界的形位公差框格下面
	基准要素本身不采用最大实体要求时，左图为采用独立原则的示例，右图为采用包容要求的示例
	基准要素为中心孔时，基准代号注在中心孔引出线的下方
	被测要素为锥体轴线时，指引线箭头应与锥体大端或小端直径尺寸线对齐。当大端和小端与圆柱相连时，在锥体内画出空白尺寸线与指引线对齐。当锥体采用角度尺寸标注时，指引线与角度尺寸线对齐

续表

示　例	说　明
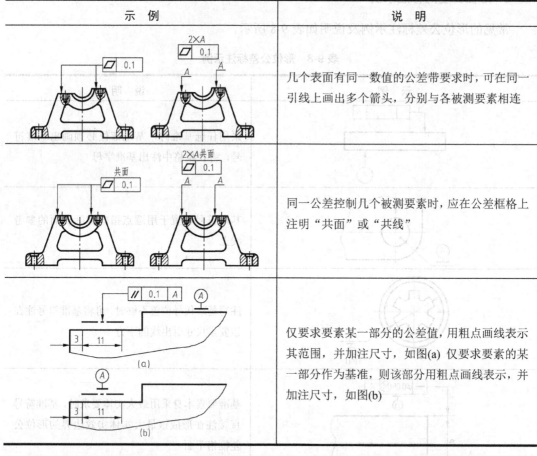	几个表面有同一数值的公差带要求时，可在同一引线上画出多个箭头，分别与各被测要素相连
	同一公差控制几个被测要素时，应在公差框格上注明"共面"或"共线"
	仅要求要素某一部分的公差值，用粗点画线表示其范围，并加注尺寸，如图(a) 仅要求要素的某一部分作为基准，则该部分用粗点画线表示，并加注尺寸，如图(b)

例 9-1 解释图样(轴套)中标注的形位公差的意义(图中某些尺寸和表面粗糙度等均省略)，如图 9-35 所示。

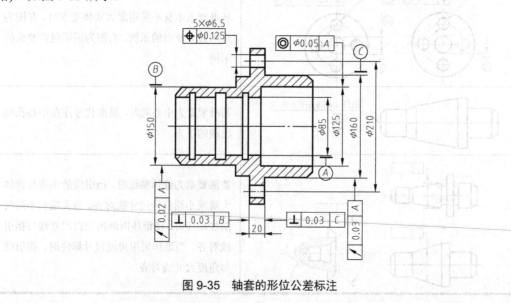

图 9-35　轴套的形位公差标注

(1) $\phi160$ 圆柱表面对 $\phi85$ 圆柱孔轴线 A 的径向圆跳动误差不大于 0.03mm；

(2) $\phi150$ 圆柱表面对轴线 A 的径向圆跳动误差不大于 0.02mm；

(3) 厚度为 20 的安装板左端面对 $\phi150$ 圆柱面轴线 B 的垂直度误差不大于 0.03mm；

(4) 安装板右端面对 $\phi160$ 圆柱面轴线 C 的垂直度误差不大于 0.03mm；

(5) $\phi125$ 圆柱孔的轴线与轴线 A 的同轴度误差不大于 0.05mm；

(6) $5\times\phi6.5$ 均布孔对由尺寸 $\phi210$ 确定的理想位置的位置度误差不大于 0.125mm。

9.6　典型零件图的绘制与分析

　　零件有多种分类的方法，根据零件的结构和尺寸的标准化程度不同，可以把零件分为标准件、常用件和一般零件三种类型。根据零件的结构特征的不同，还可以把零件大致分为轴套类、轮盘类、叉架类、箱体类四种类型。

　　要完整、正确、清晰、简明地表达一个零件，一般仅有一个视图是不够的，还要适当选择一定数量的其他视图。

　　相同类型的零件，其表达方式有共同之处。

9.6.1　轴套类零件

　　如图 9-36 所示的主动轴零件图，该零件的基本结构为同轴回转体，通常情况只用一个基本视图加上所需要的尺寸，就能表达其主要形状。对于轴上的键槽、销孔、螺纹、退刀槽、砂轮越程槽等局部结构，可采用断面和局部放大图等方法来表达。

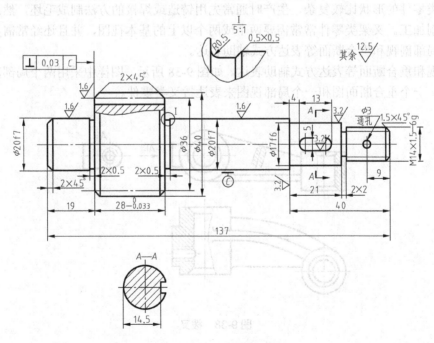

图 9-36　轴的零件图

9.6.2 轮、盘、盖类零件

该类零件的基本体征是扁平的盘形，一般情况下，其结构比轴类零件复杂，除了一个主视图外，还需要增加一个其他的基本视图方能把此类零件完整地表达出来。图9-37所示的泵盖主视图显示了零件的主要结构，层次分明，左视图表达了主要结构的外部形状及其六个沉孔的相对位置。轮盘类零件，一般需要用两个视图来表达。

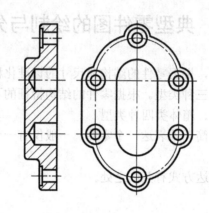

图9-37 泵盖

9.6.3 叉架类零件

这类零件的形状比较复杂，生产时通常先用铸造或焊接的方法制成毛坯，然后再进行局部切削加工。叉架类零件常常需要两个或两个以上的基本视图，并且还经常需要用局部视图、局部剖视和重合断面等表达方式辅助表达。

剖视和重合断面等表达方式辅助表达。如图9-38所示，图样中采用两个局部剖视的基本视图，一个重合断面图和一个局部视图来表达拨叉类零件。

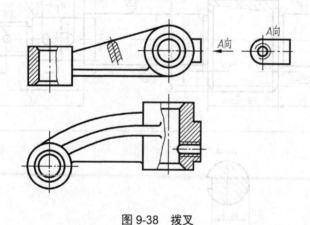

图9-38 拨叉

9.6.4　箱壳类零件

　　箱体类零件的形状结构最为复杂，一般采用三个或三个以上的基本视图，如图 9-39 所示。而且还应根据零件的结构特点适当采取剖视、断面、局部视图和斜视图等多种表达方式，以清楚地表达零件的内外形状。

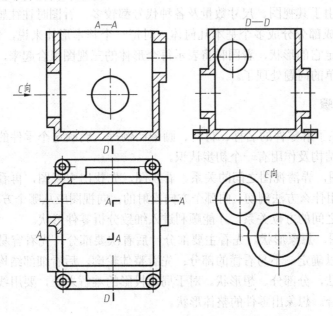

图 9-39　箱体

　　该箱体采用了三个基本视图，并在基本视图上作了阶梯全剖视、单一全剖视图和局部剖视图，以表达零件的内部和外部结构，另外用一个局部视图来表达左侧凸缘结构的外部形状。

9.7　看零件图

　　零件图是制造和检验零件的依据，是反映零件结构、大小及技术要求的载体。读零件图的目的就是根据零件图想象零件的结果形状，了解零件的尺寸和技术要求，以便对零件的制造指定工艺文件。

9.7.1　看图要求

　　看零件图的要求是：了解零件名称、所用材料和它在机器或部件中的作用。通过分析视图、尺寸和技术要求，想象出零件各组成部分的结构形状和相对位置，从而在头脑中建立起一个完整的、具体的零件形象，并对其复杂程度、要求较高的各项技术指标和制作方法做到心中有数，以便设计加工工艺规程。

9.7.2 看零件图的方法和步骤

1. 看零件图的方法

看零件图的基本方法是形体分析法和线面分析法。较复杂的零件图，主要是因为组成零件的形体多。由于其视图、尺寸数量及各种代号都较多，看图时往往感觉纷乱。运用形体分析法，将组成部分分成多个基本几何体。对每一个基本形体来说，仍然是只用 2～3 个视图就可以确定它的形状，看图时将表示每个形体的三视图组合起来，就可将复杂的问题分解成几个简单的问题处理了。

2. 看图的步骤

(1) 读标题栏了解零件的名称、材料、画图比例等。明确这个零件的用途、类型、质量等，对零件的结构及作用有一个初步认识。

(2) 纵览全图，弄清视图之间的关系。看视图，先找出主视图，再看看剖视图、断面图在哪个位置、用什么方法剖切、向哪个方向投射的；向视图应从哪个方向看过去，等等。只有弄清各视图之间的方位关系，才能顺利进入细致分析零件形状。

(3) 详看视图，想象形状。先看主要部分，后看次要部分；先看容易确定、能够看懂的部分，后看难以确定、不易看懂的部分；先看整体轮廓，后看细部结构。具体地说，就是要用形体分析法，分部分、想形状。对于局部投影的难解之处，要用线面分析法仔细分析。最后将其综合。想象出零件的整体形状。

(4) 分析尺寸。首先要找出长、宽、高三个方向的尺寸基准。运用形体分析法，从基准出发找出各组成部分的定形尺寸、定位尺寸和总体尺寸。

(5) 分析技术要求。分析技术要求时，根据图上标注的表面粗糙度、尺寸公差、形位公差及其他技术要求，了解尺寸加工精度、表面质量要求，并找出技术指标要求比较高的部位，以便确定零件的加工方法。

(6) 总结归纳。将零件的结构形状、各部分的大小及技术要求等内容进行总结归纳，掌握零件图所包含的全部信息，能全面的看懂零件图。此外，在看图过程中，对有些零件图，往往还要参考有关技术资料和该产品的装配图，或同类产品的零件图，经过对比分析，才能彻底看懂。对看图的每一步骤，要根据具体情况灵活运用。

9.7.3 看图举例

例 9-2 识读带轮的零件图(图 9-40)。

(1) 结构分析。由标题栏可知，零件的名称是带轮，带轮是带传动装置中的主要零件，其作用是将原动机的动力传至工作机。材料为灰铸铁，比例为 1∶2。主视图采用全剖视图，键槽和轴孔采用局部视图。

(2) 分析尺寸和技术要求。带轮的轮缘和轮槽等结构和尺寸在标准中都有相应规定，其余部分的结构与圆柱齿轮相似，图形表达、尺寸和技术要求的注写方法也与其基本相同。

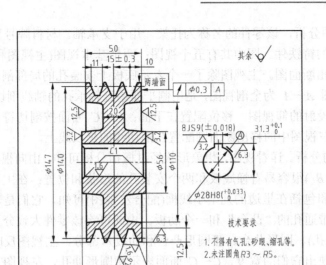

图 9-40 带轮零件图

$\phi 28H8(^{+0.033}_{0})$：表示轮毂轴孔直径为 28mm，从公差带代号 H8 可判定该孔为基准孔，上偏差为 0.033mm，下偏差为 0。

键槽尺寸及偏差：键槽宽度与键宽(b)相等，上、下偏差为 ±0.018；键槽深度尺寸为 31.3mm，其极限偏差为 $^{+0.2}_{0}$。

轮毂(包括轴)的键槽宽度 b 两侧粗糙度参数 Ra 值通常取 3.2μm，槽底的表面粗糙度 Ra。值为 6.3μm。

例 9-3　识读托架零件图(见图 9-41)。

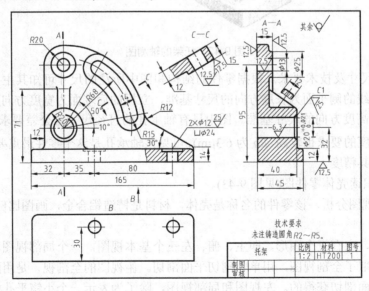

图 9-41　托架零件图

(1) 零件视图分析，该零件的名称为托架，用于支承轴。材料牌号为 HT200，比例为 1∶2，是个小型的铸铁件。图中共有五个视图：两个基本视图(主视图和左视图)、一个向视图 *B* 和两个移出断面图。主视图除了一个表示底板上安装孔的局部剖视图外，大部分为外形视图；左视图 *A—A* 为全剖视图，是用侧平面通过轴承孔的轴线剖切的；向视图 *B* 是由底板下面向上投射的仰视图，移位配置在下面；*C—C* 断面按剖切符号的位置和箭头所指方向配置，而左视图中的移出断面则配置在剖切线的延长线上。

(2) 零件结构分析。详看视图，想象形状经过概括分析可知，由向视图 *B* 及其标注(向上的箭头和字母 *B*)很容易看懂底板和两个安装孔的形状和位置；在主视图中，从底板之上的外形大线框和包括在里边的几个小线框(配合左视图)可知，它们是表示在一个弧形后立板上鼓起三个带通孔的"凸台"和一个肋板。由此可将该零件大致分为底板、立板、拱形凸台(内有轴承孔)、圆形凸台、腰圆形凸台和肋板六部分，主视图反映出它们的形状和位置，左视图反映出它们的宽度，*C—C* 断面表示腰圆形通孔，左视图上的断面表示肋板的形状。此外，由于零件图必须符合生产实际，所以图中必然有些制造工艺方面的要求，如铸造圆角、起模斜度、过渡线、倒角、凸台、凹坑等，这是看零件图必须加以注意的地方。通过以上分析即可想象出该零件的形状，如图 9-42 所示。

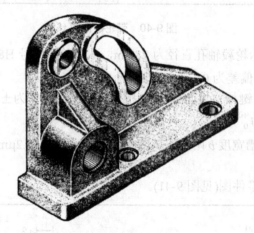

图 9-42　托架的轴测图

(3) 分析尺寸及技术要求。根据零件的结构和图中所注的尺寸可知其主要尺寸基准：通过轴承孔轴线的侧平面为长度方向的尺寸基准，立板的后端面为宽度方向的尺寸基准，底板的底面为高度方向的尺寸基准。图中只有轴承孔的直径尺寸有公差要求($\phi 20^{+0.021}_{0}$，而且其表面粗糙度的要求也较高，*Ra* 为 6.3μm)，可见该轴承孔是这个零件最重要的工作部分，加工时应保证其精度。

例 9-4　识读壳体零件图(见图 9-43)。

(1) 零件视图分析。该零件的名称是壳体，材料是铸造铝合金，画图比例为 1∶2，属箱体类零件。

纵览全图，它有五个图形，即主、俯、左三个基本视图，一个局部视图和一个重合断面图。主视图取了全剖视图，用单一剖切平面剖切。俯视图的全剖视，是用两个平行于水平面的剖切平面剖切获得的。左视图和局部视图，除了为表示一个小锪平孔而采取了局部剖外，其余均为外形图，该壳体虽属箱体类零件，细小结构也很多，但因其结构比较规整，故图形不算复杂。

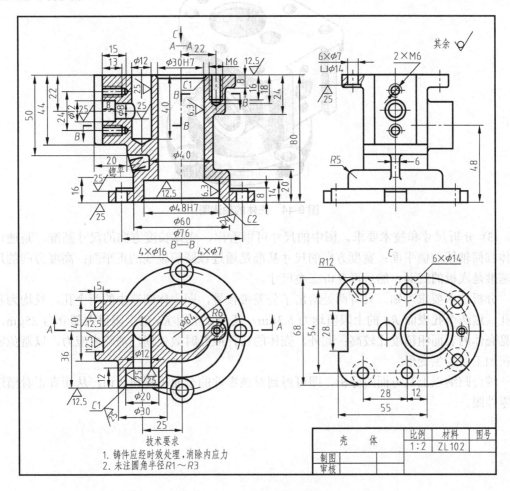

图 9-43 壳体零件图

(2) 零件结构分析。通过详看主视图想象形状，可以看清零件内部的主体结构及其形状。通过俯视图中的横断面，能够看出被切部位的内外结构及位于下方的底板形状。由于壳体的内腔均属圆孔类，所以结构虽多，但其形状、位置及其贯通情况也能较容易看清楚。而其外部结构却显得复杂，必须将四个视图配合起来看才能想象出其结构形状。

经过以上分析可知，该壳体是由主体圆筒，具有多个沉孔的上、下底板以及两个凸缘等部分组成的。其中，较难看懂的部分是左部凸缘的结构形状。将俯、左视图相对照(最好将另两个视图也加入进来)可知，该凸缘的基本形体为一长方体，在其左端居中处开一方槽；其前、后两平面与圆筒相切(通过尺寸 40 和 ϕ40 亦可想象出)，凸缘与上底板相连，左端共面，方槽贯通。如此一部分一部分地看，再将各部分结构按其相对位置组合起来，就可以想象出该体的整体形状，其外形如图 9-44 所示。

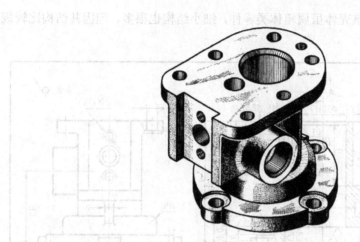

图 9-44　壳体的轴测图

(3) 分析尺寸和技术要求。图中的尺寸可以看出，壳体长度方向的尺寸基准，是通过主体圆筒轴线的侧平面；宽度方向的尺寸基准是通过该圆筒轴线的正平面；高度方向的尺寸基准是底板的底面。然后再分析三类尺寸。

分析技术要求可知，只有两处给出了公差带代号，即主体圆筒中的两个孔，且均为基准孔；这两个孔表面 Ra 的上限值均为 $6.3\mu m$，其余加工面 Ra 的上限值大部分为 $25\mu m$，可见壳体的表面粗糙度比较高；此外，壳体的铸件应经时效处理，消除内应力，以避免零件在加工后发生变形。

综合归纳以上几方面的分析，即可得到对该零件的全面了解和认识，从而真正看懂这张零件图。

第10章 装 配 图

任何机器或部件都是由一些零件按一定技术要求装配而成的。用来表达机器或部件的工作原理及零件、部件间的装配关系的图样,称为装配图。

本章主要介绍装配图的作用、表达方法、装配工艺结构、画法,读装配图和由装配图拆画零件图等内容。重点掌握装配图的绘制、阅读方法,学会将零件图与装配图进行相互转化。

10.1 装配图的作用和内容

10.1.1 装配图的作用

装配图是生产中重要的技术文件,它主要表达机器或部件的结构、形状、装配关系、工作原理和技术要求,同时,它还是安装、调试、操作、检修机器和部件的重要依据。

机器或部件是由若干个零件按一定的关系和技术要求组装而成。表示一台完整机器的装配图,称为总装图。表示机器中某个部件或组件的装配图,称为部件装配图。总装图只表示各部件间的相对位置和机器的整体情况,通常把整台机器按各部件分别画出装配图。如图 10-1 所示为滑动轴承的装配图。

装配图是机械设计和生产中的重要技术文件之一。在产品设计中一般先根据产品的工作原理图画出装配草图,由装配草图整理成装配图,然后在根据装配图进行零件设计,并画出零件图。在产品制造中装配图是制订装配工艺规程、进行装配和检验的技术依据。在机器使用和维修时,也需要通过装配图来了解机器的工作原理和构造。

10.1.2 装配图的内容

1. 一组视图

画装配图时,要用一组视图、剖视图等表达出机器(或部件)的工作原理、各零件的相对位置及装配关系、联接方式和重要零件的形状结构。如图 10-1 所示滑动轴承的装配图中的主视图、俯视图。

2. 必要的尺寸

装配图上只需要标注机器或部件的性能(规格)尺寸、配合尺寸、安装尺寸、外形尺寸、检验尺寸等。

3. 技术要求

在装配图上用文字形式说明装配体在装配、检验、调试、使用等方面应达到的技术要求和使用规范。

4. 零件的序号、明细栏和标题栏

序号是装配图上的每一种零(组)件按顺序编号。明细栏用来说明各零(组)件的名称、代号、数量、材料和备注等。标题栏注明装配体名称、比例、绘图和设计人员的签名等。

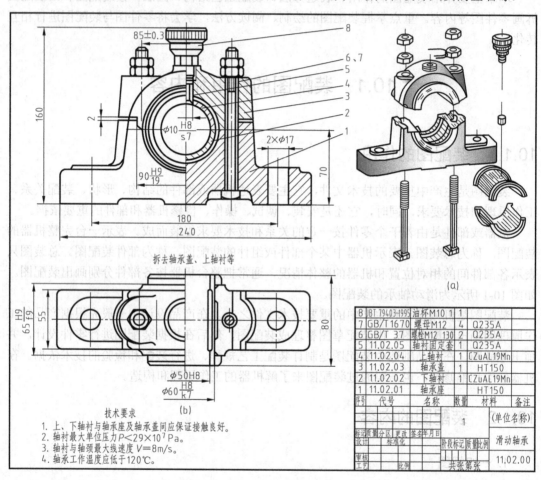

技术要求
1. 上、下轴衬与轴承座及轴承盖间应保证接触良好。
2. 轴衬最大单位压力 $P < 29 \times 10^7 Pa$。
3. 轴衬与轴颈最大线速度 $V = 8m/s$。
4. 轴承工作温度应低于120℃。

8	JB/T 79403-1995	油杯M10	1		
7	GB/T 1670	螺母M12	4	Q235A	
6	GB/T 37	螺栓M12 130	2	Q235A	
5	11.02.05	轴衬固定套	1	Q235A	
4	11.02.04	上轴衬	1	CZuAL19Mn	
3	11.02.03	轴承盖	1	HT150	
2	11.02.02	下轴衬	1	CZuAL19Mn	
1	11.02.01	轴承座	1	HT150	
序号	代号	名称	数量	材料	备注

				(单位名称)
标记 质量分区 更改 签名年月日				
设计	标准化	阶段标记 质量比例		滑动轴承
审核				
工艺	比例	共张第张		11.02.00

图 10-1 滑动轴承装配图

10.2 部件的表达方法

装配图的表达与零件图的表达方法基本相同，前面学过的各种表达方法，如视图、剖视图、断面图等，在装配图的表达中也同样适用。但由于装配图和零件图表达的侧重点不同，因此，装配图还有一些规定画法和特殊表达方法。

10.2.1 规定画法

(1) 两相邻零件的接触面和配合面只画一条线，相邻两零件不接触或不配合的表面，使间隙很小，也必须画两条线。

(2) 相邻两零件的剖面线方向一般应相反，当三个零件相邻时，若有两个零件的剖面线方向一致，则间隔应不相等，剖面线尽量相互错开。装配图中同一零件在不同剖视图中的剖面线方向应一致、间隔相等。

(3) 当剖切平面通过螺纹紧固件以及实心轴、手柄、连杆、球、销、键等零件的轴线时，均按不剖绘制。如图 10-2 所示。

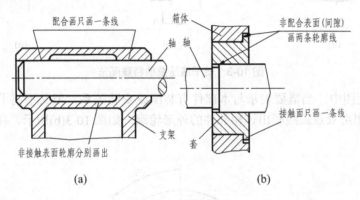

图 10-2 规定画法

10.2.2 特殊画法

1. 拆卸画法

(1) 在装配图中，有的零件把需要表示的其他零件遮盖，或有的零件重复表示时，可以假想将这种零件拆卸不画，并在拆卸后的视图上方标注"拆去××零件"等。

(2) 在装配图中，当某些零件遮住了所需表达的部分时，也可假想沿某些零件的结合面剖切，它也是拆卸画法。如图 10-3(a)所示，拆去右端的泵盖以表示泵体内的装配情况。必须注意，横向剖切的实心零件，如轴、螺栓、销等，应画出剖面线，而结合处不画剖面线。

2. 单独表示某个零件

当个别零件在装配图中未表达清楚而又需要表达时，可单独画出该零件的视图，并在零件视图上方标注出该零件的名称或编号，其标注方法与局部视图类似。如图 10-3(c)所示。

3. 假想画法

(1) 在装配图中，当需要表达运动件的运动范围和运动极限位置时，可将运动件画在一个极限位置上，另一个极限位置可用双点画线画出其轮廓，如图 10-4 所示，手柄工作图

机
械
制
图

中用双点画线表示手柄的另一个极限位置。

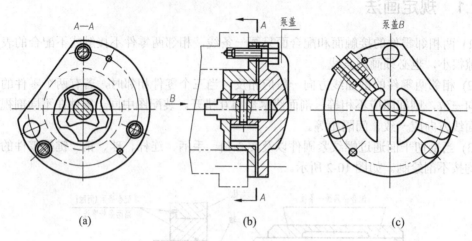

图 10-3　转子液压泵的特殊画法

(2) 在装配图中，当需要表示与本部件有装配或安装关系，但又不属于本部件的相邻零件时，可假想用双点画线画出该相邻件的外形轮廓。如图 10-3(b)所示，视图中的双点画线出的泵体。

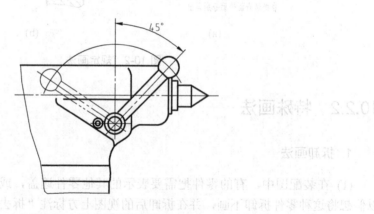

图 10-4　运动的极限位置表示法

4. 简化画法

(1) 装配图中若干相同的零件和部件组，如螺栓联接等，可详细地画出一组，其余只须用点画线表示其位置即可。

(2) 装配图上零件的工艺结构，如倒角、圆角、退刀槽、起模斜度等可不画出，如图 10-5 所示。

5. 夸大画法

在装配图中的薄片、细小零件、小间隙，若按全图采用的比例画出，表达不清，允许该部分不按比例而夸大画出。图 10-5 的垫片就采用了夸大画法。

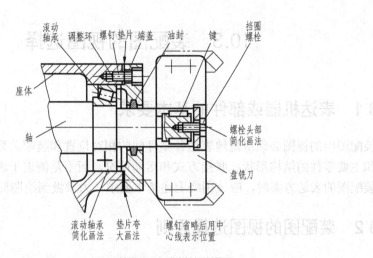

图 10-5　采用简化画法绘制的装配图

6. 展开画法

为了表示传动机构的传动路线和零件间的装配关系，若按正常的规定画法，在图中会产生互相重叠的空间轴系。为此，假想按传动顺序沿轴线剖切，然后依次展开使剖切面摊平并与选定的投影面平行再画出它的剖视图。如图 10-6 所示，三星轮的 A—A 展开图。

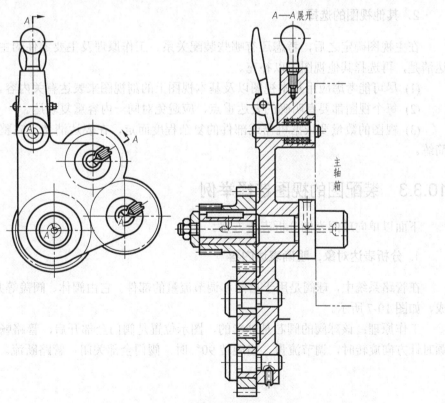

图 10-6　采用展开画法绘制的装配图

10.3　装配图的视图选择

10.3.1　表达机器或部件的基本要求

装配图中的视图必须清楚地表达各零件间的相对位置和装配关系、机器或部件的工作原理和主要零件的结构形状、联接方式和运动情况，而不是侧重于表达每个零件的形状。选择装配图的表达方案时，应该围绕上述基本要求，力求做到绘图简单方便。

10.3.2　装配图的视图选择原则

1．主视图的选择

主视图的选择要遵循两个原则：一是确定安放位置，一般将机器或部件按工作位置放置，有时将主要轴线或主要安装面放在水平位置；二是将能够充分表达机器形状特征的方向作为主视图的投射方向，并作适当的剖切或拆卸，将其内部零件间的关系全部表达出来，以便清楚地表达机器主要零件的相对位置、装配关系和工作原理。

2．其他视图的选择

在主视图确定之后，考虑还有哪些装配关系、工作原理及主要零件的主要结构尚未表达清楚，再选择其他视图予以补充。

(1) 尽可能考虑应用基本视图以及基本视图上的剖视图来表达有关内容。

(2) 每个视图都要有明确的表达重点，应避免对同一内容重复表达。

(3) 视图的数量要依据机器或部件的复杂程度而定，在表达清楚、完整的基础上力求简练。

10.3.3　装配图的视图选择举例

下面以单向球阀为例分析表达方案。

1．分析表达对象，明确表达内容

在管路系统中，球阀是用于启闭和调节流量的部件。它由阀体、阀盖等共 13 个零件组成，如图 10-7 所示。

工作原理：该球阀的阀芯是球形的，图示位置是阀门全部开启，管路畅通，当扳手按顺时针方向旋转时，调节流量，当旋转 90° 时，阀门全部关闭，管路断流。

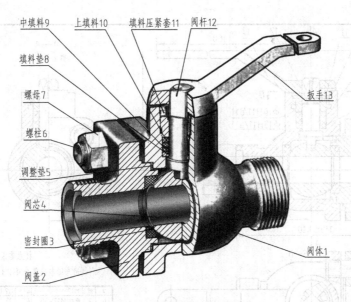

图 10-7 球阀的装配轴测图

下面从运动关系、密封关系和包容关系对球阀作进一步分析。

运动关系：扳手 13→阀杆 12→阀芯 4。

密封关系：两个密封圈 3、调整垫 5 为阀体与阀盖之间的密封垫圈，为第一道防线；零件 8、9、10、11 防止转动件阀杆 12 漏油，为第二防线。

包容关系：阀体 1 和阀盖 2 是球阀的主体零件，它们之间以四组双头螺柱联接(零件 6、7)，阀芯 4 通过两个密封圈 3 定位于阀中，通过填料压紧套 11 与阀体的螺纹旋合将零件 8、9、10 固定于阀体中。扳手 13 通过方孔与阀杆 12 联接。

分析可知，球阀主要由两条装配干线：固定、密封阀芯部分；固定、密封阀杆部分。通过以上分析，对球阀的零件组成、工作原理、装配关系及零件的主要结构形状已有了一定了解，为视图选择提供了条件。

2. 选择视图，明确表达方案

(1) 主视图的选择。选择主视图时，应放正放置。主视图全剖，表达了球阀两条装配干线上的各零件的形状、结构和装配关系。

(2) 确定其他视图。左视图采用 A—A 半剖视图，进一步反映了阀杆与阀芯的装配关系以及阀杆的结构形状；阀盖与阀体联接板的形状以及所用的四个双头螺柱的分布情况；图中拆卸了扳手，以便能清楚地显示出阀体上端的凸台，此凸台限制了扳手的运动极限位置。

俯视图基本上是外形图，两处采用局部剖视图，进一步表达了阀盖与阀体的联接方法，阀杆方头与扳手的联接方法，填料压紧套的顶端槽口结构。俯视图还采用了假想画法画出扳手的另一处极限位置。如图 10-8 所示。

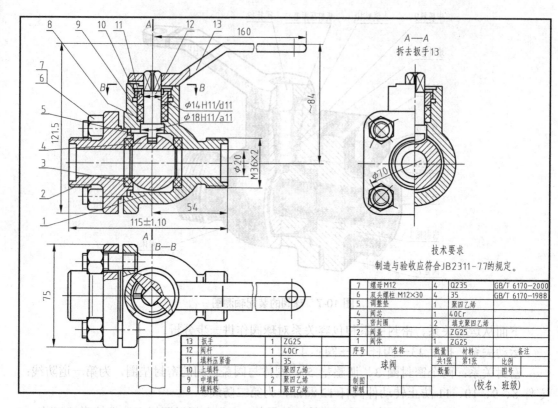

图 10-8　球阀的装配图

10.4　装配图中的尺寸和技术要求

10.4.1　装配图中的尺寸标注

　　装配图是用来控制装配质量、表明零、部件之间装配关系的图样，因此，装配图必须有一组表示机器或部件的规格(性能)尺寸、装配尺寸、安装尺寸、外形总体尺寸和一些重要尺寸等。

1. 规格(性能)尺寸

　　表示机器或部件的规格(性能)尺寸，是设计、了解和选用该机器或部件的依据。例如油缸的活塞直径、活塞的行程，各种阀门联接管路的直径等。如图 10-8 中的球阀的管口直径 $\phi20$。

2. 装配尺寸

　　装配关系的尺寸包括作为装配依据的配合尺寸和重要的相对位置尺寸。

(1) 配合尺寸。它是表明两个零件间配合性质的尺寸，一般在尺寸数字后面都注明配合代号，以便理解零件间的配合松紧或运动状态，是装配和拆卸零件时确定尺寸偏差的依据，如图 10-8 中的 ϕ14H11/d11、ϕ18H11/a11 等。

(2) 相对位置尺寸。表示装配或拆画零件图时，需要保证的零件间或部件间比较重要的相对位置的尺寸，如图 10-8 中的 ϕ70、54、115±1.10 等尺寸。

3. 安装尺寸

机器或部件安装在地面或其他部件相联接时所需要的尺寸，如图 10-1 中滑动轴承的装配图中两孔的中心距 180。

4. 外形总体尺寸

表示机器或部件整体轮廓大小的尺寸，即总长、总宽和总高。它为包装、运输和安装时所占的空间大小提供了依据。如图 10-1 中，滑动轴承的装配图中总长 240、总宽 80、总高 160。

5. 其他重要尺寸

设计过程中经过计算确定或选定的尺寸，但不属于上述几类尺寸之中的重要尺寸。如轴向设计尺寸、主要零件的主要结构尺寸、运动件的极限位置尺寸等。如图 10-1 中滑动轴承的中心高度 70。

以上几类尺寸，在一张装配图中不一定全都具备，另外有时一个尺寸可兼有几种含义。装配图中尺寸数量较多，即要按种类逐一考虑，还应根据实际情况合理标注。

10.4.2 装配图中的技术要求

说明机器或部件的装配、安装、检验、运转和使用的相关文字为技术要求，包括表达装配方法；对机器或部件工作性能的要求；指明检验、试验的方法和条件；指明包装、运输、操作及维修保养应注意的问题等。

10.5 装配图中的零部件序号和明细栏

为了便于图样管理、看图及组织生产，装配图上必须对每种零件或部件编写序号，并填写明细栏，用以说明各零件或部件的名称、数量、材料等有关内容。

10.5.1 零部件序号

1. 编注序号的一般规定

(1) 装配图中每种零件都必须编注序号。相同的零、部件序号只标注一次。
(2) 零部件的序号应与明细表中的序号一致。

(3) 同一装配图中编注序号的形式应一致。

2．序号的编写规则

(1) 在图形轮廓的外面编写序号，并填写在指引线的横线上或小圆中，横线或小圆用细实线画出。指引线从所指零件的可见轮廓线内引出，如图 10-9 所示。

(2) 指引线不能相交，当它通过有剖面线的区域时，不应与剖面线平行，必要时，可将指引线弯折一次。

(3) 一组紧固件以及装配关系清楚的零件组，可以采用公共指引线，如图 10-10 所示。

(4) 零、部件序号应沿水平或垂直方向按顺时针(或逆时针)方向顺序排列整齐。

(5) 标准件(如电动机、滚动轴承、油杯等)在装配图上只编写一个序号。

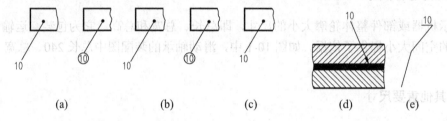

图 10-9　序号的组成

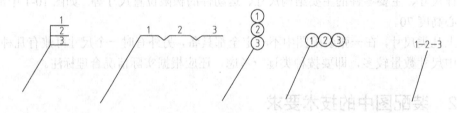

图 10-10　序号的公共指引线

10.5.2　明细栏

明细栏是装配图中全部零、部件的详细目录，是说明装配图中零件的序号、名称、材料、数量、规格等的表格。它直接画在标题栏上方，序号由下向上顺序填写，如位置不够可在标题栏左边画出。对于标准件，应将其规定标记填写在备注栏内，如图 10-11 所示。

序号	零件名称	数量	材料	附注及标准
2				
1				
序号	零件名称	数量	材料	附注及标准

20				
19				
序号	零件名称	数量	材料	附注及标准

标题栏

图 10-11　明细栏

10.6 装配的工艺结构

在设计和绘制装配图的过程中,应考虑到装配结构的合理性,以保证机器或部件的性能要求,并给零件的加工和装拆带来方便。

10.6.1 接触面或配合面的结构

(1) 当两个零件接触时,在同一方向上只能有一对接触面,这样即可满足装配要求,又可降低加工要求,否则将造成加工困难,并且也不会同时接触。如图 10-12(a)所示。

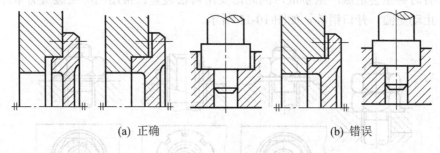

(a) 正确   (b) 错误

图 10-12 接触面的画法

(2) 当轴孔配合,且轴肩与孔的端面相互接触时,应在接触面上倒角、倒圆角或在轴肩部切槽,以保证两零件接触良好,如图 10-13(a)所示。

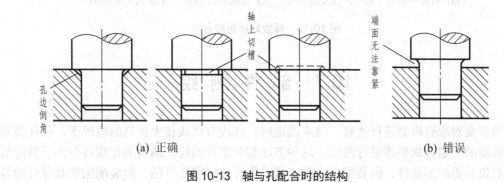

(a) 正确   (b) 错误

图 10-13 轴与孔配合时的结构

(3) 滚动轴承常以轴肩和台肩定位,为了方便拆卸,要求轴肩与台肩的高度须小于轴承内圈或外圈的厚度,以便拆卸,如图 10-14 所示。

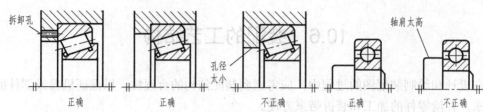

拆卸孔 孔径太小 轴肩太高

正确　　　正确　　　不正确　　　正确　　　不正确

图 10-14　滚动轴承的安装

10.6.2　螺纹紧固件的防松结构

机器运转时，由于受到震动或冲击，螺纹紧固件可能发生松动，这不仅妨碍了机器正常工作，有时甚至会造成严重事故，因此需要用防松装置。常用的防松装置有双螺母、弹簧垫圈、止动垫圈、开口销等，如图 10-15 所示。

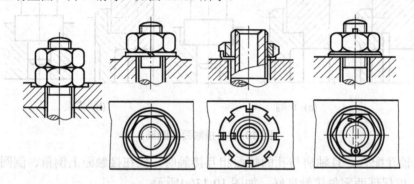

(a) 双螺母防松　(b) 弹簧垫圈防松　(c) 止动垫圈防松　(d) 开口销防松

图 10-15　螺纹联接防松方法

10.7　部　件　测　绘

当需要对原有机器进行维修、技术改造时，在没有现成技术资料的情况下，往往要对有关机器的一部分或整体进行测绘，这种方法称为部件测绘。测绘的过程可分为了解分析测绘对象并拆卸零部件、画装配示意图、测绘零件并画零件草图、画装配图和画零件图等几步。

10.7.1　了解分析测绘对象并拆卸零部件

1. 了解分析测绘对象

对测绘对象全面了解和分析是测绘工作的第一步。应首先了解部件测绘的任务和目的，决定测绘工作的内容和要求。可通过观察实物和查阅产品说明书及有关图样资料，了解部件的性能、功用、工作原理、传动系统情况，了解部件的制造、试验、修理、构造和拆卸等情况。如图 10-16 所示为旋塞的轴测图，它是管路中一种控制液体流动的开关。它由壳体、塞子、填料、填料压盖、紧固件及定位块、手柄、双头螺柱、螺母 8 个零件所组成。从图中可了解到旋塞的功用、工作原理、传动情况以及装配情况。

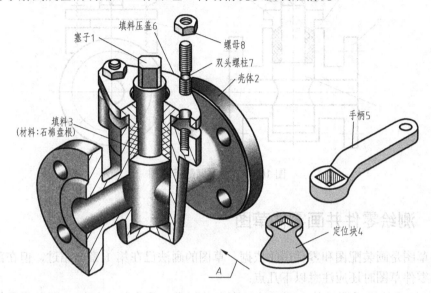

图 10-16　旋塞轴测图

2. 拆卸零部件

(1) 拆卸前应先测量一些必要的尺寸数据，如零件间的相对位置尺寸，运动件极限位置尺寸等，以作为测绘中校核图纸时参考。

(2) 要制定好拆卸顺序。合理地选用工具和正确的拆卸方法。

(3) 对精度较高的配合部位或过盈配合，应尽量少拆或不拆，以免降低精度或损坏零件。

(4) 拆下的零件要分类、分组，并对所有零件进行编号登记。

(5) 拆卸时要认真研究每个零件的作用、结构特点、零件间的装配关系及传动情况，正确判别配合性质和加工要求。

10.7.2　画装配示意图

装配示意图是在拆卸过程中所画的记录图样。零件之间的真实装配关系只有在拆卸后才能显示出来，因此必须边拆边画装配示意图，主要记录每个零件的名称、数量、位置、装配关系及拆装顺序，记录各零件间的装配关系，作为绘制装配图和重新装配的依据。一般用简单的图线，按机械制图国家标准规定的机构及组件的简图符号，画出零件的大致轮廓，如图 10-17 所示为旋塞装配示意图。

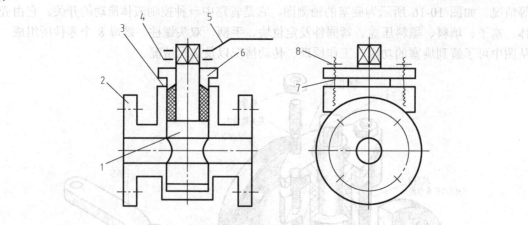

图 10-17　旋塞装配示意图

10.7.3　测绘零件并画零件草图

零件草图是画装配图和零件图的依据。草图的画法已在第 1 章介绍过，但在部件测绘过程中画零件草图时还应注意以下几点：

(1) 凡标准件只需测量其主要尺寸，查有关标准，确定规定标记，不必画零件草图。其余所有零件都必须画出零件草图。

(2) 画零件草图可先从主要的或大的零件着手，按装配关系依次画出各零件草图，以便随时校核和协调零件的相关尺寸。

(3) 两零件的配合尺寸或结合面的尺寸量出后，要及时填写在各自的零件草图中，以免发生矛盾。

图 10-18、图 10-19 所示为旋塞部分零件草图。

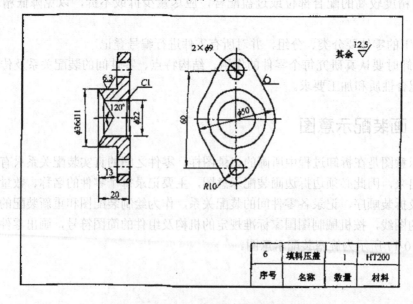

6	填料压盖	1	HT200
序号	名称	数量	材料

图 10-18　填料压盖零件草图

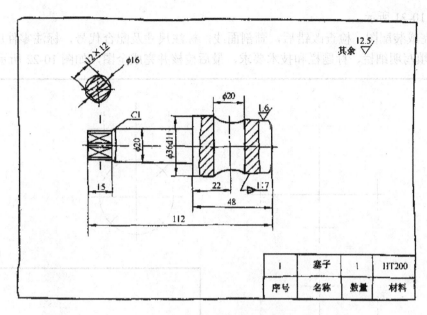

图 10-19　塞子零件草图

10.7.4　画装配图

根据装配示意图和所有零件草图、标准件的标记，就可以画出部件的装配图。

1. 确定表达方案

对现有资料进行整理、分析，进一步了解部件的性能及结构特点，对部件的完整形状。按 10.3 节所述的原则、步骤，拟定部件的表达方案，选择主观图，确定表达方法和视图数量。

2. 画装配图的方法

确定表达方案后，即可画装配图，本节以图 10-22 所示的旋塞装配图为例，对绘图步骤说明。

(1) 选比例，定图幅，画出边框、标题栏。

(2) 合理布图，画出各视图的基准线，留出明细栏的位置。考虑到需标注尺寸和序号，布图既要适中，还要留出图间距。画出各视图的主要作图基准线(装配体的主要轴线、对称中心线、主体零件上较大的平面或端面等)，如图 10-20 所示。

(3) 画底稿，通常从表达主要装配干线的视图开始画，一般从主视图开始，几个视图同时配合。画剖视图时以装配干线为准由内向外画，可避免画出被遮挡的不必要的图线，也可由外向内画，如先画外边主体大件。在实际绘图时往往结合两种方法，视作图方便而定。

无论采用哪种画法，都必须遵循以下原则：画完第一件后，必须找到与此相邻的件及它们的接触面，将此接触面作为画下一个件时的定位面，开始画第二件，这样按装配关系一件接一件依次顺序画出下一件，切勿随意乱画。还应正确地表达装配工艺结构、轴向定位。如图 10-21 所示。

(4) 完成装配图。检查改错后，画剖面线，标注尺寸及配合代号，标注零件序号，描深。最后填写明细栏、标题栏和技术要求，最后校核并完成全图，如图 10-22 所示。

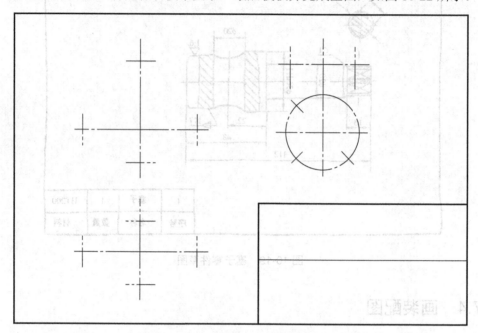

图 10-20 旋塞装配图画图步骤(一)

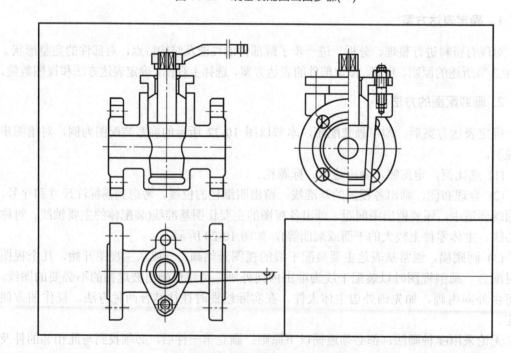

图 10-21 旋塞装配图画图步骤(二)

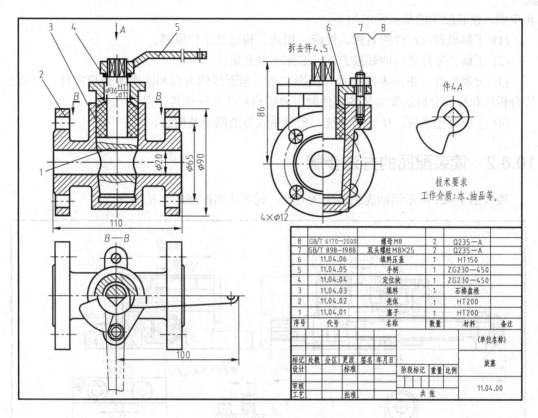

图 10-22　旋塞装配图

8	GB/T 6170—2000	螺母 M8	2	Q235—A	
7	GB/T 89B—1988	双头螺柱 M8×25	2	Q235—A	
6	11.04.06	填料压盖	1	HT150	
5	11.04.05	手柄	1	ZG230—450	
4	11.04.04	定位块	1	ZG230—450	
3	11.04.03	填料	1	石棉盘根	
2	11.04.02	壳体	1	HT200	
1	11.04.01	塞子	1	HT200	
序号	代号	名称	数量	材料	备注

10.7.5　画零件图

根据装配图和零件草图，整理绘制出一套零件工作图，这是部件测绘的最后工作。

画零件工作图时，其视图选择不强求与零件草图或装配图的表达方案完全一致。画出装配图后发现零件草图中的问题，应在画零件工作图时加以改正。注意配合尺寸或相关尺寸应协调一致。表面粗糙度等技术要求可参阅有关资料及同类或相近产品图样，结合生产条件及生产经验加以制定和标注。

10.8　读装配图和拆画零件图

10.8.1　读装配图的要求

画装配图是用图形、尺寸、符号和文字来表达设计意图和要求的过程；读装配图则是通过对图形、尺寸、符号和文字的分析，了解设计者意图和要求的过程。在机器的设计、制造、装配、检验、使用、维修以及技术革新、技术交流等生产活动中，都会遇到读装配图的问题。因此，工程技术人员必须具备熟练读装配图的能力，学习掌握读装配图的方法

和步骤。读装配图的基本要求如下。

(1) 了解机器或部件的名称、性能、用途、构造及工作原理。

(2) 了解各零件之间的联接方式、装配关系及定位。

(3) 分离零件，根据零件序号、投影关系、剖面线的方向和间距等分离零件。可用形体分析法和线面分析法弄清楚各零件的主要结构形状并分析其作用。

(4) 了解其他系统，如润滑系统、密封系统等的原理及构造。

10.8.2　读装配图的方法步骤

现以图 10-23 所示活动虎钳装配图为例，说明读装配图的方法步骤。

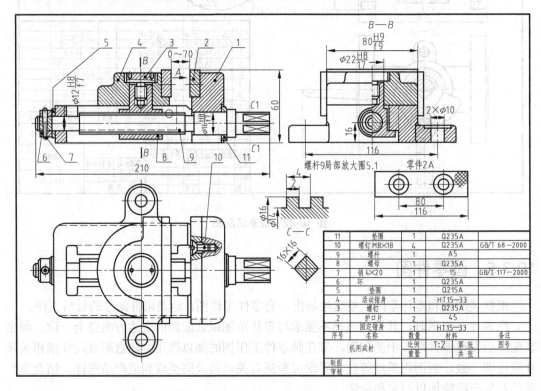

图 10-23　活动虎钳装配图

1. 概括了解并分析视图

(1) 从标题栏和有关的说明书中可以了解机器和部件的名称和用途，性能及工作原理。

(2) 从零件的明细栏和图上零件的编号中，了解标准件和非标准件的名称、数量和所在位置。

在图 10-23 中，活动虎钳是夹紧加工工件的装配体，由 11 个零件组成，属中等复杂组件，其外形尺寸为 210 mm×(116+2 个圆弧半径) mm×60 mm。

(3) 分析视图。看装配图时，应分析全图采用了哪些表达方法，首先确定主视图的名称，明确视图间的投影对应关系，如是剖视图还要找到剖切位置，然后分析各视图所要表达的重点内容。了解装配体有几条装配线和零件装配点，为进一步深入读图作准备。

图中采用三个基本视图。主视图采用全剖，沿着活动虎钳的前后对称面剖切，主要表示螺杆装配干线及 B—B 装配线的结构。左视图用半剖，主要表示 B—B 处断面形状和活动虎钳的外形；俯视图衬托虎钳的外形，还有三个其他视图，进一步表示工作原理。

2. 深入分析工作原理和装配关系

深入分析工作原理和装配关系是看装配图的重点，要搞清部件的传动、支承、调整、润滑、密封等的结构形式。弄清各有关零件间的接触面、配合面的联接方式和装配关系，还要分析零件的结构形状和作用，以便进一步了解部件的工作原理。

进一步深入阅读装配图的一般方法如下。

(1) 从反映装配关系比较明显的视图入手，结合其他视图，分析装配干线，对照零件在各视图上的投影关系分析零件的主要结构形状。

(2) 利用剖面线的不同方向和间隔，分清各零件轮廓的范围。

(3) 根据装配图上所标注的公差或配合代号，了解零件间的配合关系。

(4) 利用装配图的规定画法和特殊表达方法来识别零件，如油杯、轴承、齿轮、密封结构等。

(5) 根据零件序号和明细栏，了解零件的作用并确定零件在装配图中的位置和范围。

(6) 利用零件的对称性帮助判断零件的位置、范围，想象零件的结构形状。由于装配图上不能把所有零件形状都完全表达清楚，有时还要借助阅读有关的零件图，才能彻底看懂机器或部件的工作原理、装配关系及各零件的用途和结构特点。

活动虎钳装配体分析从两条装配线分析入手。

当螺杆 9 进行正、反转时，螺母 8 不能旋转，推动螺母沿着螺杆左右移动，这时，螺母带动活动钳身 4 左右移动。

活动钳身的导槽结构与固定钳身导边为 $\phi 80H9/f9$ 间隙配合，使活动钳身沿固定钳身 1 的导边滑移。

两块护口片 2，通过螺钉 10 分别装在活动钳身和固定钳身的钳口上，移动空间在 0～70mm 之间，实现把加工工件的夹紧与松开。从护口片的 A 向视图，可知护口片上有刻纹，使工件夹得更可靠。

3. 分析零件

分析零件的目的是弄清楚每个零件的结构形状和各零件间的装配关系。分析时，一般从主要装配干线上的主要零件(对部件的作用、工作情况或装配关系起主要作用的零件)开始，应用上述的一般方法来确定零件的范围、结构、形状、功用和装配关系。

(1) 如图 10-23 所示，拆卸顺序为卸件 7→件 6→件 5→旋出螺杆件 9→件 11。旋出螺钉 3(件上有两个小圆孔)→取出件 8。活动钳身件 4 的导槽沿着固定钳身 1 的导边从右往左推出。旋出螺钉 10→件 2。

(2) 装配时，先把护口片 2 通过螺钉 10 固定在活动钳身 4 和固定钳身 1 的护口槽上，然后把活动钳身 4 装入固定钳身 1，把螺母 8 装入活动钳身孔中，并旋入螺钉 3。把垫圈

11 套入螺杆 9 的轴肩处，把螺杆 9 装入固定钳身 1 的孔中，同时使螺杆 9 与螺母 8 旋合→垫圈 5→环 6→打入销钉 9。

4. 归纳总结

通过上述的分析，读者可初步了解对活动虎钳的主体结构和零件主体形状和作用，但对一些零件的结构形状尚需进一步分析，如固定钳身的完整结构形状，还要再通过主、俯、左视图的投影分析，才能完整、清晰地想象出来。最后综合想象出如图 10-24 所示的立体形状。

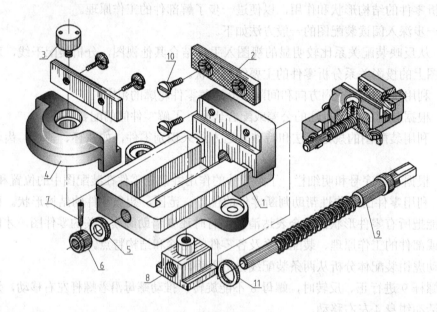

图 10-24　活动虎钳轴测图

10.8.3　由装配图拆画零件图的方法和步骤

拆画零件图的过程中，要注意以下几个问题。

(1) 在装配图中没有表达清楚的结构，要根据零件功用、零件结构和装配结构，加以补充完善。

(2) 装配图上省略的细小结构、圆角、倒角、退刀槽等，在拆画零件图时均应补上。

(3) 装配图主要是表达装配关系。因此考虑零件视图方案时，不应该简单照抄，要根据零件的结构形状重新选择适当的表达方案。

(4) 零件图的各部分尺寸大小可以在装配图上按比例直接量取，并补全装配图上没有的尺寸、表面粗糙度、极限配合、技术要求等。

设计机器通常先画装配图，然后根据装配图画出各个零件图，简称"拆画"。下面以拆画活动虎钳的活动钳身为例，说明拆图的方法和步骤。

1. 想象拆画零件的结构形状

拆画零件图时，必须先根据装配图想象要拆画零件的结构形状。

(1) 在装配图中分离出同一零件的投影范围。分离时，根据剖面线的方向、密度和"三等"关系进行。

(2) 根据分离出来的视图，进行投影分析，想象立体形状。

(3) 根据零件的作用及与相邻零件相互关系进行结构形状构思，对于难于想象的部分，对被遮盖零件的轮廓线要进行补充。如活动钳身 4 从装配图分离出来后，就会出现如图 10-25(a)所示被遗漏遮盖轮廓线(双点画线)，此时，应借助于对相关零件形状和已有投影进行分析和想象，补齐所缺的图线。

通过上述投影分析和想象，可想象出活动钳身的立体形状，如图 10-25(b)所示。

2. 重新选择表示方案

装配图的表示方案是从整个装配体来考虑的，往往无法符合每一个零件的表示需要。因此，拆画零件图时，选定视图方案应根据零件自身结构特点重新考虑，不能机械地照抄装配图上的视图方案。因为装配图的视图选择主要从整个部件出发，不一定符合每个零件视图选择的要求，应根据零件的结构形状、工作位置或加工位置统一考虑最好的表达方案。

如护口片零件图的主视图就不能用装配图上该零件的主视图。又如活动钳身从 A、E 方向选择主视图，各有优点，若从反映导槽的特征考虑，选择 E 向视图更合理，它与装配图的主视图不一致。但选用的三个基本视图、剖切方法和位置，又与装配图相同，如图 10-25 所示。

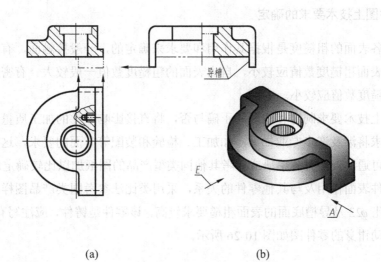

(a)   (b)

图 10-25 活动钳身分离图和立体图

3. 补全零件次要结构和工艺结构

装配图主要表示的是总体结构，对零件的次要结构，并不一定都表示完全，所以拆画零件图时，应根据零件的作用和加工要求予以补充。如活动虎钳钳身的导槽的直角转折处应有铣刀的退刀槽2×2。

4. 补标所缺的尺寸

零件图上的尺寸标注方法可按以前介绍的方法和要求标注。由装配图画零件图时，其尺寸的大小应根据不同情况分别处理。

(1) 凡在装配图中已注出的尺寸，都是比较重要的尺寸，在有关的零件图上应直接注出。对于配合尺寸和某些相对位置尺寸要注出偏差值。

(2) 与标准件相联接或配合的有关尺寸，如螺纹的有关尺寸、销孔直径等，要从相应的标准中查取。

(3) 对零件上的标准结构，查有关手册确定，如倒角、沉孔、螺纹退刀槽、砂轮越程槽、键槽等尺寸。

(4) 某些零件，如弹簧尺寸、垫片厚度等，应按明细栏中所给定的尺寸数据标注。

(5) 根据装配图所给的数据进行计算的尺寸，如齿轮的分度圆，齿顶圆直径尺寸等，要经过计算后标注。

(6) 凡零件间有配合、联接关系的尺寸应注意协调，保持一致，以保证正确装配。

其他尺寸可用比例尺从装配图上直接量取标注。对于一些非重要尺寸应取整数。对于标准化的尺寸，如直径、长度等均应注意采用标准化数值。

5. 零件图上技术要求的确定

零件上各表面的粗糙度是根据其作用和要求来确定的，一般接触面，有相对运动和有配合要求的表面粗糙度数值应较小，自由表面的粗糙度数值一般较大。有密封要求和耐腐蚀的表面粗糙度数值应较小。

零件图上技术要求制定和注写的正确与否，将直接影响零件的加工质量和使用，正确制定技术要求将涉及许多专业知识，如加工、检验和装配等方面的要求，这里不作进一步介绍。一般可通过查阅有关手册或参考其他同类型产品的图纸加以比较确定。

根据零件表面作用及与其他零件的关系，采用类比法参考同类产品图样、资料来确定技术要求。孔 $\phi22$ 及导槽底面的表面粗糙要求较高，该零件是铸件，应注写有关技术要求。

拆画活动钳身的零件图如图10-26所示。

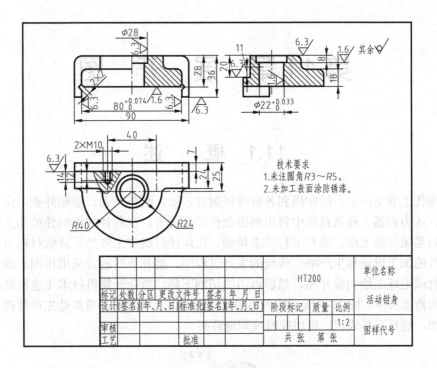

技术要求
1. 未注圆角R3~R5。
2. 未加工表面涂防锈漆。

标记	处数	分区	更改文件号	签名	年 月 日		HT200			单位名称	
设计	(签名)	(年、月、日)	标准化	(签名)	(年、月、日)					活动钳身	
						阶段标记	质量	比例			
审核								1:2		图样代号	
工艺			批准			共 张	第 张				

图 10-26　活动钳身的零件图

第11章 展 开 图

11.1 概　　述

在现代工业生产中，经常用到各种薄板制件，如：汽车外壳、船舶外壳、化工产品存储设备、压力容器、通风设备中常用到钣金件和管道等。在各种薄板制件的加工过程中，展开下料是第一道工序。展开下料要求精确，在焊接时就省工省时、降低材料消耗、提高薄板制件的加工质量和生产率。传统的生产过程中，展开下料通常采用作图法或划线法，先在板材或毛坯上绘制展开图，然后再沿线切割下料。当今计算机技术飞速发展，切割下料多采用数控技术。图 11-1 所示的为集粉筒，制造这类制件时，通常是先在薄板上画出表面展开图，然后下料成型，再用咬缝或焊缝联接。

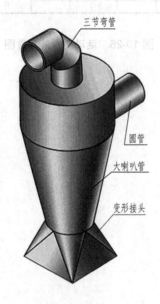

图 11-1　集粉筒

11.1.1　展开图

立体的表面展开就是把立体的表面，按其实际形状和大小，依次连续地摊平在一个平面上。而画出的立体表面展开的图形，称为展开图。例如，水桶就是将一块长方形的薄板卷成一个圆柱，然后加上一个圆形的底做成的。那么长方形就是水桶圆周的展开图。

11.1.2　可展与不可展表面

在实际的生产和生活中并不是所有图形均能展成一个简单的平面图形的。在所有的展成平面中，凡是相邻两条素线彼此平行或相交(能构成一个平面)的曲面，是可展曲面。如柱面、锥面、平面立体的表面等都是可展平面；凡是相邻两条素线成交叉两直线(不能构成一个平面)或母线是曲线的曲面，是不可展曲面，如球面、环面等。曲面立体的表面是否可展，则要根据组成其表面的曲面是否可展而定。不可展表面可采用近似作图法展开。

立体的表面按其性质的不同，可分为下列几种情况。

1. 平面立体的表面

平面属可展表面。平面立体表面是由若干个平面多边形组成，故其表面展开为若干个平面多边形。

2. 可展的曲面立体的表面

曲面中的单曲面属可展曲面。

3. 不可展的曲面立体的表面

曲面中的扭曲面、曲纹曲面及不规则曲面等都属不可展曲面。生产中可用几何学中的相关方法画出其近似展开图。

4. 变形接头

联接两个不同形状或大小的接口的过渡部分，称为变形接头。

11.1.3　面展开图的方法和步骤

绘制展开图有两种方法：图解法和计算法。图解法是根据展开原理得到的，其实质是作立体表面的实形，而作实形的关键是求线段的实长和曲线的展开长度。图解法具有作图简捷、直观等优点，目前应用较广。计算法是用解析计算代替图解法中的展开作图过程，求出曲线的解析表达式及展开图中一系列点的坐标、线段长度，然后绘出图形或直接下料的方法。随着计算机技术的发展，这种方法更显示出准确、高效、便于修改、保存等优点，它的应用将更加广泛。

用图解法作展开图，就是依据图形在三个面上的投影与实际之间的三角函数关系，利用旋转法和三角函数法将实际状态求解过程。具体作图过程见 11.1.4 的讲解。

用计算法作展开图，就是在分析制件的基础上，建立起制件展开曲线的解析表达式，从而计算出展开图中点的坐标、线段长度等参数，最后由计算结果绘出图形，或由计算机直接绘出图形，由数控切割机自动进行切割下料。采用计算法作展开图的前提是建立展开曲线的解析表达式，下面仅以斜口圆管展开为例，说明解析表达式的建立过程。图 11-2 为斜口圆管的投影图和展开图。制件的已知尺寸为 D、h 和 a。斜口展开曲线上的每个点 P_i 将对应一个固定的角 φ_i。如对展开图建立直角坐标系，则可根据各尺寸间的几何关系和角

φ_i 推导出点 P_i 的坐标:

$X_i=D/2(2\pi/360)\varphi_i$

$Y_i=h+D/2(1-\cos\varphi_i)\tan\alpha$ $(0°\leqslant\varphi_i\leqslant360°)$

如将斜口圆管的底圆分成若干等分,每隔一等分取一个 φ_i 值代入上式,计算出相应点的坐标,即可画出展开图。

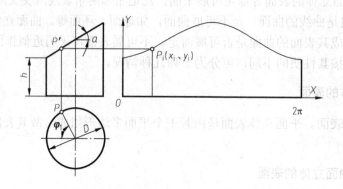

图 11-2　平面斜截正圆柱管的计算展开

采用计算法绘制展开图,其作图数据的计算及处理有以下几种方式。

(1) 手工逐一计算并作图。

(2) 利用计算器的特殊功能——复杂公式的存储,预编程序计算数据,然后手工作图。

(3) 计算作图数据后利用绘图软件(如 AutoCAD)作图。

(4) 利用高级语言编程,若配上数控切割机,可实现计算机直接作图或直接切割下料。

11.1.4　利用旋转法、直角三角形法求一般位置直线实长

利用旋转法、直角三角形法求一般位置直线实长的作图过程如图 11-3 所示。

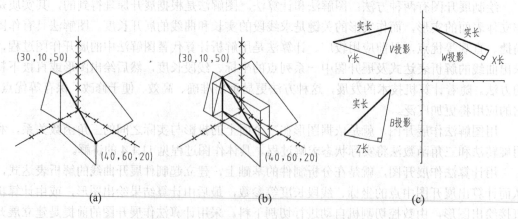

图 11-3　旋转法、直角三角形法作图过程

11.2 平面立体的表面展开

求平面立体的表面展开图，就是要求出属于立体表面的所有多边形的实形，并将它们依次连续地画在一个平面上。

例 11-1 求三棱锥的表面展开图。

解：欲求三棱锥 $S\text{-}ABC$ 的表面展开图，只要把它的各个棱面三角形和底面的实形依次画在一个平面上就可得到。这里，底面 ABC 是水平面，因此 ab、bc、ca 反映了底面各底边的实长，abc 反映了底面的实形，而各棱面都是一般位置平面，都不反映实形。为此，须求出各棱 SA、SB、SC 的实长，才能与有关底边组合，画出各棱面的实形。棱 SA 是正平线，$s'a'$反映实长。用直角三角形法求棱 SB、SC 的实长，先作 s_1sx(等于 s' 到 OX 轴距离)为一直角边，并取 $sxb_1=sb$，$sxc_1=sc$ 各为另一直角边，s_1b_1 和 s_1c_1 即为所求棱的实长。然后，从任意取定的一根棱开始，例如从 SA 开始，按已知三棱及各底边的实长依次画出各棱面三角形 SAB、SBC、SCA 和底面 ABC，即得到展开图，如图 11-4 所示。

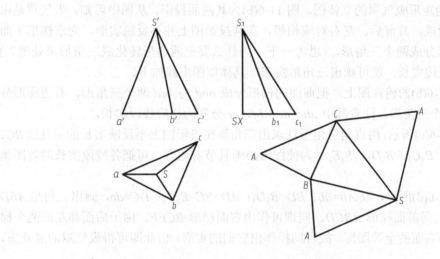

图 11-4 三棱锥的表面展开图

11.2.1 斜口四棱管的展开

斜截四棱管的立体图如图 11-5(a)所示。由于从两面投影图(见图 11-5(b))中可直接量得各表面实形的边长，因此作图较简单，具体作图步骤如下。

(1) 按各底边的实长展开成一条水平线，标出 Ⅰ、Ⅱ、Ⅲ、Ⅳ、Ⅰ 诸点。

(2) 过这些点作铅垂线，在其上分别量取各棱线的实长，即得诸端点 A、B、C、D、A。

(3) 用直线依次联接各端点，即可得展开图，如图 11-5(c)所示。

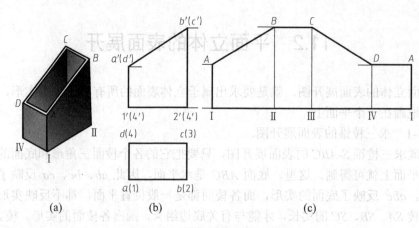

图 11-5　斜截四棱柱管的展开

11.2.2　矩形渐缩管的展开

图 11-6(a)为矩形吸气罩的立体图。图 11-6(b)为其两面投影。从图中可知，吸气罩是由四个梯形平面围成，其前后、左右对应相等，在其投影图上并不反映实形。为求梯形平面实形，可将梯形分成两个三角形，(思考一下，为什么要把四边形转化成三角形来处理？)然后求三角形三边实长，就可画出三角形实形。具体作图步骤如下。

(1) 在图 11-6(b)的俯视图上，把前面的梯形分成 abd 与 bcd 两个三角形，右边梯形分成 bfe 与 bec 两个三角形。注意其中 ab、dc、bf、ce 分别为相应线段实长。

(2) 如图 11-6(c)所示，用直角三角形法求出三角形在投影图上不反映实长的另几边 BC、BD、BE 的实长 B_1C_1、B_1D_1、B_1E_1。为使图形清晰且节省地方，可把各线段实长的解图集中画在一起。

(3) 如图 11-6(d)所示，取 $AB=ab$；$BD=B_1D_1$；$AD=BC=B_1C_1$；$DC=dc$，画出三角形 ABD 和三角形 BDC，得前面梯形 $ABCD$。同理可作出右面梯形 $BCEF$。由于后面和左面两个梯形分别是前面和右面的全等图形，故可同样作出它们的实形。由此即可得吸气罩的展开图。

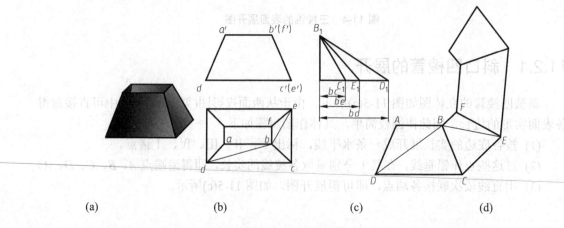

| (a) | (b) | (c) | (d) |

图 11-6　吸气罩展开

11.3 可展曲面的展开

11.3.1 圆锥管展开图

完整的正圆锥的表面展开图为一扇形，可计算出相应参数直接作图，其中，扇形的直线边等于圆锥素线的实长 R，扇形的圆弧长度等于圆锥底圆的周长 πD，扇形的中心角 $\alpha = \pi \cdot D / R$ (其中 α 为圆心角大小，D 为锥底圆的直径，R 为锥面素线长度)。

实际作图时往往采用近似方法，即在展开图的弧上连续截取 12 段圆锥底圆的 12 等分弦长。显然，圆锥底圆的等分数越多，画出的展开图越准确。那么这些三角形的展开图近似地为锥管表面的展开图，具体作图步骤如下(见图 11-7)。

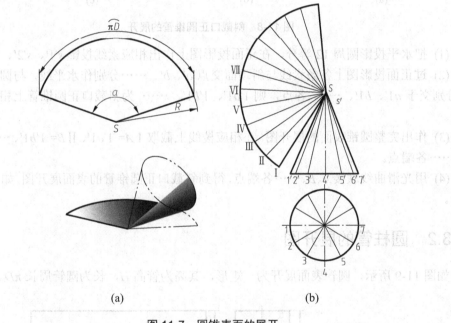

(a)   (b)

图 11-7　圆锥表面的展开

(1) 把水平投影圆周 12 等分，在正面投影图上作出相应投影 $s'1'$、$s'2'$、……。

(2) 以素线实长 $s'7'$为半径画弧，在圆弧上量取 12 段等距离，此时以底圆上的分段弦长近似代替分段弧长，即 I II =12、II III =23、……，将首尾两点与圆心相连，得正圆锥面的展开图。

若需展开如图 11-1中的大喇叭管形平截口正圆锥管，只需在正圆锥管展开图上截去下面小圆锥面即可。

例 11-2　斜截口正圆锥管的展开。

图 11-8(a)为斜截口正圆锥管，它的近似展开图如图 11-8(c)所示，作图步骤如下。

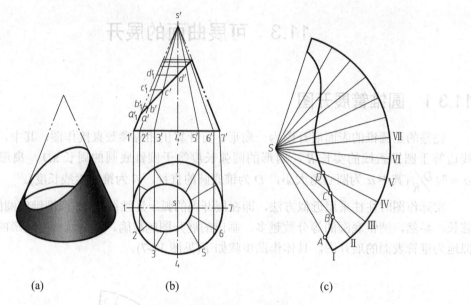

(a)   (b)   (c)

图 11-8　斜截口正圆锥管的展开

(1) 把水平投影圆周 12 等分，在正面投影图上作出相应素线投影 $s'1'$、$s'2'$、……。

(2) 过正面投影图上各条素线与斜顶面交点 a'、b'、……分别作水平线，与圆锥转向线 $s'1'$分别交于 $a1'$、$b1'$、…… 各点，则 $1'a1'$、$1'b1'$、…… 为斜截口正圆锥管上相应素线的实长。

(3) 作出完整圆锥表面的展开图。在相应棱线上截取 ⅠA= $1'a1'$、ⅡB= $1'b1'$、……，得 A、B、……各端点。

(4) 用光滑曲线联接 A、B、……各端点，得到斜截口正圆锥管的表面展开图，如图 11-8(c)所示。

11.3.2　圆柱管的展开图

如图 11-9 所示，圆管表面展开为一矩形，其高为管高 H，长为圆管周长 πD。

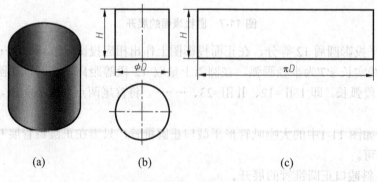

(a)   (b)   (c)

图 11-9　圆筒展开

例 11-3　斜口圆管的展开。

如图 11-10 所示，圆管被斜切以后，表面每条素线的高度有了差异，但仍互相平行，且与底面垂直，其正面投影反映实长，斜口展开后成为曲线，具体作图步骤如下。

(1) 在俯视图上，将圆周分成若干等分(图为 12 等分)，得分点 1、2、3……，过各分点在主视图上作相应素线投影 1′*a*′、2′*b*′、……等。

(2) 展开底圆得一水平线，其长度为 π*D*，并将其分同样等分，得 Ⅰ、Ⅱ、…… 分点，如准确程度要求不高时，各分段长度可以底圆分段各弧的弦长近似代替。

(3) 过 Ⅰ、Ⅱ、……各分点作铅垂线，并截取相应素线高度(实长) Ⅰ*A*=1′*a*′，Ⅱ*B*=2′*b*′，……得 *A*、*B*、*C*、……各端点。

(4) 光滑联接 *A*、*B*、*C*、……等各端点，即可得到斜口圆管表面的展开图，如图 11-10(c) 所示。

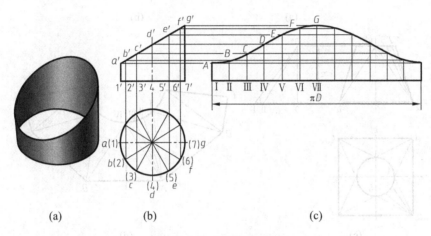

图 11-10　斜切圆筒展开

11.3.3　变形管接头的展开

为了画出各种变形接头的展开图，就需要根据具体形状把它们划分成许多平面及可展曲面(锥面、柱面)，然后依次画出其展开图，即可得整个变形接头的展开图。

图 11-11(a)中间部分为一上连圆形管口，下连方形管口的上圆下方变形接头，为了准确地画出这种接头的展开图，必须正确地分析它的表面组成。从 11-11(b)骨架模型可知，它由四个相同的等腰三角形和四个相同的 1/4 局部斜锥面组成，将这些组成部分依次展开画在同一平面上，即得该方圆过渡管的展开图，见图 11-11(d)。作图步骤如下。

(1) 在水平投影图上，将圆口的 1/4 圆弧分成三等分，得分点 2、3。由图 11-10(b)可知，连线 *a*1、*a*2、*a*3、*a*4 分别为斜圆锥面上素线 *A*Ⅰ、*A*Ⅱ、*A*Ⅲ、*A*Ⅳ的水平投影，其中素线 *A*Ⅰ=*A*Ⅳ，*A*Ⅱ=*A*Ⅲ。

(2) 用直角三角形法求作素线 *A*Ⅰ，*A*Ⅱ 的实长，画在正面投影的右方，图 11-10(c)中 *O*Ⅰ=*a*1，*O*Ⅱ=*a*2，实长为 *A*Ⅰ(*A*Ⅳ)、*A*Ⅱ(*A*Ⅲ)。

(3) 在展开图上，取 *AB*=*ab*，分别以 *A*、*B* 为圆心，*A*Ⅰ 为半径作圆弧，交于点Ⅳ，得三角形 *AB*Ⅳ，为三角形的实形。再分别以Ⅳ、*A* 为圆心，以 34 的弧长(近似作图用弦长代替)和 $A\mathrm{II}$ 为半径作圆弧，交于Ⅲ点，得三角形 $A\mathrm{III IV}$ 。同理依次作出三角形 $A\mathrm{II III}$、$A\mathrm{I}$ Ⅱ，用光滑曲线联接Ⅰ、Ⅱ、Ⅲ、Ⅳ 各点，即可得 1/4 斜锥面的展开图。

(4) 以完全相同的方法继续作图，即得方圆接管的展开图。

实际作图时，可以将步骤(3)中所得 1/4 斜锥面的展开图作样板，套画其余部分。下料时，为了便于接合，应从平面部分截开，可以是整块(如图 11-11(d))，也可以做成对称的两块。

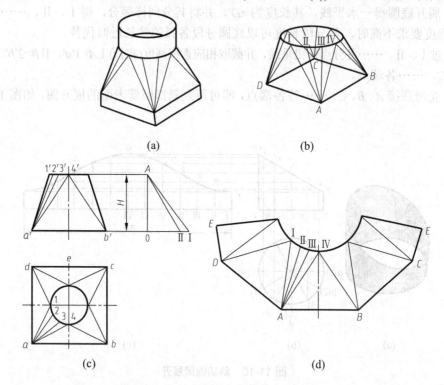

图 11-11　上圆下方变形接头的展开

例 11-4　求直角换向变形接头的表面展开图。

解：图示接头的表面，可以看成平行于 V 面的直母线 $A\mathrm{I}$，始终以两端直径相同的圆(一个平行于 W 面，另一个平行于 H 面)为导线，运动轨迹形成的曲面。该曲面为柱状面，是不可展曲面。可用近似展开法展平，将相邻两直素线 $A\mathrm{I}$ 和 $B\mathrm{II}$ 之间的曲面用一条对角线 $A\mathrm{II}$ 将其分开，近似地当作两块三角形平面 $\mathrm{I}A\mathrm{II}$ 和 $\mathrm{II}BA$ 来展开。作图步骤如下。

(1) 分别将两个圆导线等分为 12 份(图形对称，只作一半)，连素线 $\mathrm{I}A$、$\mathrm{II}B$、$\mathrm{III}C$……。由于这些素线为正平线，所以它的正面投影 $1'a'$、$2'b'$、$3'c'$……反映实长。

(2) 作对角线 $A\mathrm{II}$、$B\mathrm{III}$、$C\mathrm{IV}$……，并用直角三角形法求出它们的实长，

(3) 两圆导线分别平行于 H 面和 W 面，所以每段圆弧在 H 面和 W 面的投影都反映实长。这样，每一个三角形平面各边的实长都知道，于是依次作出各个三角形平面的实形，如△$\mathrm{I}A\mathrm{II}$、△$\mathrm{II}BA$、△$\mathrm{II}B\mathrm{III}$……，最后将各端点依次光滑地联接起来，即为该变形接头表面的展开图，如图 11-12 所示。

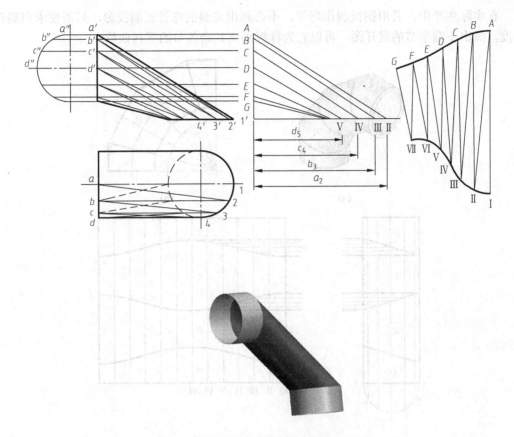

图 11-12　直角换向变形接头的表面展开图

11.4　不可展曲面的近似展开

生产上经常需要画出不可展曲面的展开图，这种情况下只能采用近似展开法，其方法是将不可展曲面分为若干较小部分(有时同一曲面可有几种不同分法)，使每一部分的形状接近于某一可展曲面(例如柱面或锥面)，再画出其展开图。本节将介绍常见的不可展曲面展开图画法。

11.4.1　等径直角弯管的近似展开

图 11-13(a)所示弯管，用来联接等径两互相垂直的圆管。为了简化作图和节约材料，工程上常采用多节斜口圆管拼接而成一个直角弯管来展开。本例所示弯管由四节斜口圆管组成。中间两节是两面斜口的全节，端部两节是一个全节分成的两个半节，由这四节可拼接成一个直圆管，如图 11-13(b)、图 11-13(c)所示。根据需要，直角弯管可由 n 节组成，此时应有 $n-1$ 个全节，各节斜口角度 α 可用公式计算：$\alpha = 90° / 2(n-1)$(本例弯管由四节组成，$\alpha = 15°$)。

弯头各节斜口的展开曲线可按上例斜口圆管展开图的画法作出，如图 11-13 所示。

在实际生产中，若用钢板制作弯管，不必画出完整的弯管正面投影，只需要求出斜口角度，画出下端半节的展开图，再以它为样板画出其余各节的下料曲线。

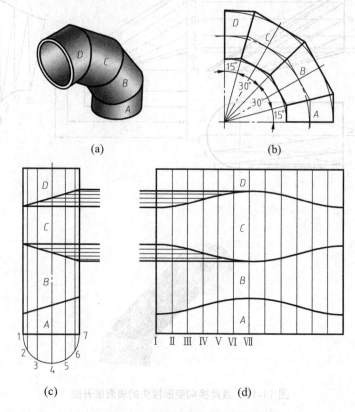

(a)　　　　　　　　　　　　(b)

(c)　　　　　　　　　(d)

图 11-13　1/4 圆环面弯管接头的表面展开

例 11-5　异径直角三通管的展开。

图 11-14 所示，异径直角三通管的两个圆管的轴线是垂直相交的。图 11-14(b)画出了它们正面和侧面投影。为了简化作图，往往不画水平投影，而把小圆管水平投影的圆用半个圆画在正面和侧面投影上。作展开图时，必须先在视图上准确地画出两圆管的相贯线，然后分别作出大、小圆管的展开图。具体作图步骤如下。

(1) 作两圆管的相贯线。

画相贯线的作图方法与步骤可以参考前面有关章节。这里介绍一种方法，其实质就是前面所述的辅助平面法，这种方法作图紧凑，实际工作中应用较多。具体作图过程如下。

① 将小圆管的半圆分成六等分，并标出相应符号(注意正面投影和侧面投影符号的编写次序)。

② 作小圆管相应的等分素线。

③ 侧面投影上等分素线与大圆管的圆交于点 1″、2″、3″、4″，由这些点分别作水平线，在 V 面投影上与相应的等分素线交于点 1′、2′、3′、4′，用光滑曲线联接各点，即为所求相贯线的正面投影。

(2) 作展开图。

① 小圆管展开，与前述斜口圆管展开方法相同，如图 11-7 所示。

② 大圆管展开，主要是求相贯线展开后的图形。先将大圆管展开成一个矩形，其边长分别为大圆管的长度和周长。然后作一水平对称线 11 为大圆管最高素线的展开位置，在矩形的垂直边上，在所作水平线的上下量取 12= 弧长 1″2″、23=弧长 2″3″、34=弧长 3″4″(可取弦长近似代替弧长)，过 1、2、3、4 各点作水平线，与过正面投影图上 1′、2′、3′、4′各点向下所引铅垂线相交，得相应交点 Ⅰ 、Ⅱ 、Ⅲ、Ⅳ。光滑联接这些点，即得相贯线展开后的图形，如图 11-14 所示。

在实际生产中，也常常只将小圆管展开，弯成圆管后，定位在大圆管上划线开口，最后把两管焊接起来。

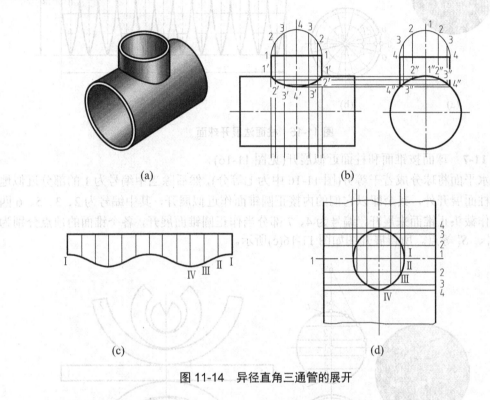

图 11-14　异径直角三通管的展开

11.4.2　球面的近似展开

作不可展曲面的展开图时，可假想把它划分为若干与它接近的可展曲面的小块(柱面或锥面等)，按可展曲面进行近似展开；或者假想把它分成若干与它接近的小块平面，从而作近似展开。本节仅以球面展开为例，说明前一种方法的应用。

例 11-6　球面按柱面近似展开(见图 11-15)。

(1) 过球心作一系列铅垂面，均匀截球面为若干等分(图 11-15b 中为 12 等分)。

(2) 作出一等分球面的外切圆柱面，如 *nasb*，近似代替每部分球面。

(3) 作外切圆柱面的展开图。

在正面投影上，将转向线 *n′o′s′* 分成若干等分(图中为六等分)。在展开图上将 *n′o′s′* 展成直线 *NOS*，并将其六等分得 *O*、Ⅰ 、Ⅱ等点；从所得等分点引水平线，在水平线上取 *AB=ab*，

$CD=cd$，$EF=ef$(近似作图，可取相应切线长代替)，连 A、C、E、N 等点，即得十二分之一球面的近似展开图，其余部分的作图相同。

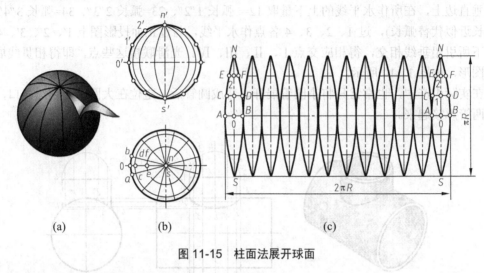

图 11-15　柱面法展开球面

例 11-7　球面按锥面和柱面近似展开(见图 11-16)。

用水平面将球分成若干等分(图 11-16 中为七等分)，然后除当中编号为 1 的部分近似地当作圆柱面展开外，其余即以它们的内接正圆锥面作近似展开，其中编号为 2、3、5、6 四部分当作截头正锥面来展开，编号为 4、7 部分当作正圆锥面展开，各个锥面的顶点分别为 S'_1、S'_2、S'_3 等点。所得展开图如图 11-16(c)所示。

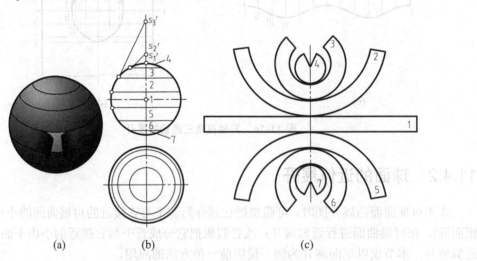

图 11-16　锥面和柱面法展开球面

第 12 章　计算机绘图基础

计算机绘图是计算机图形学的一个重要组成部分，它是将计算机图形学的原理和方法应用到绘制技术图样中的一种方法和技术，是人类三十多年来在科学技术领域中取得的一项重大成就。它通过计算机图形数据转换为图形，并在输出设备上将图形输出。在科学高度发展的今天，计算机绘图已经广泛应用于工程技术和社会生活的各个领域，它对提高产品设计质量，加快产品更新换代发挥了重要的作用。计算机绘图已成为工程技术人员必备的技能。

本章通过绘制一些平面图形的实例，介绍 AutoCAD 2010 常用的绘图命令及绘制平面图形的一般方法步骤，使用户能尽快掌握 AutoCAD 2010 的基本作图方法，为今后的学习打下一个良好的基础。

12.1　基本绘图命令

12.1.1　认识 AutoCAD 2010 的工作界面

启动 AutoCAD 2010 应用程序后，进入 AutoCAD 2010 的工作界面，如图 12-1 所示。该工作界面主要由标题栏、菜单栏、工具栏、绘图区、命令窗口、状态栏等元素组成。AutoCAD 2010 版中增加了包括自由形式的设计工具，参数化绘图，并加强了 PDF 格式的支持等功能。

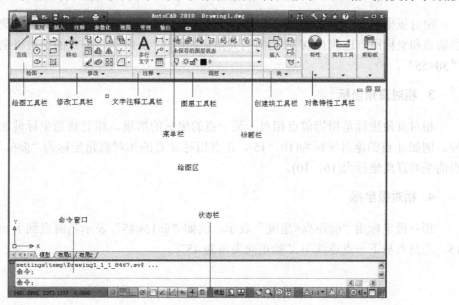

图 12-1　AutoCAD 窗口框图

12.1.2 坐标系与坐标

在绘图过程中，如果要精确定位某个对象的位置，就需要将某个坐标系作为参照。在进入 AutoCAD 绘图区时，系统自动进入的坐标其左下角为(0, 0)，如图 12-2 所示。AutoCAD 就是采用这个坐标系统来确定图形矢量的，我们称该坐标为世界坐标系(WCS)。用户可根据需要建立自己的坐标系，称用户坐标系(UCS)。

在 AutoCAD 中点的位置可以用直角坐标或极坐标表示，每一种坐标又分为绝对坐标和相对坐标。

1. 绝对直角坐标

绝对直角坐标指当前点相对坐标原点的坐标值。图 12-3 中 A 点的绝对坐标为(17，26)。

(a) 世界坐标系　　(b) 用户坐标系

图 12-2 坐标图标　　　　　　　　　图 12-3 点的坐标

2. 绝对极坐标

绝对极坐标用"距离<角度"表示，其中距离为当前点相对坐标原点的距离，角度表示当前点和坐标原点连线与 X 轴正向的夹角。如图 12-3 所示，A 点的绝对极坐标可表示为"30<55"。

3. 相对直角坐标

相对直角坐标是指当前点相对于某一点的坐标的增量。相对直角坐标前加一"@"符号。例如 A 点的绝对坐标为(10，15)，B 点相对 A 点的相对直角坐标为"@6，-5"，则 B 点的绝对直角坐标为(16，10)。

4. 相对极坐标

相对极坐标用"@距离<角度"表示，例如"@15<45"表示当前点到下一点的距离为 15，当前点与下一点连线与 X 轴正向夹角为 45°。

12.1.3 绘制直线

1. 绘制直线的操作方法

绘制直线对可通过下列三种方法进行。

绘图工具栏：✎。

下拉式菜单：【绘图】→【直线】。

命令窗口：Line。

2. 绘制直线的步骤

方法 1：使用相对直角坐标。

命 令:LINE 指 定 第 一 点 :0,0 ✓
//指定第一点为坐标原点
指 定 下 一 点 或 [放弃(U)]：@20,35 ✓
//输入 B 点的相对直角坐标
指 定 下 一 点 或 [放弃(U)]：@20,-10 ✓
//输入 C 点的相对直角坐标
指定下一点或 [闭合(C)/放弃(U)]:c✓　　　　//闭合三角形

方法 2：使用相对极坐标。

命令:LINE 指定第一点:0,0✓　　　　　　　//指定第一点为坐标原点
指定下一点或 [放弃(U)]：@40<60✓　　　//输入 B 点的相对极坐标
指定下一点或 [放弃(U)]：@22<-27✓　　　//输入 C 点的相对极坐标
指定下一点或 [闭合(C)/放弃(U)]:c✓　　　//闭合三角形

图形绘制完成，如图 12-4 所示。

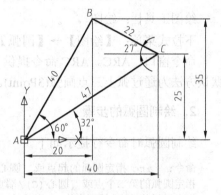

图 12-4　用坐标表示法绘制三角形

12.1.4 绘制圆

1. 绘制圆的操作方法

可以通过以三种方法绘制圆。

绘图工具栏：◔。

下拉式菜单：【绘图】→【圆】。

命令窗口：CIRCLE。

2. 绘制圆的步骤

在命令行中输入 CIRCLE。

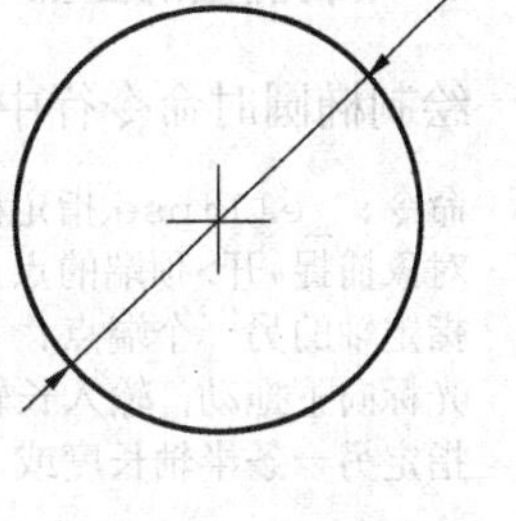

命令：CIRCLE 指定圆的圆心或 [三点(3P)/两点(2P)/相切、

相切、半径(T)]：　　　　　　　　　//在绘图区内任取一点作为圆心。

指定圆的半径或 [直径(D)] <5.0000>：23✓　//输入半径值为 23。

图形绘制完成，如图 12-5 所示。

图 12-5　绘制圆

12.1.5　绘制圆弧

1. 绘制圆弧的操作方法

可以通过以下三种方法绘制圆弧。

绘图工具栏：绘图 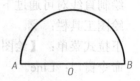。

下拉式菜单：【绘图】→【圆弧】。

命令窗口：ARC。ARC 命令提供了 11 个选项来画圆弧，默认方法为通过弧上三点画弧(3Point)。

图 12-6　绘制圆弧

2. 绘制圆弧的步骤

绘制圆弧时命令行提示如下。

命令：_arc 指定圆弧的起点或 [圆心(C)]：捕捉直线上点 B。//B 作为圆弧起点
指定圆弧的第二个点或 [圆心(C)/端点(E)]：E✓
指定圆弧的端点：捕捉直线 AB 的中点 O。
指定圆弧的圆心或 [角度(A)/方向(D)/半径(R)]：A ✓　　　　//选择角度 A
指定包含角：180 ✓　　　　　　　　　　　　　　// 圆弧为逆时针绘制

图形绘制完成，如图 12-6 所示。

12.1.6　绘制椭圆

1. 绘制椭圆操作方法

绘制椭圆的方法有以下三种。

绘图工具栏：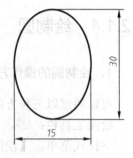。

下拉式菜单：【绘图】→【椭圆】。

命令窗口：ELLIPSE。

2. 绘制椭圆的步骤

绘制椭圆时命令行中提示如下。

命令：_ellipse 指定椭圆的轴端点或 [圆弧(A)/中心点(C)]：<
对象捕捉 开>顶端的点//此点为椭圆的长轴的一个端点。
指定轴的另一个端点：<正交 开> 3 0✓　　　//将正交模式打开，
光标向下拖动，输入长轴值 30
指定另一条半轴长度或 [旋转(R)]：7.5 ✓//将光标拖向左方或右方，输入短半轴的长度值 7.5

图 12-7　绘制椭圆

图形绘制完成，如图 12-7 所示。椭圆弧从起点到端点按逆时针方向绘制。

12.1.7 绘制正多边形

在 Auto CAD 中可创建具有 3 至 1024 边的正多边形，创建多边形是绘制等边三角形、正方形、五边形、六边形等的最简单方法。

1. 绘制正多边形的操作方法

绘制正多边形的方法有以下三种(见图 12-8)。

绘图工具栏：⬠。

下拉式菜单：【绘图】→【多边形】。

命令窗口：POLYGON。

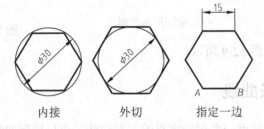

内接　　　　　外切　　　　　指定一边

图 12-8　创建多边形的方法

2. 绘制内接正多边形的步骤

(1) 依次选择下拉菜单：【绘图】→【多边形】。

(2) 在命令提示下，输入边数。

(3) 指定正多边形的中心。

(4) 输入 i(或 c)确定所在的圆内接(或外切)的正多边形。

(5) 输入半径长度。

12.1.8 绘制多段线

多段线是作为单个对象创建的相互联接的线段序列。可以创建直线段、圆弧段或两者的组合线段。

1. 绘制多段线的操作方法

绘制多段线的方法有以下三种。

绘图工具栏：⤴。

下拉式菜单：【绘图】→【多段线】。

命令式窗口：PLINE。

2. 绘制多段线的步骤

绘制多段线时命令行中的提示如下。

命令：_pline
指定起点：
当前线宽为 0.5000
指定下一个点或 [圆弧(A)/半宽(H)/长度(L)/放弃(U)/宽度(W)]:W✓
指定起点宽度 <0.5000>: 0 ✓
指定端点宽度 <0.0000>:✓
指定下一个点或 [圆弧(A)/半宽(H)/长度(L)/放弃(U)/宽度(W)]: <正交 开> 25✓
指定下一点或 [圆弧(A)/闭合(C)/半宽(H)/长度(L)/放弃(U)/宽度(W)]: W ✓
指定起点宽度 <0.0000>: 4 ✓ //输入 B 点的线宽值 4
指定端点宽度 <4.0000>: 0 ✓ //输入 C 点的线宽值 0
指定下一点或 [圆弧(A)/闭合(C)/半宽(H)/长度(L)/放弃
(U)/宽度(W)]: 20✓
　　　　　　　　//指定 BC 的长度值 16
指定下一点或 [圆弧(A)/闭合(C)/半宽(H)/长度(L)/放弃
(U)/宽度(W)]: ✓
　　　　　　　　//结束图形的绘制

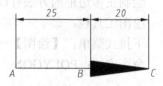

图 12-9　多段线的应用

图形绘制完成，如图 12-9 所示。

12.1.9　绘制样条曲线

样条曲线是经过或接近一系列给定点的光滑曲线。可以控制曲线与点的拟合程度。

1. 绘制样条曲线的操作方法

绘制样条曲线的方法有三种。
绘图工具栏：∿。
下拉式菜单：【绘图】→【样条曲线】。
命令窗口：SPLINE。

2. 绘制样条曲线的步骤

绘制样条曲线时命令行提示如下。

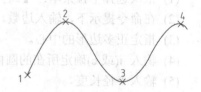

图 12-10　绘制样条曲线

命令：_spline
指定第一个点或 [对象(O)]：<对象捕捉 开>单击 1 点。//A 作为样条曲线的第一点
指定下一点：单击 2 附近的点
指定下一点或 [闭合(C)/拟合公差(F)] <起点切向>:单击 3 附近的点
指定下一点或 [闭合(C)/拟合公差(F)] <起点切向>:单击 4 点
指定下一点或 [闭合(C)/拟合公差(F)] <起点切向>:✓　　//按 Enter 键选择<起点切向>
指定起点切向:移动光标，改变曲线的起点的切线方向
指定端点切向:移动光标，改变曲线的终点的切线方向　　//使曲线形状达到令人满意的效果

图形绘制完成，如图 12-10 所示。

12.1.10　输入文本

利用文本命令可以在图形中输入文本、字符串以表达各种信息。文本可以是技术要求、标题栏信息、标签，也可以是图形的一部分。

1. 单行文字

(1) 创建单行文字操作方法有以下三种。

绘图式工具栏：。

下拉式菜单：【绘图】→【文字】→【单行文字】。

命令窗口：TEXT。

(2) 创建单行文字的步骤。

创建单行文字时命令行提示如下。

```
命令：Text
当前文字样式：Standard  文字高度：2.5
指定文字的起点或[对正(J)/样式(S)]：单击一点起点        //在绘图区域中确定文字的
指定高度： 输入字高数值                            //输入文字高度
指定文字的旋转角度：输入角度值                      //输入文字旋转的角度
输入文字 ： 输入文字        //输入文字内容，按✓键换行。如果希望结束文字输入，可再次按✓键
```

2. 多行文字

利用多行文字命令 MTEXT 输入多行文字，可以用段落的方式处理所输入的文字，段落的宽度由用户指定的矩形框决定。

创建多行文字的操作方法有以下三种。

绘图工具栏：**A**。

下拉式菜单：【绘图】→【文字】→【多行文字】。

命令窗口：MTEXT。

用 MTEXT 命令打开"文字格式编辑器"，窗口如图 12-11 所示。在编辑器内可以建立段落文本，注写技术要求等。

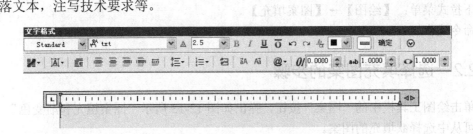

图 12-11　文字格式编辑器

3. 定义文字样式

定义文字样式的方法有以下两种。

下拉式菜单：【格式】→【文字样式】。

命令窗口：STYLE。

在命令行中输入 STYLE 命令并按 Enter 键后弹出"文字样式"对话框，如图 12-12 所示，在此对话框中可以定义字体样式。

图 12-12 "文字样式"对话框

12.2 图 案 填 充

12.2.1 创建图案填充的操作方法

绘图工具栏：![icon]。

下拉式菜单：【绘图】→【图案填充】。

命令式窗口：HATCH。

12.2.2 选择填充图案的步骤

单击绘图工具栏中的"图案"按钮，弹出如图 12-13 所示"图案填充和渐变色" 对话框，可从中选择欲填充的图案。

AutoCAD 提供了实体填充及 50 多种行业标准填充图案，可用于区分对象的部件或表示对象的材质。AutoCAD 还提供了符合 ISO(国际标准化组织)标准的 14 种填充图案，如图 12-14 所示。

12.2.3 选择填充区域的步骤

(1) 选择【绘图】→【图案填充】命令。

(2) 在"图案填充和渐变色"对话框中，单击"添加：拾取点"按钮。

(3) 在图形中，在要填充的每个区域内指定一点，然后按 Enter 键。此点称为内部点。

(4) 在"图案填充和渐变色"对话框的"图案填充"的样例列表框中，验证该样例图案是否是要使用的图案。要更改图案，请从"图案"列表中选择另一个图案。

(5) 如果需要进行其他填充，在"图案填充和渐变色"对话框中进行调整。

(6) 在"绘图次序"下拉列表框中，选择某个选项可以更改填充绘制顺序，将其绘制在填充边界的后面或前面，或者其他所有对象的后面或前面。

(7) 选择"确定"按钮。

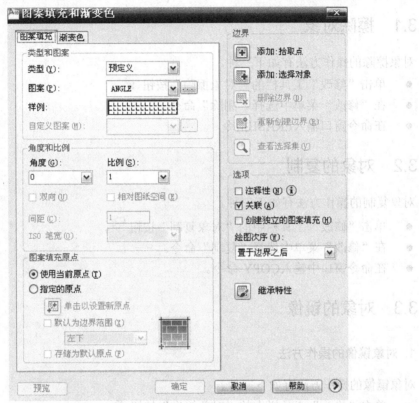

图 12-13　"图案填充和渐变色"对话框

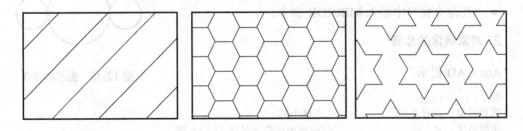

图 12-14　几种填充图案介绍

12.3 图形对象的编辑

图形对象编辑是指对已有图形进行修改，在 AutoCAD 可对现有对象进行擦除、修剪、复制、镜像、阵列、偏移等操作。

12.3.1 擦除对象

对象擦除的操作方法有如下三种。

● 单击"修改"工具栏的"对象擦除"按钮 。
● 在"修改"菜单中选择"删除"命令。
● 在命令窗口输入ERASE指令。

12.3.2 对象的复制

对象复制的操作方法有如下三种。

● 单击"修改"工具栏中的"对象复制"按钮 。
● 在"修改"菜单中选择"复制"命令。
● 在命令窗口中输入COPY 命令。

12.3.3 对象的镜像

1. 对象镜像的操作方法

对象镜像的操作方法有如下三种。

● 单击"修改"工具栏中的"对象镜像"按钮 。
● 在"修改"菜单中选择"镜像"。
● 在命令窗口中输入 MIRROR 命令。

2. 对象镜像的步骤

AutoCAD 提示：

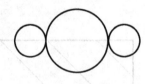

图 12-15　图形的镜像

命令：_mirror
选择对象：选择小圆　　　　　　//选择小圆
选择对象：✔　　　　　　　　　//确定不选物体时按 Enter 键
指定镜像线的第一点：指定镜像线的第二点：选择大圆上下两个象限点
　　　　　　　　　　　//此两点连线为镜像线
是否删除源对象？[是(Y)/否(N)] <N>:✔　//确定不删除物体时按 Enter 键

完成对象的镜像，如图 12-15 所示。

12.3.4　对象的偏移

1. 对象偏移的操作方法

对象偏移的操作方法有如下三种。

- 单击"修改"工具栏中的"对象偏移"按钮 。
- 在"修改"菜单下选择"偏移"命令。
- 在命令窗口中输入 _OFFSET 命令。

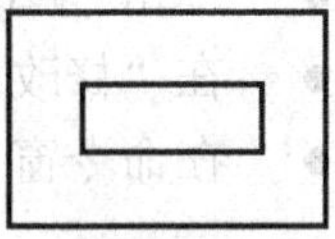

2. 对象偏移的步骤

AutoCAD 提示：

```
命令：_offset
指定偏移距离或 [通过(T)] <通过>：6✓                //输入两直线的距离
选择要偏移的对象或 <退出>:选择矩形的下边直线。
指定点以确定偏移所在一侧:将光标移到直线的下方单击
//指向直线偏移的方向
选择要偏移的对象或 <退出>：✓                       //回车结束偏移命令
```

完成对象的偏移，如图 12-16 所示。

图 12-16　图形的偏移

12.3.5　对象的比例缩放

1. 对象比例缩放的操作方法

对象比例缩放的操作方法有如下三种。

- 单击"修改"工具栏中的"比例缩放"按钮 。
- 在"修改"菜单下选择"缩放"命令。
- 在命令窗口中输入 _SCALE 命令。

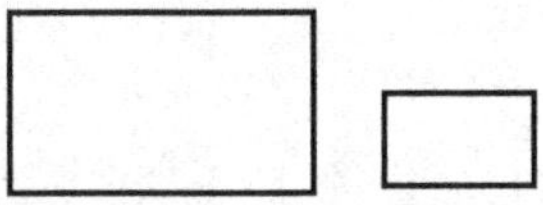

图 12-17　图形的缩放

2. 对象比例缩放的步骤

AutoCAD 提示：

```
命令：_scale
选择对象:选择矩形。 找到 1 个
选择对象：✓                        //回车结束对象选择
指定基点:捕捉矩形上不动的点。        //此例可任指定一点，如矩形的左下角点
指定比例因子或 [参照(R)]：0.5 ✓      //输入比例因子
```

完成对象的缩放，如图 12-17 所示。

12.3.6 对象的修剪

1．对象修剪的操作方法

修剪对象的方法有如下三种。

- 单击"修改"工具栏中的"修剪"按钮。
- 在"修改"菜单中选择"修剪"命令。
- 在命令窗口中输入 TRIM 命令。

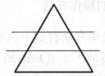

图 12-18　用修剪剪切对象

2．对象修剪的步骤

```
命令：_trim
 AutoCAD 提示：
当前设置：投影=UCS，边=无                        //提示当前设置
选择剪切边...                                    //提示以下的选择为选择剪切边
选择对象：单击三角形左右边直线。                  //直线作为修剪边界
选择对象：总计 2 个                              //作为修剪边界
选择对象：✓                                     //回车结束剪刀线的选择
拾取要修剪的对象，或 [投影(P)/边(E)/放弃(U)]：    //选择与三角形左右相交的两水平直线
的外边被剪部分
                                               //最后回车结束修剪命令
```

完成对象的修剪，如图 12-18 所示。

12.4　图层、线型

12.4.1　图层的设置

图层可以想象为没有厚度又完全对齐的若干张透明图纸叠加起来。它们具有相同的坐标、图形界限及显示时的缩放倍数。一个图层具有其自身的属性和状态。所谓图层属性通常是指该图层所特有的线型、颜色、线宽等。而图层的状态则是指其开/关、冻结/解冻、锁定/解锁状态等。同一图层上的图形元素具有相同的图层属性和状态。

1．图层设置的操作方法

设置图层的方法有如下三种。

- 单击"图层"工具栏中的"图层"按钮。
- 在"格式"菜单中选择"图层"命令。
- 在命令窗口中输入 LAYER 命令。

2．图层设置的步骤

在"格式"菜单中选择"图层"命令，出现如图 12-19 所示的对话框。

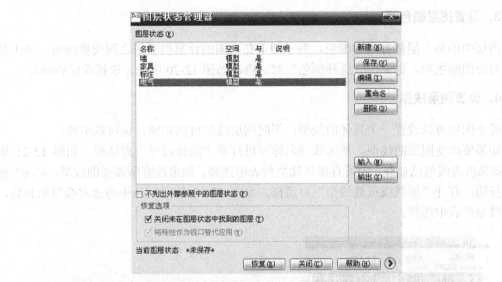

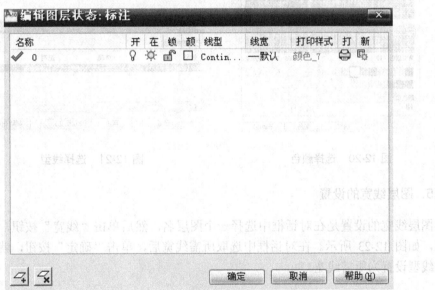

图 12-19　图层特性管理器对话框

12.4.2　图层、线型的使用

1．建立新图层

在"图层状态管理器"对话框中单击"新建"按钮，建立一个名为标注的新图层。

2．设置当前层

在对话框中选择一个图层名，然后单击"当前"按钮，就可以将该层设置为当前层。

3．设置图层颜色

图层中的每一层都有一个颜色，为了便于在不同的计算机系统之间交换图形，单击某图层对应的颜色项，则弹出"选择颜色"对话框，如图 12-20 所示。选择应层的颜色。

4．设置图层线型

每个图层可以设置一个具体的线型，不同图层线型可以相同，也可以不同。

如果要改变图层的线型，单击线型名称可以打开"选择线型"对话框，如图 12-21 所示。如果所需线型已加载，则可直接从线型列表中选择。如果没有所需要的线型，单击"加载"按钮，打开"加载或重载线型"对话框，如图 12-22 所示，从中将选定线型加载后，再从线型列表中选择。

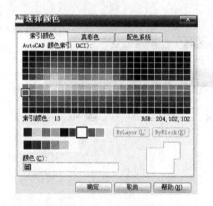

图 12-20　选择颜色

图 12-21　选择线型

5．图层线宽的设置

图层线宽的设置是在对话框中选择一个图层名，然后单击"线宽"按钮，打开线宽对话框，如图 12-23 所示。在对话框中选取所需线宽后，单击"确定"按钮，就可以将该图层的线型设置为所需线宽。

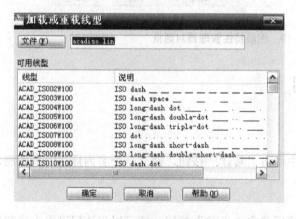

图 12-22　加载或重载线型

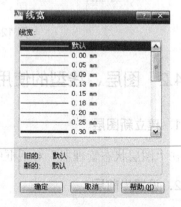

图 12-23　线宽选择

12.5　尺　寸　标　注

12.5.1　设置尺寸标注样式

尺寸标注样式由尺寸文本、尺寸线、尺寸界线和箭头的样式、大小及相对位置决定。在标注尺寸前，要根据标注要求设置尺寸标注样式。利用"标注样式管理器"设置尺寸标注形式。

选择"标注"菜单下的"标注样式"命令或在命令窗口中输入 DIMSTYLE 或 DDIM 命令。

打开标注样式管理器，利用标注样式管理器设置尺寸标注方式的功能，如图 12-24 所示。

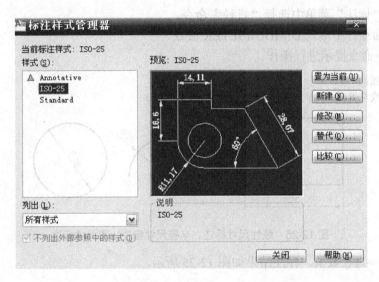

图 12-24　基本的标注类型

12.5.2　尺寸标注方法

建立了尺寸标注样式后，就可以在图样上标注尺寸了。

1．线性尺寸标注

线性尺寸标注命令为 DIMLINEAR，用于标注水平、垂直、沿线性对象及任意角度方向的尺寸。其使用方法为：

命令：DIMLINEAR
指定第一条尺寸界线原点或 [选择对象]：
指定第二条尺寸界线原点：
指定尺寸线位置或[多行文字(M)/文字(T)角度(A)水平(H)垂直(V)/旋转(R)]：

标注文字＝标注数值。标注结果如图 12-25 所示。

2．半径尺寸标注

- 单击"标注"工具栏中的"半径"按钮 。
- 在"标注"菜单下选择"半径"命令。
- 在命令行中输入 DIMRADIUS 命令。

按照如下命令行提示操作。

选择圆弧或圆：
指定尺寸线位置或[多行文字(M)/文字(T)/角度(A)]：

标注文字＝半径数值。标注结果如图 12-25 所示。

3．直径尺寸标注

- 单击"标注"工具栏中的"直径"按钮 。
- 在"标注"菜单中选择"直径"命令。
- 在命令行中输入 DIMDIAMETER 命令。

按照如下命令提示进行操作。

选择圆或弧：
指定尺寸线位置或[多行文字(M)/文字(T)/角度(A)]：

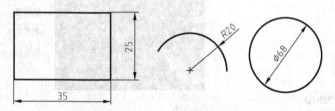

图 12-25　线性尺寸标注、半径尺寸标注、圆尺寸标注

标注文字＝直径数值。标注结果如图 12-25 所示。

附录 1 螺 纹

附表 1-1 普通螺纹直径与螺距系列

(GB/T 193—2003)(单位：mm)

公称直径 D、d			螺距 P		公称直径 D、d			螺距 P	
第一系列	第二系列	第三系列	粗牙	细牙	第一系列	第二系列	第三系列	粗牙	细牙
1	1.1		0.25			52		5	
1.2				0.2			55		
	1.4		0.3		56			5.5	
1.6	1.8		0.35				58		4, 3, 2, 1.5
2			0.4	0.25		60		5.5	
	2.2		0.45				62		
2.5					64			6	
3			0.5	0.35			65, 75		
	3.5		0.6			68		6	
4			0.7				70		6, 4, 3, 2, 1.5
	4.5		0.75	0.5	72				
5			0.8						
		5.5					76		
6	7		1	0.75			78		2
8			1.25	1, 0.75	80				6, 4, 3, 2, 1.5
		9	1.25				82		2
10			1.5	1.25, 1, 0.75	90	85			6, 4, 3, 2
		11	1.5	1, 0.75	100	95			
12			1.75	1.5, 1.25, 1	110	105			
	14		2	1.25, 1		115			
		15		1.5, 1		120	135, 145		
16			2	1.5, 1	125	130			8, 6, 4, 3, 2
		17		1.5, 1	140	150			

机械制图

公称直径 D、d			螺距 P		公称直径 D、d			螺距 P	
第一系列	第二系列	第三系列	粗牙	细牙	第一系列	第二系列	第三系列	粗牙	细牙
20	18		2.5	2, 1.5, 1			155, 165, 175, 185		6, 4, 3
	22				160	170			8, 6, 4, 3
24			3	2, 1.5, 1	180				8, 6, 4, 3
		25					190		
		26		1.5	200				8, 6, 4, 3
	27		3	2, 1.5, 1			195, 205, 215, 225, 235, 245		6, 4, 3
		28					210		8, 6, 4, 3
30			3.5	(3), 2, 1.5	220				
		32		1.5			230		8, 6, 4, 3
	33		3.5	3, 2, 1.5			240		
		35		1.5	250				
36			4	3, 2, 1.5			255, 265		6, 4
		38		1.5			260		
	39		4				270		8, 6, 4
		40		3, 2, 1.5			275, 285, 295		6, 4
42	45		4.5	4, 3, 2, 1.5	280				
48			5				290		8, 6, 4
		50		3, 2, 1.5			300		

附表 1-2　普通螺纹的基本牙型和基本尺寸
(GB/T 192—2003，GB 196—2003) (单位：mm)

标记示例

M24-6g：公称直径 24mm，中顶径公差带为 6g，螺距为 3mm 的粗牙右旋普通螺纹。

M24×1.5-LH：公称直径 24mm，螺距为 1.5mm 的细牙左旋普通螺纹。

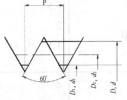

公称直径 D 或 d	螺距 P	中径 D_2 或 d_2	小径 D_1 或 d_1	公称直径 D 或 d	螺距 P	中径 D_2 或 d_2	小径 D_1 或 d_1
1	0.25	0.838	0.729	8	1.25	7.188	6.647
	0.2	0.870	0.783		1	7.350	6.917
1.2	0.25	1.038	0.929		0.75	7.513	7.188
	0.2	1.070	0.983	10	1.5	9.026	8.376
1.6	0.35	1.373	1.221		1.25	9.188	8.647
	0.2	1.470	1.383		1	9.350	8.917
2	0.5	1.740	1.567		0.75	9.513	9.188
	0.25	1.838	1.729	12	1.75	10.863	10.106
2.5	0.45	2.208	2.013		1.5	11.026	10.376
	0.35	2.273	2.121		1.25	11.138	10.647
3	0.5	2.675	2.459		1	11.350	10.917
	0.35	2.773	2.621	16	2	14.701	13.835
4	0.7	3.545	3.242		1.5	15.026	14.376
	0.5	3.675	3.459		1	15.350	14.917
5	0.8	4.480	4.134	20	2.5	13.376	17.294
	0.5	4.675	4.459		2	18.701	17.835
6	1	5.350	4.917		1.5	19.026	18.376
	0.75	5.513	5.188		1	19.350	18.917
				24	3	22.051	20.752
					2	22.701	21.835
					1.5	23.026	22.376
					1	23.350	22.917

公称直径 D 或 d	螺距 P	中径 D_2 或 d_2	小径 D_1 或 d_1	公称直径 D 或 d	螺距 P	中径 D_2 或 d_2	小径 D_1 或 d_1
30	3.5	27.727	26.211	90	6	86.103	83.505
	2	28.701	27.835		4	87.402	85.670
	1.5	29.026	28.376		3	88.051	86.752
	1	29.350	28.917		2	88.701	87.835
36	4	33.402	31.670	100	6	96.103	93.505
	3	34.051	32.752		4	97.402	95.670
	2	34.701	33.835		3	98.051	96.752
	1.5	35.026	34.376		2	98.701	97.835
42	4.5	39.077	37.129	110	6	106.103	103.505
	3	40.051	38.752		4	107.402	105.670
	2	40.701	39.835		3	108.051	106.752
	1.5	41.026	40.376		2	108.701	107.835
48	5	44.752	42.587	125	6	121.103	118.505
	3	46.051	44.752		4	122.402	120.670
	2	46.701	45.835		3	132.051	121.752
	1.5	47.026	46.367		2	123.701	122.835
56	5.5	52.428	50.046	140	6	136.103	133.505
	4	53.402	51.670		4	137.402	135.670
	3	54.051	52.752		3	138.051	136.752
	2	54.701	53.835		2	138.701	137.835
	1.5	55.026	54.376				
64	6	60.103	57.505	160	6	156.103	153.550
	4	61.402	59.670		4	157.402	155.670
	3	62.051	60.752		3	158.051	156.752
	2	62.701	61.835				
	1.5	63.026	62.376				
72	6	68.103	65.505	180	6	176.103	173.505
	4	69.402	67.670		4	177.402	175.670
	3	70.051	68.752		3	178.051	176.752
	2	70.701	69.835				
	1.5	71.026	70.376				
80	6	76.103	73.505	200	6	196.103	193.505
	4	77.402	75.670		4	197.402	195.670
	3	78.051	76.752		3	198.051	196.752
	2	78.701	77.835				
	1.5	79.026	78.376				

附表 1-3 梯形螺纹

(GB/T 5796.3—2003)(单位：mm)

标记示例

Tr40×7-7H：公称直径为 40mm，螺距为 7mm，中径公差带为 7H，右旋单线梯形螺纹。

Tr40×14(P7)LH-7e：公称直径为 40mm，导程为 14mm，螺距为 7mm，左旋双线梯形螺纹。

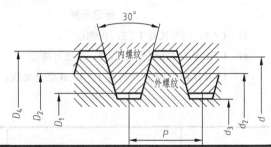

公称直径 d 第一系列	公称直径 d 第二系列	螺距 P	中径 $d_2=D_2$	大径 D_4	小径 d_3	小径 D_1	公称直径 d 第一系列	公称直径 d 第二系列	螺距 P	中径 $d_2=D_2$	大径 D_4	小径 d_3	小径 D_1
8		1.5	7.25	8.30	6.20	6.50			3	24.50	26.50	22.50	23.00
	9	1.5	8.25	9.30	7.20	7.50		26	5	23.50	26.50	20.50	21.00
	9	2	8.00	9.50	6.50	7.00		26	8	22.00	27.00	17.00	18.00
10		1.5	9.25	10.30	8.20	8.50	28		3	26.50	28.50	24.50	25.00
10		2	9.00	10.50	7.50	8.00	28		5	25.50	28.50	22.50	23.00
	11	2	10.00	11.50	8.50	9.00	28		8	24.00	29.00	19.00	20.00
	11	3	9.50	11.50	7.50	8.00		30	3	28.50	30.50	26.50	27.00
12		2	11.00	12.50	9.50	10.00		30	6	27.00	31.00	23.00	24.00
12		3	10.50	12.50	8.50	9.00		30	10	25.00	31.00	19.00	20.00
	14	2	13.00	14.50	11.50	12.00	32		3	30.50	32.50	28.50	29.00
	14	3	12.50	14.50	10.50	11.00	32		6	29.00	33.00	25.00	26.00
16		2	15.00	16.50	13.50	14.00	32		10	27.00	33.00	21.00	22.00
16		4	14.00	16.50	11.50	12.00		34	3	32.50	34.50	30.50	31.00
	18	2	17.00	18.50	15.50	16.00		34	6	31.00	35.00	27.00	28.00
	18	4	16.00	18.50	13.50	14.00		34	10	29.00	35.00	23.00	24.00
20		2	19.00	20.50	17.50	18.00	36		3	34.50	36.50	32.50	33.00
20		4	18.00	20.50	15.50	16.00	36		6	33.00	37.00	29.00	30.00
	22	3	20.50	22.50	18.50	19.00	36		10	31.00	37.00	25.00	26.00
	22	5	19.50	22.50	16.50	17.00		38	3	36.50	38.50	34.50	35.00
	22	8	18.00	23.00	13.00	14.00		38	7	34.50	39.00	30.00	31.00
24		3	22.50	24.50	20.50	21.00		38	10	33.00	39.00	27.00	28.00
24		5	21.50	24.50	18.50	19.00	40		3	38.50	40.50	36.50	37.00
24		8	20.00	25.00	15.00	16.00	40		7	36.50	41.00	32.00	33.00
							40		10	35.00	41.00	29.00	30.00

附表 1-4 非密封管螺纹

(GB/T 7307—2001) (单位：mm)

标记示例

G 1 / 2：尺寸代号 1 / 2，内螺纹

G 1 / 2 A：尺寸代号为 1 / 2，A 级外螺纹

G 1 / 4 B-LH：尺寸代号为 1 / 4，B 级外螺纹，左旋

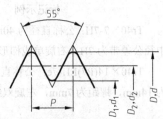

螺纹名称	每 25.4mm 中的螺纹牙数 n	螺距 P	螺纹直径	
			大径 D, d	小径 D_1, d_1
1/8	28	0.907	9.728	8.566
1/4	19	1.337	13.157	11.445
3/8	19	1.337	16.662	14.950
1/2	14	1.814	20.955	18.631
5/8	14	1.814	22.91	20.587
3/4	14	1.814	26.441	24.117
7/8	14	1.814	30.201	27.877
1	11	2.309	33.249	30.291
1 1/8	11	2.309	37.897	34.939
1 1/4	11	2.309	41.910	38.952
1 1/2	11	2.309	47.803	44.845
1 3/4	11	2.309	53.746	50.788
2	11	2.309	59.614	56.656
2 1/4	11	2.309	65.710	62.752
2 1/2	11	2.309	75.184	72.226
2 3/4	11	2.309	81.534	78.576
3	11	2.309	87.884	84.926

附录 2　螺纹紧固件

附表 2-1　六角头螺栓—C 级(GB/T 5780—2000)、六角头螺栓-全螺纹—C 级(GB/T 5781—2000)

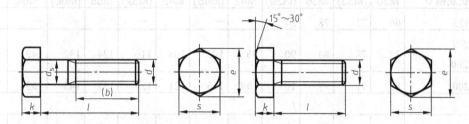

标记示例

GB/T 5780　M12×80：螺纹规格 d=M12、公称长度 l=80、性能等级为 8.8 级、表面氧化、C 级的六角头螺栓。

GB/T 5781　M12×80：螺纹规格 d=M12、公称长度 l=80、性能等级为 8.8 级、表面氧化、全螺纹、C级的六角头螺栓。

(单位：mm)

螺纹规格 d		M5	M6	M8	M10	M12	(M14)	M16	(M18)	M20	(M22)	M24	(M27)
b 参考	$l \leqslant 125$	16	18	22	26	30	34	38	42	40	50	54	60
	$125 < l \leqslant 200$	—	—	28	32	36	40	44	48	52	56	60	66
	$l > 200$	—	—	—	—	—	53	57	61	65	69	73	79
c_{max}		0.5		0.6				0.8					
$d_{a\,max}$		6	7.2	10.2	12.2	14.7	16.7	18.7	21.2	24.4	26.4	28.4	32.4
$d_{s\,max}$		5.48	6.48	8.58	10.58	12.7	14.7	16.7	18.7	20.8	22.84	24.84	27.84
$d_{w\,min}$		6.74	8.74	11.47	14.47	16.47	19.95	22	24.85	27.7	31.35	33.25	38
a_{max}		3.2	4	5	6	7	6	8	7.5	10	7.5	12	9
e_{min}		8.63	10.89	14.2	17.59	19.85	22.78	26.17	29.50	32.95	37.20	39.55	45.2
k 公称		3.5	4	5.3	6.4	7.5	8.8	10	11.5	12.5	14	15	17
r_{min}		0.2	0.25	0.4	0.4	0.6	0.6	0.6	0.6	0.8	1	0.8	1
s_{max}		8	10	13	16	18	21	24	27	30	34	36	41

螺纹规格 d		M5	M6	M8	M10	M12	(M14)	M16	(M18)	M20	(M22)	M24	(M27)
l 范围	GB/T 5780—2000	25~50	30~60	35~80	40~100	45~120	60~140	55~160	80~180	65~200	90~220	80~240	100~260
	GB/T 5781—2000	10~50	12~60	16~80	20~100	25~120	30~140	35~160	35~180	40~200	15~220	50~240	55~280

螺纹规格 d		M30	(M33)	M36	(M39)	M42	(M45)	M48	(M52)	M56	(M60)	M64
b 参考	$l=125$	66	72	78	84	—	—	—	—	—	—	—
	$125<l \leq 200$	72	78	84	90	96	102	108	116	124	132	140
	$l>200$	85	91	97	103	109	115	121	129	137	145	153
c_{max}		l										
$d_{a\ max}$		35.4	38.4	42.4	45.4	48.6	52.6	56.6	62.6	67	71	75
$d_{s\ max}$		30.84	34	37	40	43	46	49	53.2	57.2	61.2	65.2
$d_{w\ min}$		42.75	46.55	51.11	55.86	59.95	64.7	69.45	74.2	78.66	83.41	88.16
a_{max}		14	10.5	16	12	13.5	13.5	15	15	16.5	16.5	18
e_{min}		50.85	55.37	60.79	66.44	72.02	76.95	82.6	88.25	93.56	99.21	104.86
k 公称		18.7	21	22.5	25	26	28	30	33	35	38	40
r_{min}		1	1	1	1	1.2	1.2	1.6	1.6	2	2	2
s_{max}		46	50	55	60	65	70	75	80	85	90	95
l 范围	GB/T 5780—2000	90~300	130~320	110~300	150~400	160~420	180~440	180~480	200~500	220~500	240~500	260~600
	GB/T 5781—2000	60~300	65~360	70~360	80~400	80~420	90~440	90~480	100~500	110~500	120~500	120~500
l 系列		10、12、16、20~50(5 进位)、(55)、60、(65)、70~160(10 进位)、180、220、240、260、280、300、320、340、360、380、400、420、440、460、480、500										

注：尽可能不采用括号内的规格，C 级为产品等级。

附表 2-2　双头螺柱

$b_m=1d$ (GB/T 897—1988)；$b_m=1.25d$(GB/T 898—1988)；$b_m=1.5d$(GB/T 899—1988)；$b_m=2d$ (GB/T 900—1988)

A型

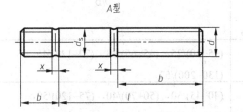

B型

标记示例

GB/T 897　M10×50：两端均为粗牙普通螺纹，d=10mm，l=50mm，性能等级为 4.8 级、B 型、$b_m=1d$ 的双头螺柱。

GB/T 897　AM10-M10×1×50：旋入一端为粗牙普通螺纹，旋螺母一端为螺距 P=1mm 的细牙普通螺纹，d=10mm，l=50mm，性能等级为 4.8 级、A 型、$b_m=1d$ 的双头螺柱。

GB/T 897　GM10-M10×50-8.8：旋入一端为过渡配合螺纹的第一种配合，旋螺母一端为粗牙普通螺纹，d=10mm，l=50mm，性能等级为 8.8 级、B 型、$b_m=1d$ 的双头螺柱。

螺纹规格 d	b_m				l/b
	GB/T 897 —1988	GB/T 898 —1988	GB/T 899 —1988	GB/T 900 —1988	
M2			3	4	(12~16)/6，(18~25)/10
M2.5			3.5	5	(14~18)/8，(20~30)/11
M3			4.5	6	(16~22)/6，(22~40)/12
M4			6	8	(16~22)/8，(25~40)/14
M5	5	6	8	10	(16~22)/10，(25~50)/16
M6	6	8	10	12	(18~22)/10，(25~30)/14，(32~75)/18
M8	8	10	12	16	(18~22)/12，(25~30)/16，(32~90)/22
M10	10	12	15	20	(25~28)/14，(30~38)/16，(40~120)/30，130/32
M12	12	15	18	24	(25~30)/16，(32~40)/20，(45~120)/30，(130~180)/36
(M14)	14	18	21	28	(30~35)/18，(38~45)/25，(50~120)/34，(130~180)/40
M16	16	20	24	32	(30~38)/20，(40~55)/30，(60~120)/38，(130~200)/44
(M18)	18	22	27	36	(35~40)/22，(45~60)/35，(65~120)/42，(130~200)/48

螺纹规格 d	b_m				l/b
	GB/T 897 —1988	GB/T 898 —1988	GB/T 899 —1988	GB/T 900 —1988	
M20	20	25	30	40	(35~40)/25，(45~65)/38，(70~120)/46，(130~200)/52
(M22)	22	28	33	44	(40~45)/30，(50~70)/40，(75~120)/50，(130~200)/56
M24	24	30	36	48	(45~50)/30，(50~75)/45，(80~120)/54，(130~200)/60
(M27)	27	35	40	54	(50~60)/35，(65~85)/50，(90~120)/60，(130~200)/72
M30	30	38	45	60	(60~65)/40，(70~90)/50，(55~120)/66，(130~200)/72，(210~250)/85
M36	36	45	54	72	(65~72)/45，(80~110)/60，120/78，(130~200)/84，(210~300)/97
M42	42	52	63	84	(70~80)/50，(85~110)/70，120/90，(130~200)/96，(210~300)/109
M48	48	60	72	96	(80~90)/62，(95~110)/86，120/102，(130~260)/108，(210~300)/121
l 系列	12，(14)，16，(18)，20，(22)，25，(28)，30，(32)，35，(38)，40，45，50，55，60，65，70，75，80，85，90，95，100，110，120，130，140，150，160，170，180，190，200，210，220，230，240，250，260，280，300				

附表 2-3　六角螺母——C 级

(GB/T 41—2000)

标记示例

GB/T 41　M12：螺纹规格 D=M12、性能等级为 5 级、不经表面处理、C 级的六角螺母。

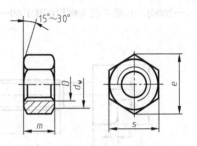

(单位：mm)

螺纹规格 D		M5	M6	M8	M10	M12	M16	M20	M24	M30	M36	商品规格
$d_{w\ min}$		6.9	8.7	11.5	14.5	16.5	22	27.7	33.2	42.7	51.1	
e_{min}		8.63	10.89	14.20	17.59	19.85	26.17	32.95	39.55	50.85	60.79	
m	max	5.6	6.1	7.9	9.5	12.2	15.9	18.7	22.3	26.4	31.5	
	min	4.4	4.9	6.4	8	10.4	14.1	16.6	20.2	24.3	29.4	
m'_{min}		3.5	3.9	5.1	6.4	8.3	11.3	13.3	16.2	19.5	23.5	
s	max	8	10	13	16	18	24	30	36	46	55	
	min	7.64	9.64	12.57	15.57	17.57	23.16	29.16	35	45	53.8	

螺纹规格 D		M42	M48	M56	M64	通用规格
$d_{w\ min}$		60.6	69.4	78.7	88.2	
e_{min}		72.02	82.6	93.56	104.86	
m	max	34.9	38.9	45.9	52.4	
	min	32.4	36.4	43.4	49.1	
m'_{min}		25.9	29.1	34.7	39.3	
s	max	65	75	85	95	
	min	63.8	73.1	82.8	92.8	

机械制图

附录 2　螺纹类图标

附表 2-4　螺钉

螺钉一般分开槽圆柱头螺钉(GB/T 65—2000)、开槽盘头螺钉(GB/T 67—2000)开槽沉头螺钉(GB/T 68—2000)、开槽半沉头螺钉(GB/T 69—2000)四种。

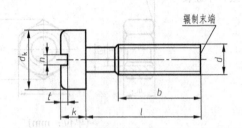

开槽圆柱头螺钉(GB/T65—2000)

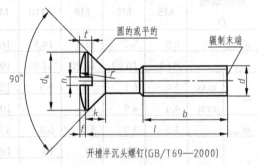

开槽盘头螺钉(GB/T67—2000)

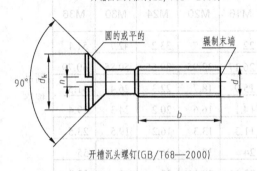

开槽沉头螺钉(GB/T68—2000)

开槽半沉头螺钉(GB/T69—2000)

标记示例

GB/T 65　M5×20：螺纹规格 d=M5，公称长度 l=20mm 的开槽圆柱头螺钉。

GB/T 67　M5×20：螺纹规格 d=M5，公称长度 l=20mm 的开槽盘头螺钉。

GB/T 68　M5×20：螺纹规格 d=M5，公称长度 l=20mm 的开槽沉头螺钉。

GB/T 69　M5×20：螺纹规格 d=M5，公称长度 l=20mm 的开槽半沉头螺钉。

螺纹规格		M1.6	M2	M2.5	M3	M4	M5	M6	M8	M10
P		0.35	0.4	0.45	0.5	0.7	0.8	1	1.25	1.5
a_{max}		0.7	0.8	0.9	1	1.4	1.6	2	2.5	3
b_{min}		25				38				
n 公称		0.4	0.5	0.6	0.8	1.2		1.6	2	2.5
$d_{a\,max}$		2.1	2.6	3.1	3.6	4.7	5.7	6.8	9.2	11.2
x_{max}		0.9	1	1.1	1.25	1.75	2	2.5	3.2	3.8
GB/T 65 —2000	$d_{k\,max}$	3	3.8	4.5	5.5	7	8.5	10	13	16
	k_{max}	1.10	1.4	1.8	2	2.6	3.3	3.9	5	6
	t_{min}	0.45	0.6	0.7	0.85	1.1	1.3	1.6	2	2.4
	r_{min}	0.1				0.2		0.25	0.4	
	l 范围	2~16	3~20	3~25	4~30	5~40	6~50	8~60	10~80	12~80

螺纹规格			M1.6	M2	M2.5	M3	M4	M5	M6	M8	M10
GB/T 67 —2000	全螺纹时最大长度		30				40				
	$d_{k\,max}$		3.2	4	6	5.6	8	9.5	12	16	20
	k_{max}		1	1.3	1.5	1.8	2.4	3	3.6	4.8	6
	t_{min}		0.35	0.5	0.6	0.7	1	1.2	1.4	1.9	2.4
	r_{min}		0.1				0.2		0.25	0.4	
	l 范围		2~16	2.5~30	3~25	4~30	5~40	6~50	8~60	10~80	12~80
GB/T 68 —2000 GB/T 69 —2000	全螺纹时最大长度		30				40				
	$d_{k\,max}$		3	3.8	4.7	5.5	8.4	9.3	11.3	15.8	18.3
	k_{max}		1	1.2	1.5	1.65	2.7	2.7	3.3	4.65	5
	t_{min}	GB/T 68—2000	0.32	0.4	0.5	0.6	1	1.1	1.2	1.8	2
		GB/T 69—2000	0.64	0.8	1	1.2	1.6	2	2.4	3.2	3.8
	r_{min}		0.4	0.5	0.6	0.8	1	1.3	1.5	2	2.5
	f		0.4	0.5	0.6	0.7	1	1.2	1.4	2	2.3
	l 范围		2.5~16	3~20	4~25	5~30	6~40	8~50	8~60	10~80	12~80
	全螺纹时最大长度		30				45				
l 系列(公称)			2、2.5、3、4、5、6、8、10、12、(14)、16、20、25、30、35、40、45、50、(55)、60、(65)、70、(75)、80								

附表 2-5　垫圈

平垫圈-A 级 (GB/T 97.1—2002)　　平垫圈倒角型-A 级(GB/T 97.2—2002)

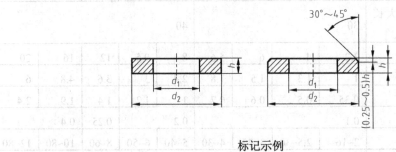

标记示例

GB/T 97.1　8：标准系列、公称尺寸 d=8mm、性能等级为 140HV 级，不经表面处理的平垫圈。

GB/T 97.2　8：标准系列、公称尺寸 d=8mm、性能 等级为 140HV 级，不经表面处理的倒角型平垫圈。

(单位：mm)

公称尺寸 (螺纹规格 d)	内径 d_1		外径 d_2		厚度 h		
	公称(min)	公称(max)	公称(max)	公称(min)	公称	max	min
5	5.3	5.48	10	9.64	1	1.1	0.9
6	6.4	6.62	12	11.57	1.6	1.8	1.4
8	8.4	8.62	16	15.57	1.6	1.85	1.4
10	10.5	10.77	20	19.48	2	2.2	1.8
12	13	13.27	24	23.48	2.5	2.7	2.3
16	17	17.27	30	29.48	3	3.3	2.7
20	21	21.33	37	36.38	3	3.3	2.7
24	25	25.33	44	43.38	4	4.3	3.7
30	31	31.39	56	55.26	4	4.3	3.7
36	37	37.62	66	64.8	5	5.6	4.4

附表 2-6　标准型弹簧垫圈(GB/T 93—1987)、轻型弹簧垫圈(GB/T 859—1987)

标记示例

GB/T 93　16：规格 16mm、材料为 65M、表面氧化的标准型弹簧垫圈。

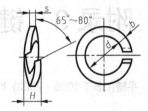
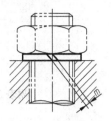

(单位：mm)

规格 (螺纹 大径)	d	GB/T 93—1987		GB/T 859—1987		
		s=b	0<m≤	S	b	0<m≤
2	2.1	0.5	0.25	0.5	0.8	
2.53	2.6	0.65	0.33	0.6	0.8	
3	3.1	0.8	0.4	0.8	1	0.3
4	4.1	1.1	0.50	0.8	1.2	0.4
5	5.1	1.3	0.65	1	1.2	0.55
6	6.2	1.6	0.8	1.2	1.6	0.65
8	8.2	2.1	1.05	1.6	2	0.8
10	10.2	2.6	1.3	2	2.5	1
12	12.3	3.1	1.55	2.5	3.5	1.25
(14)	14.3	3.6	1.8	3	4	1.5
16	16.3	4.1	2.05	3.2	4.5	1.6
(18)	18.3	4.5	2.25	3.5	5	1.8
20	20.5	5	2.5	4	5.5	2
(22)	22.5	5.5	2.75	4.5	6	2.25
24	24.5	6	3	4.8	6.5	2.5
(27)	27.5	6.8	3.4	5.5	7	2.75
30	30.5	7.5	3.75	6	8	3
36	36.6	9	4.5			
42	42.6	10.5	5.25			
48	49	12	6			

附录 3 键 和 销

附表 3-1 平键(GB/T 1096—2003) 键槽的剖面尺寸(GB/T 1095—2003)

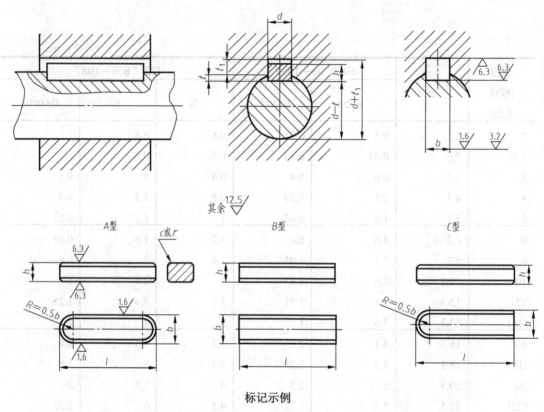

标记示例

GB/T 1096   键 18×11×100：圆头普通平键(A)型，b=18mm，h=11mm，l=100mm。

GB/T 1096   键 B18×11×100：方头普通平键(B)型，b=18mm，h=11mm，l=100mm。

GB/T 1096   键 C18×11×100：单圆头普通平键(C)型，b=18mm，h=11mm，l=100mm。

（单位：mm）

轴	键槽											
		宽度 b					深度				半径 r	
			极限偏差				轴 t		毂 t_1			
公称直径 d	键尺寸 b×h	基本尺寸	正常连接		紧密连接	松连接		基本尺寸	极限偏差	基本尺寸	极限偏差		
			轴 N9	毂 JS9	轴和毂 P9	轴 H9	毂 D10					min	max
自 6-8	2×2	2	−0.004	±	−0.006	+0025	+0.060	1.2	+0.1 0	1.0	+01 0	0.08	0.16
<8-10	3×3	2	−0.029	0.0125	−0.031	0	+0.020	1.8		1.4			
<10-12	4×4	4	0	±0.015	−0.012	+0.030	+0.078	2.5		1.8		0.16	0.25
<12-17	5×5	5	−0.030		−0.042	0	+0.030	3.0		2.3			
<17-22	6×6	6						3.5		2.8			
<22-30	8×7	8	0	±0.018	−0.015	+0.036	+0.098	4.0		3.3		0.25	0.40
<30-38	10×8	10	−0.036		−0.051	0	+0.040	5.0		3.3			
<38-44	12×8	12						5.0		3.3			
<44-50	14×9	14	0	± 0.0215	−0.018	+0.043	+0.120	5.5		3.8			
<50-58	16×10	16	−0.043		−0.061	0	+0.050	6.0	+0.2 0	4.3	+0.2 0		
<58-65	18×11	18						7.0		4.4			
<65-75	20×12	20	0	±0.026	−0.022	+0.052	+0.149	7.5		4.9		0.40	0.60
<75-85	22×14	22	−0.052		−0.074	0	+0.065	9.0		5.4			
<85-95	25×14	25						9.0		5.4			
<95-110	28×16	28						10.0		6.4			
<110-130	32×18	32	0	±0.031	−0.026	+0.062	+0.180	11.0		7.4		0.70	1.00
<130-150	36×20	36	−0.062		−0.088	0	+0.080	12.0		8.4			
<150-170	40×22	40						13.0		9.4			
<170-200	45×25	45						15.0		10.4			
<200-230	50×28	50						17.0		11.4			

注：① 为了便于确定键、键槽的尺寸，摘录时，仍按 GB/T 1095—1979 的标准，把轴的工程直径 d 的有关尺寸与键尺寸一一对应列出，以供选择用。

② 键长 l 的系列为：6，8，10，12，14，16，20，22，25，28，32，36，40，45，50，56，63，70，80，90，100，110，125，140，160，…

③ 键的材料常用 45 钢。

附表 3-2　圆柱销(不淬硬钢和奥氏体不锈钢)(GB/T119.1—2000)

标记示例

销　GB/T 119.1　6 m6×30：公称直径 d=6mm、公差为 m6、公称长度 l=30mm、材料为钢、不经表面处理的圆柱销。

d(公称)	0.6	0.8	1	1.2	1.5	2	2.5	3	4	5
a≈	0.08	0.1	0.12	0.16	0.2	0.25	0.3	0.4	0.5	0.63
l(商品规格范围公称长度)	4~8	5~12	6~16	6~20	8~24	10~35	10~35	12~45	14~55	18~60
d(公称)	6	8	10	12	16	20	25	30	40	50
a≈	0.8	1	1.2	1.6	2	2.5	3	4	5	6.3
l(商品规格范围公称长度)	22~90	22~120	26~160	32~180	40~200	45~200	50~200	55~200	60~200	65~200
l 系列	2, 3, 4, 5, 6, 8, 10, 12, 14, 16, 18, 20, 22, 24, 26, 28, 30, 32, 35, 40, 45, 50, 55, 60, 65, 70, 75, 80, 85, 90, 95, 100, 120, 140, 160, 180, 200									

附录 4　常用滚动轴承

附表 4-1　深沟球轴承(GB/T 276—1994)

标记示例

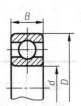

滚动轴承　6206　GB/T 276—1994：类型代号6、尺寸系列代号为(02)、内径代号
为06的深沟球。

轴承代号	外形尺寸/mm				轴承代号	外形尺寸/mm			
	d	D	B	r_{amin}		d	D	B	r_{amin}
02 系列					03 系列				
6200	10	30	9	0.6	6300	10	35	11	0.6
6201	12	32	10	0.6	6301	12	37	12	1
6202	15	35	11	0.6	6302	15	42	13	1
6203	17	40	12	0.6	6303	17	47	14	1
6204	20	47	14	1	6304	20	52	15	1.1
6205	25	52	15	1	6305	25	62	17	1.1
6206	30	62	16	1	6306	30	72	19	1.1
6207	35	72	17	1.1	6307	35	80	21	1.5
6208	40	80	18	1.1	6308	40	90	23	1.5
6209	45	85	19	1.1	6309	45	100	25	1.5
6210	50	90	20	1.1	6310	50	110	27	2
6211	55	100	21	1.5	6311	55	120	29	2
6212	60	110	22	1.5	6312	60	130	31	2.1
6213	65	120	23	1.5	6313	65	140	33	2.1
6214	70	125	24	1.5	6314	70	150	35	2.1
6215	75	130	25	1.5	6315	75	160	37	2.1
6216	80	140	26	2	6316	80	170	39	2.1
6217	85	150	28	2	6317	85	180	41	3
6218	90	160	30	2	6318	90	190	43	3
6219	95	170	32	2.1	6319	95	200	45	3
6220	100	180	34	2.1	6320	100	215	47	3

附表 4-2　圆锥滚子轴承(GB/T 273.1—2003)

标记示例

滚动轴承　30312　GB/T 273.1—2003：类型代号 3、尺寸系列代号 03、内径代号 12 的圆锥滚子轴承。

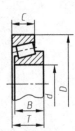

轴承代号	外形尺寸/mm 尺寸/mm					轴承代号	外形尺寸/mm 尺寸/mm				
	d	D	B	C	T		d_b	D_a	B	C	T
02 系列						03 系列					
30203	17	40	12	11	13.25	30303	17	47	14	12	15.25
30204	20	47	14	12	15.25	30304	20	52	15	13	16.25
30205	25	52	15	13	16.25	30305	25	62	17	15	18.25
30206	30	62	16	14	17.25	30306	30	72	19	16	20.75
30207	35	72	17	15	18.25	30307	35	80	21	18	22.75
30208	40	80	18	16	19.75	30308	40	90	23	20	25.25
30209	45	85	19	16	20.75	30309	45	100	25	22	27.25
30210	50	90	20	17	21.75	30310	50	110	27	23	29.25
30211	55	100	21	18	22.75	30311	55	120	29	25	31.5
30212	60	110	22	19	23.75	30312	60	130	31	26	33.5
30213	65	120	23	20	24.75	30313	65	140	33	28	36
30214	70	125	24	21	26.25	30314	70	150	35	30	38
30215	75	130	25	22	27.25	30315	75	160	37	31	40
30216	80	140	26	22	28.25	30316	80	170	39	33	42.5
30217	85	150	28	24	30.5	30317	85	180	41	34	44.5
30218	90	160	30	26	32.5	30318	90	190	43	36	46.5
30219	95	170	32	27	34.5	30319	95	200	45	38	49.5
30220	100	180	34	29	37	30320	100	215	47	39	51.5

附表 4-3　推力球轴承(GB/T 301—1995)

标记示例

滚动轴承　51310　GB/T 301—1995：类型代号 5、尺寸系列代号 13、内径代号 10 的推力球轴承。

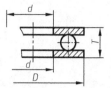

轴承代号	尺寸/mm				轴承代号	尺寸/mm			
	d	d_1	D	T		d	d_1	D	T
11 系列					13 系列				
51100	10	11	24	9	51304	20	22	47	18
51101	12	13	26	9	51305	25	27	52	18
51102	15	16	28	9	51306	30	32	60	21
51103	17	18	30	9	51307	35	37	68	24
51104	20	21	35	10	51308	40	42	78	26
51105	25	26	42	11	51309	45	47	85	28
51106	30	32	47	11	51310	50	52	95	31
51107	35	37	52	12	51311	55	57	105	35
51108	40	42	60	13	51312	60	62	110	35
51109	45	47	65	14	51313	65	67	115	36
51110	50	52	70	14	51314	70	72	125	40
51111	55	57	78	16	51315	75	77	135	44
51112	60	62	85	17	51316	80	82	140	44
51113	65	67	90	18	51317	85	88	150	49
51114	70	72	95	18	51318	90	93	155	50
51115	75	77	100	19	51320	100	103	170	55
51116	80	82	105	19	14 系列				
51117	85	87	110	19					
51118	90	92	120	22					
51120	100	102	135	25	51405	25	27	60	24
12 系列					51406	30	32	70	28
51200	10	12	26	11	51407	35	37	80	32
51201	12	14	28	11	51408	40	42	90	36
51202	15	17	32	12	51409	45	47	100	39
51203	17	19	35	12	51410	50	52	110	43
51204	20	22	40	14	51411	55	57	120	48
51205	25	27	47	15	51412	60	62	130	51
51206	30	32	52	16	51413	65	67	140	56
51207	35	37	62	18	51414	70	72	150	60
51208	40	42	68	19	51415	75	77	160	65
51209	45	47	73	20	51416	80	82	170	68
51210	50	52	78	22	51417	85	88	180	72
51211	55	57	90	25	51418	90	93	190	77
51212	60	62	95	26	51420	100	103	210	85
51213	65	67	100	27					

附录 5　公差与配合

附表 5-1　标准公差数值表(GB/T 1800.3—1998)

基本尺寸/mm		公差等级																			
大于	至	IT01	IT0	IT1	IT2	IT3	IT4	IT5	IT6	IT7	IT8	IT9	IT10	IT11	IT12	IT13	IT14	IT15	IT16	IT17	IT18
		μm													mm						
—	3	0.3	0.5	0.8	1.2	2	3	4	6	10	14	25	40	60	0.10	0.14	0.25	0.40	0.60	1.0	1.4
3	6	0.4	0.6	1	1.5	2.5	4	5	8	12	18	30	48	75	0.12	0.18	0.30	0.48	0.75	1.2	1.8
6	10	0.4	0.6	1	1.5	2.5	4	6	9	15	22	36	58	90	0.15	0.22	0.36	0.58	0.90	1.5	2.2
10	18	0.5	0.8	1.2	2	3	5	8	11	18	27	43	70	110	0.18	0.27	0.43	0.70	1.10	1.8	2.7
18	30	0.6	1	1.5	2.5	4	6	9	13	21	33	52	84	130	0.21	0.33	0.52	0.84	1.30	2.1	3.3
30	50	0.6	1	1.5	2.5	4	7	11	16	25	39	62	100	160	0.25	0.39	0.62	1.00	1.60	2.5	3.9
50	80	0.8	1.2	2	3	5	8	13	19	30	46	74	120	190	0.30	0.46	0.74	1.20	1.90	3.0	4.6
80	120	1	1.5	2.5	4	6	10	15	22	35	54	87	140	220	0.35	0.54	0.87	1.40	2.20	3.5	5.4
120	180	1.2	2	3.5	5	8	12	18	25	40	63	100	160	250	0.40	0.63	1.00	1.60	2.50	4.0	6.3
180	250	2	3	4.5	7	10	14	20	29	46	72	115	185	290	0.46	0.72	1.15	1.85	2.90	4.6	7.2
250	315	2.5	4	6	8	12	16	23	32	52	81	130	210	320	0.52	0.81	1.30	2.10	3.20	5.2	8.1
315	400	3	5	7	9	13	18	25	36	57	89	140	230	360	0.57	0.89	1.40	2.30	3.60	5.7	8.9
400	500	4	6	8	10	15	20	27	40	63	97	155	250	400	0.63	0.97	1.55	2.50	4.00	6.3	9.7
500	630			9	11	16	22	32	44	70	110	175	280	440	0.70	1.10	1.75	2.8	4.4	7.0	11.0
630	800			10	13	18	25	36	50	80	125	200	320	500	0.80	1.25	2.00	3.2	5.0	8.0	12.5
800	1000			11	15	21	28	40	56	90	140	230	360	560	0.90	1.40	2.30	3.6	5.6	9.0	14.0
1000	1250			13	18	24	33	47	66	105	165	260	420	660	1.05	1.65	2.60	4.2	6.6	10.5	16.5
1250	1600			15	21	29	39	55	78	125	195	310	500	780	1.25	1.98	3.10	5.0	7.8	12.2	19.5
1600	2000			18	25	35	46	65	92	150	230	370	600	920	1.50	2.30	3.70	6.0	9.2	15.0	23.0
2000	2500			22	30	41	55	78	110	175	280	440	700	1100	1.75	2.80	4.40	7.0	11.0	17.5	28.0
2500	3150			26	36	50	68	96	135	210	330	540	860	1350	2.10	3.30	5.40	8.6	13.5	21.0	33.0

附表 5-2　轴的基本偏差数值(GB/T 1800.3—1998)

基本偏差代号	a	b	c	cd	d	e	ef	f	fg	g	h	js
公差等级 / 基本尺寸/mm	所有等级　上偏差 es/μm											偏差=±IT/2
≤3	-270	-140	-60	-34	-20	-14	-10	-6	-4	-2	0	
>3~6	-270	-140	-70	-46	-30	-20	-14	-10	-6	-4	0	
>6~10	-280	-150	-80	-56	-40	-25	-18	-13	-8	-5	0	
>10~14	-290	-150	-95	—	-50	-32	—	-16	—	-6	0	
>14~18	-290	-150	-95	—	-50	-32	—	-16	—	-6	0	
>18~24	-300	-160	-110	—	-65	-40	—	-20	—	-7	0	
>24~30	-300	-160	-110	—	-65	-40	—	-20	—	-7	0	
>30~40	-310	-170	-120	—	-80	-50	—	-25	—	-9	0	
>40~50	-320	-180	-130	—	-80	-50	—	-25	—	-9	0	
>50~65	-340	-190	-140	—	-100	-60	—	-30	—	-10	0	
>65~80	-360	-200	-150	—	-100	-60	—	-30	—	-10	0	
>80~100	-380	-220	-170	—	-120	-72	—	-36	—	-12	0	
>100~120	-410	-240	-180	—	-120	-72	—	-36	—	-12	0	
>120~140	-460	-260	-200	—	-145	-85	—	-43	—	-14	0	
>140~160	-520	-280	-210	—	-145	-85	—	-43	—	-14	0	
>160~180	-580	-310	-230	—	-145	-85	—	-43	—	-14	0	
>180~200	-660	-340	-240	—	-170	-100	—	-50	—	-15	0	
>200~225	-740	-380	-260	—	-170	-100	—	-50	—	-15	0	
>225~250	-820	-420	-280	—	-170	-100	—	-50	—	-15	0	
>250~280	-920	-480	-300	—	-190	-110	—	-56	—	-17	0	
>280~315	-1050	-540	-330	—	-190	-110	—	-56	—	-17	0	
>315~355	-1200	-600	-360	—	-210	-125	—	-62	—	-18	0	
>355~400	-1350	-680	-400	—	-210	-125	—	-62	—	-18	0	
>400~450	-1500	-760	-440	—	-230	-135	—	-68	—	-20	0	
>450~500	-1650	-840	-480	—	-230	-135	—	-68	—	-20	0	

基本偏差代号	j			k		m	n	p	r	s	t	u	v	x	y	z	za	zb	zc
公差等级	5,6	7	8	≤3 >7	4~7	所有等级													
基本尺寸/mm						下偏差/μm													
≤3	-2	-4	-6	0	0	+2	+4	+6	+10	+14	—	+18	—	+20	—	+26	+32	+40	+60
>3~6	-2	-4	—	0	+1	+4	+8	+12	+15	+19	—	+23	—	+28	—	+35	+42	+50	+80
>6~10	-2	-5	—	0	+1	+6	+10	+15	+19	+23	—	+28	—	+34	—	+42	+52	+67	+97
>10~14	-3	-6	—	0	+1	+7	+12	+18	+23	+28	—	+33	—	+40	—	+50	+64	+90	+130
>14~18	-3	-6	—	0	+1	+7	+12	+18	+23	+28	—	+33	+39	+45	—	+60	+77	+108	+150
>18~24	-4	-8	—	0	+2	+8	+15	+22	+28	+35	—	+41	+47	+54	+63	+73	+98	+136	+188
>24~30	-4	-8	—	0	+2	+8	+15	+22	+28	+35	+41	+48	+55	+64	+75	+88	+118	+160	+218
>30~40	-5	-10	—	0	+2	+9	+17	+26	+34	+43	+48	+60	+68	+80	+94	+112	+148	+200	+274
>40~50	-5	-10	—	0	+2	+9	+17	+26	+34	+43	+54	+70	+81	+97	+114	+136	+180	+242	+325
>50~65	-7	-12	—	0	+2	+11	+20	+32	+41	+53	+66	+87	+102	+122	+144	+172	+226	+300	+405
>65~80	-7	-12	—	0	+2	+11	+20	+32	+43	+59	+75	+102	+120	+146	+174	+210	+274	+360	+480
>80~100	-9	-15	—	0	+3	+13	+23	+37	+51	+71	+91	+124	+146	+178	+214	+258	+335	+445	+585
>100~120	-9	-15	—	0	+3	+13	+23	+37	+54	+79	+104	+144	+172	+210	+254	+310	+400	+525	+690
>120~140	-11	-18	—	0	+3	+15	+27	+43	+63	+92	+122	+170	+202	+248	+300	+365	+470	+620	+800
>140~160	-11	-18	—	0	+3	+15	+27	+43	+65	+100	+134	+190	+228	+280	+340	+415	+535	+700	+900
>160~180	-11	-18	—	0	+3	+15	+27	+43	+68	+108	+146	+210	+252	+310	+380	+465	+600	+780	+1000
>180~200	-13	-21	—	0	+4	+17	+31	+50	+77	+122	+166	+236	+284	+350	+425	+520	+670	+880	+1150
>200~225	-13	-21	—	0	+4	+17	+31	+50	+80	+130	+180	+258	+310	+385	+470	+575	+740	+960	+1250
>225~250	-13	-21	—	0	+4	+17	+31	+50	+84	+140	+196	+284	+340	+425	+520	+640	+820	+1050	+1350

续表

基本偏差代号	j			k		m	n	p	r	s	t	u	v	x	y	z	za	zb	zc
公差等级	5,6	7	8	4~7	≤3 >7						所有等级								
基本尺寸/mm											下偏差/μm								
>250~280	-16	-26	—	+4	0	+20	+34	+56	+94	+158	+218	+315	+385	+475	+580	+710	+920	+1200	+1550
>280~315	-16	-26	—	+4	0	+20	+34	+56	+98	+170	+240	+350	+425	+525	+650	+790	+1000	+1300	+1700
>315~355	-18	-28	—	+4	0	+21	+37	+62	+108	+190	+268	+390	+475	+590	+730	+900	+1150	+1500	+1900
>355~400	-18	-28	—	+4	0	+21	+37	+62	+114	+208	+294	+435	+530	+660	+820	+1000	+1300	+1650	+2100
>400~450	-20	-32	—	+5	0	+23	+40	+68	+126	+232	+330	+490	+595	+740	+920	+1100	+1450	+1850	+2500
>450~500	-20	-32	—	+5	0	+23	+40	+68	+132	+252	+360	+540	+660	+820	+1000	+1250	+1600	+2100	+2600

附表 5-3 孔的基本偏差数值(GB/T1800.3—1998)

基本偏差代号	A	B	C	CD	D	E	EF	F	FG	G	H	Js	J			K		M		N	
公差等级 →	所有等级（下偏差/μm）											偏差=±IT/2	6	7	8	≤8	>8	≤8	>8	≤8	>8
基本尺寸/mm ↓																（上偏差/μm）					
≤3	+270	+140	+60	+34	+20	+14	+10	+6	+4	+2	0		+2	+4	+6	0	0	-2	-2	-4	-4
>3~6	+270	+140	+70	+46	+30	+20	+14	+10	+6	+4	0		+5	+6	+10	$-1+\Delta$	—	$-4+\Delta$	-4	$-8+\Delta$	0
>6~10	+280	+150	+80	+56	+40	+25	+18	+13	+8	+5	0		+5	+8	+12	$-1+\Delta$	—	$-6+\Delta$	-6	$-10+\Delta$	0
>10~14	+290	+150	+95	—	+50	+32	—	+16	—	+6	0		+6	+10	+15	$-1+\Delta$	—	$-7+\Delta$	-7	$-12+\Delta$	0
>14~18	+290	+150	+95	—	+50	+32	—	+16	—	+6	0		+6	+10	+15	$-1+\Delta$	—	$-7+\Delta$	-7	$-12+\Delta$	0
>18~24	+300	+160	+110	—	+65	+40	—	+20	—	+7	0		+8	+12	+20	$-2+\Delta$	—	$-8+\Delta$	-8	$-15+\Delta$	0
>24~30	+300	+160	+110	—	+65	+40	—	+20	—	+7	0		+8	+12	+20	$-2+\Delta$	—	$-8+\Delta$	-8	$-15+\Delta$	0
>30~40	+310	+170	+120	—	+80	+50	—	+25	—	+9	0		+10	+14	+24	$-2+\Delta$	—	$-9+\Delta$	-9	$-17+\Delta$	0
>40~50	+320	+180	+130	—	+80	+50	—	+25	—	+9	0		+10	+14	+24	$-2+\Delta$	—	$-9+\Delta$	-9	$-17+\Delta$	0
>50~65	+340	+190	+140	—	+100	+60	—	+30	—	+10	0		+13	+18	+28	$-2+\Delta$	—	$-11+\Delta$	-11	$-20+\Delta$	0
>65~80	+360	+200	+150	—	+100	+60	—	+30	—	+10	0		+13	+18	+28	$-2+\Delta$	—	$-11+\Delta$	-11	$-20+\Delta$	0
>80~100	+380	+220	+170	—	+120	+72	—	+36	—	+12	0		+16	+22	+34	$-3+\Delta$	—	$-13+\Delta$	-13	$-23+\Delta$	0
>100~120	+410	+240	+180	—	+120	+72	—	+36	—	+12	0		+16	+22	+34	$-3+\Delta$	—	$-13+\Delta$	-13	$-23+\Delta$	0
>120~140	+460	+260	+200	—	+145	+85	—	+43	—	+14	0		+18	+26	+41	$-3+\Delta$	—	$-15+\Delta$	-15	$-27+\Delta$	0
>140~160	+520	+280	+210	—	+145	+85	—	+43	—	+14	0		+18	+26	+41	$-3+\Delta$	—	$-15+\Delta$	-15	$-27+\Delta$	0
>160~180	+580	+310	+230	—	+145	+85	—	+43	—	+14	0		+18	+26	+41	$-3+\Delta$	—	$-15+\Delta$	-15	$-27+\Delta$	0

续表

基本尺寸/mm	A	B	C	CD	D	E	EF	F	FG	G	H	Js	J6	J7	J8	K≤8	K>8	M≤8	M>8	N≤8	N>8
公差等级	所有等级（下偏差/μm）											上偏差/μm									
>180~200	+660	+340	+240	—	+170	+100	+50	—	+15			+22	+30	+47	—	-4+Δ	—	-17+Δ	-17	-31+Δ	+0
>200~225	+740	+380	+260	—				—													
>225~250	+820	+420	+280	—				—													
>250~280	+920	+480	+300	—	+190	+110	+56	—	+17			+25	+36	+55	—	-4+Δ	—	-20+Δ	-20	-34+Δ	0
>280~315	+1050	+540	+330	—				—													
>315~355	+1200	+600	+360	—	+210	+125	+62	—	+18			+29	+39	+60	—	-4+Δ	—	-21+Δ	-21	-37+Δ	0
>355~400	+1350	+680	+400	—				—													
>400~450	+1500	+760	+440	—	+230	+135	+68	—	+20			+33	+43	+66	—	-5+Δ	—	-23+Δ	-23	-40+Δ	0
>450~500	+1650	+840	+480	—				—													

续表

基本偏差代号 · 上偏差/μm（P 至 ZC）· Δ/μm

公差等级：P 至 ZC ≤7，>7。（在 >7 级的相应数值上增加一个 Δ 值）

基本尺寸/mm	P	R	S	T	U	V	X	Y	Z	ZA	ZB	ZC	Δ 3	Δ 4	Δ 5	Δ 6	Δ 7	Δ 8
≤3	−6	−10	−14	—	−18	—	−20	—	−26	−32	−40	−60	0	0	0	0	0	0
>3~6	−12	−15	−19	—	−23	—	−28	—	−35	−42	−50	−80	1	1.5	1	3	4	6
>6~10	−15	−19	−23	—	−28	—	−34	—	−42	−52	−67	−97	1	1.5	2	3	6	7
>10~14	−18	−23	−28	—	−33	—	−40	—	−50	−64	−90	−130	1	2	3	3	7	9
>14~18	−18	−23	−28	—	−33	−39	−45	—	−60	−77	−108	−150	1	2	3	3	7	9
>18~24	−22	−28	−35	—	−41	−47	−54	−63	−73	−98	−136	−188	1.5	2	3	4	8	12
>24~30	−22	−28	−35	−41	−48	−55	−64	−75	−88	−118	−160	−218	1.5	2	3	4	8	12
>30~40	−26	−34	−43	−48	−60	−68	−80	−94	−112	−148	−200	−274	1.5	3	4	5	9	14
>40~50	−26	−34	−43	−54	−70	−81	−97	−114	−136	−180	−242	−325	1.5	3	4	5	9	14
>50~65	−32	−41	−53	−66	−87	−102	−122	−144	−172	−226	−300	−405	2	3	5	6	11	16
>65~80	−32	−43	−59	−75	−102	−120	−146	−174	−210	−274	−360	−480	2	3	5	6	11	16
>80~100	−37	−51	−71	−91	−124	−146	−178	−214	−258	−335	−445	−585	2	4	5	7	13	19
>100~120	−37	−54	−79	−104	−144	−172	−210	−254	−310	−400	−525	−690	2	4	5	7	13	19
>120~140	−43	−63	−92	−122	−170	−202	−248	−300	−365	−470	−620	−800	3	4	6	7	15	23
>140~160	−43	−65	−100	−134	−190	−228	−280	−340	−415	−535	−700	−900	3	4	6	7	15	23
>160~180	−43	−68	−108	−146	−210	−252	−310	−380	−465	−600	−780	−1000	3	4	6	7	15	23
>180~200	−50	−77	−122	−166	−236	−284	−350	−425	−520	−670	−880	−1150	3	4	6	9	17	26
>200~225	−50	−80	−130	−180	−258	−310	−385	−470	−575	−740	−960	−1250	3	4	6	9	17	26
>225~250	−50	−84	−140	−196	−284	−340	−425	−520	−640	−820	−1050	−1350	3	4	6	9	17	26
>250~280	−56	−94	−158	−218	−315	−385	−475	−580	−710	−920	−1200	−1550	4	4	7	9	20	29
>280~315	−56	−98	−170	−240	−350	−425	−525	−650	−790	−1000	−1300	−1700	4	4	7	9	20	29
>315~355	−62	−108	−190	−268	−390	−475	−590	−730	−900	−1150	−1500	−1900	4	5	7	11	21	32
>355~400	−62	−114	−208	−294	−435	−530	−660	−820	−1000	−1300	−1650	−2100	4	5	7	11	21	32
>400~450	−68	−126	−232	−330	−490	−595	−740	−920	−1100	−1450	−1850	−2400	5	5	7	13	23	34
>450~500	−68	−132	−252	−360	−540	−660	−820	−1000	−1250	−1600	−2100	−2600	5	5	7	13	23	34

附表 5-4　优先配合中轴的极限偏差(GB/T 1800.4—1999)

(尺寸至 500mm) (单位：μm)

基本尺寸/mm 大于	至	c11	d9	f7	g6	h6	h7	h9	k6	n6	p6	s6	u6
—	3	-60 / -120	-20 / -45	-6 / -16	-2 / -8	0 / -6	0 / -10	0 / -25	+6 / 0	+10 / +4	+12 / +6	+20 / +14	+24 / +18
3	6	-70 / -145	-30 / -60	-10 / -22	-4 / -12	0 / -8	0 / -12	0 / -30	+9 / +1	+16 / +8	+20 / +12	+27 / +19	+31 / +23
6	10	-80 / -170	-40 / -76	-13 / -28	-5 / -14	0 / -9	0 / -15	0 / -36	+10 / +1	+19 / +10	+24 / +15	+32 / +23	+37 / +28
10	14	-95 / -205	-50 / -93	-16 / -34	-6 / -17	0 / -11	0 / -18	0 / -43	+12 / +1	+23 / +12	+29 / +18	+39 / +28	+44 / +33
14	18	-95 / -205	-50 / -93	-16 / -34	-6 / -17	0 / -11	0 / -18	0 / -43	+12 / +1	+23 / +12	+29 / +18	+39 / +28	+44 / +33
18	24	-110 / -240	-65 / -117	-20 / -41	-7 / -20	0 / -13	0 / -21	0 / -52	+15 / +2	+28 / +15	+35 / +22	+48 / +35	+54 / +41
24	30	-110 / -240	-65 / -117	-20 / -41	-7 / -20	0 / -13	0 / -21	0 / -52	+15 / +2	+28 / +15	+35 / +22	+48 / +35	+61 / +48
30	40	-120 / -280	-80 / -142	-25 / -50	-9 / -25	0 / -16	0 / -25	0 / -62	+18 / +2	+33 / +17	+42 / +26	+59 / +43	+76 / +60
40	50	-320 / -382	-80 / -142	-25 / -50	-9 / -25	0 / -16	0 / -25	0 / -62	+18 / +2	+33 / +17	+42 / +26	+59 / +43	+86 / +70
50	65	-140 / -330	-100 / -174	-30 / -60	-10 / -29	0 / -19	0 / -30	0 / -74	+21 / +2	+39 / +20	+51 / +32	+72 / +53	+106 / +87
65	80	-150 / -340	-100 / -174	-30 / -60	-10 / -29	0 / -19	0 / -30	0 / -74	+21 / +2	+39 / +20	+51 / +32	+78 / +59	+121 / +102
80	100	-170 / -390	-120 / -207	-36 / -71	-12 / -34	0 / -22	0 / -35	0 / -87	+25 / +3	+45 / +23	+59 / +37	+93 / +71	+146 / +124
100	120	-180 / -440	-120 / -207	-36 / -71	-12 / -34	0 / -22	0 / -35	0 / -87	+25 / +3	+45 / +23	+59 / +37	+101 / +79	+166 / +144
120	140	-200 / -450	-145 / -245	-43 / -83	-14 / -39	0 / -25	0 / -40	0 / -100	+28 / +3	+52 / +27	+68 / +43	+117 / +92	+195 / +170
140	160	-210 / -460	-145 / -245	-43 / -83	-14 / -39	0 / -25	0 / -40	0 / -100	+28 / +3	+52 / +27	+68 / +43	+125 / +100	+215 / +190

机械制图

基本尺寸/mm		公差带											
		c	d	f	g	h			k	n	p	s	u
大于	至	11	9	7	6	6	7	9	6	6	6	6	6
160	180	-230										+133	+235
		-480										+108	+210
180	200	-240	-170	-50	-15	0	0	0	+33	+60	+79	+151	+265
		-330	-285	-96	-44	-29	-46	-115	+4	+31	+50	+122	+236
200	225	-260										+159	+287
		-550										+130	+258
225	250	-280										+169	+313
		-570										+140	+284
250	280	-300	-190	-56	-17	0	0	0	+36	+66	+88	+190	+347
		-620	-320	-108	-49	-32	-52	-130	+4	+34	+56	+158	315
280	315	-330										+202	+382
		-650										+170	+350
315	355	-360	-210	-62	-18	0	0	0	+40	+73	+98	+226	+426
		-720	-350	-119	-54	-36	-57	-140	+4	+37	+62	+190	+390
355	400	-400										+244	+471
		-760										+208	+435
400	450	-440	-230	-68	-20	0	0	0	+45	+80	+108	+272	+530
		-840	-385	-131	-60	-40	-63	-155	+5	+40	+68	+232	+400
450	500	-480										+292	+580
		-880										+252	+540

附表 5-5 优先配合中孔的极限偏差(GB/T 1800.4—1999)

(尺寸至 500mm)　　　　　　　　　　　　　　　　　　　　　　　　　　　　　　　　　　(单位：μm)

基本尺寸/mm		公差带										
		C	D	F	G	H		K	N	P	S	U
大于	至	11	9	8	7	7	8	9	7	7	7	7	7
—	3	+120 +60	+40 +20	+20 +6	+12 +2	+10 0	+14 +0	+25 0	0 −10	−4 −14	−6 −16	−14 −24	−18 −28
3	6	+145 +70	+60 +30	+28 +10	+16 +4	+12 0	+18 0	+30 0	+3 +9	−4 −19	−9 −24	−17 −32	−22 −37
6	10	+170 +80	+76 +40	+35 +13	+20 +5	+15 0	+22 0	+36 0	+5 −10	−4 −19	−9 −24	−17 −32	−22 −37
10	14	+205 +95	+93 +50	+43 +16	+24 +6	+18 0	+27 0	+43 0	+6 −12	−5 −23	−11 −29	−21 −39	−26 −44
14	18												
18	24	+240 +110	+117 +65	+53 +20	+28 +7	+21 0	+33 0	+52 0	+6 −15	−7 −28	−14 −35	−27 −48	−33 −54
24	30												−40 −61
30	40	+280 +120	+142 +80	+64 +25	+34 +9	+25 0	+39 0	+62 0	+7 +18	−8 −33	−17 −42	−34 −59	−51 −76
40	50	+290 +130											−61 −86
50	65	+330 +140	+174 +100	+76 +30	+40 +10	+30 0	+46 0	+74 0	+9 −21	−9 −39	−21 −51	−42 −72	−76 −106
65	80	+340 +150										−48 −78	−91 −121
80	100	+390 +170	+207 +120	+90 +36	+47 +12	+35 0	+54 0	+87 0	+10 −25	−10 −45	−24 −59	−58 −93	−111 −146
100	120	+400 +180										−66 −101	−131 −166
120	140	+450 +200										−77 −117	−155 −195
140	160	+460 +210	+245 +145	+106 +43	+54 +14	+40 0	+63 0	+100 0	+12 −28	−12 −52	−28 −68	−85 −125	−175 −215
160	180	+480 +230											

机械制图

基本尺寸/mm 大于	至	C 11	D 9	F 8	G 7	H 7	H 8	H 9	K 7	N 7	P 7	S 7	U 7
180	200	+530 +240										−105 −151	−219 −265
200	225	+550 +260	+285 +170	+122 +50	+61 +15	+46 0	+72 0	+115 0	+13 −33	−14 −60	−33 −79	−113 −159	−241 −287
225	250	+570 +280											
250	280	+620 +300	+320 +190	+137 +56	+69 +17	+52 0	+81 0	+130 0	+16 −36	−14 −66	−36 −88	−138 −190	−295 −347
280	315	+650 +330										−150 −202	−330 −382
315	355	+720 +360	+350 +210	+151 +62	+75 +18	+57 0	+89 0	+140 0	+17 −40	−16 −73	−41 −98	−169 −226	−369 −426
355	400	+760 +400										−187 −244	−414 −471
400	450	+840 +440	+385 +230	+165 +68	+83 +20	+63 0	+97 0	+155 0	+18 −45	−17 −80	−45 −108	−209 −272	−467 −530
450	500	+880 +480										−229 −292	−517 −580

附表 5-6 基孔制优先，常用配合(GB/T 1801—1999)

(基本尺寸至 500mm 的基孔制优先和常用配合)

基准孔	轴																				
	a	b	c	d	e	f	g	h	js	k	m	n	p	r	s	t	u	v	x	y	z
	间隙配合								过度配合				过盈配合								
H6						$\frac{H6}{f5}$	$\frac{H6}{g5}$	$\frac{H6}{h5}$	$\frac{H6}{js5}$	$\frac{H6}{k5}$	$\frac{H6}{m5}$	$\frac{H6}{n5}$	$\frac{H6}{p5}$	$\frac{H6}{r5}$	$\frac{H6}{s5}$	$\frac{H6}{t5}$					
H7						$\frac{H7}{f6}$	$\frac{H7}{g6}$	$\frac{H7}{h6}$	$\frac{H7}{js6}$	$\frac{H7}{k6}$	$\frac{H7}{m6}$	$\frac{H7}{n6}$	$\frac{H7}{p6}$	$\frac{H7}{r6}$	$\frac{H7}{s6}$	$\frac{H7}{t6}$	$\frac{H7}{u6}$	$\frac{H7}{v6}$	$\frac{H7}{x6}$	$\frac{H7}{y6}$	$\frac{H7}{z6}$
H8					$\frac{H8}{e7}$	$\frac{H8}{f7}$	$\frac{H8}{g7}$	$\frac{H8}{h7}$	$\frac{H8}{js7}$	$\frac{H8}{k7}$	$\frac{H8}{m7}$	$\frac{H8}{n7}$	$\frac{H8}{p7}$	$\frac{H8}{r7}$	$\frac{H8}{s7}$	$\frac{H8}{t7}$	$\frac{H8}{u7}$				
H8				$\frac{H8}{d8}$	$\frac{H8}{e8}$	$\frac{H8}{f8}$		$\frac{H8}{h8}$													
H9			$\frac{H9}{c9}$	$\frac{H9}{d9}$	$\frac{H9}{e9}$	$\frac{H9}{f9}$		$\frac{H9}{h9}$													
H10			$\frac{H10}{c10}$	$\frac{H10}{d10}$				$\frac{H10}{h10}$													
H11	$\frac{H11}{a11}$	$\frac{H11}{b11}$	$\frac{H11}{c11}$	$\frac{H11}{d11}$				$\frac{H11}{h11}$													
H12		$\frac{H12}{b12}$						$\frac{H12}{h12}$													

注意：① $\frac{H6}{n5}$ $\frac{H7}{p6}$ 在基本尺寸小于等于3mm和 $\frac{H8}{r7}$ 在小于等于100mm时，为过渡配合。

② 方框中的配合符号为优先配合。

附表 5-7 基轴制优先，常用配合(GB/T 1801—1999)

(基本尺寸至 500mm 的基轴制优先和常用配合)

基准轴	孔																				
	A	B	C	D	E	F	G	H	Js	K	M	N	P	R	S	T	U	V	X	Y	Z
	间隙配合								过度配合				过盈配合								
H5						$\frac{F6}{h5}$	$\frac{G6}{h5}$	$\frac{H6}{h5}$	$\frac{Js6}{h5}$	$\frac{K6}{h5}$	$\frac{M6}{h5}$	$\frac{N6}{h5}$	$\frac{P6}{h5}$	$\frac{R6}{h5}$	$\frac{S6}{h5}$	$\frac{T6}{h5}$					
H 6						$\frac{F7}{h6}$	$\frac{G7}{h6}$	$\frac{H7}{h6}$	$\frac{Js7}{h6}$	$\frac{K7}{h6}$	$\frac{M7}{h6}$	$\frac{N7}{h6}$	$\frac{P7}{h6}$	$\frac{R7}{h5}$	$\frac{S7}{h6}$	$\frac{T7}{h6}$	$\frac{U7}{h6}$				
H 7					$\frac{E8}{h7}$	$\frac{F8}{h7}$		$\frac{H8}{h7}$	$\frac{Js8}{h7}$	$\frac{K8}{h7}$	$\frac{M8}{h7}$	$\frac{N8}{h7}$									
H 8				$\frac{D8}{h8}$	$\frac{E8}{h8}$	$\frac{F8}{h8}$		$\frac{H8}{h8}$													

参 考 文 献

[1] 崔振勇等. 机械制图. 北京：机械工业出版社，2003

[2] 高雪强. 机械制图. 北京：机械工业出版社，2008

[3] 王其昌等. 机械制图. 北京：机械工业出版社，2009

[4] 吴艳萍. 机械制图. 北京：中国铁道出版社，2007

[5] 唐克中等. 画法几何及工程制图. 北京：高等教育出版社，2009

[6] 郭建尊. 机械制图与计算机绘图. 北京：人民邮电出版社，2009

[7] 王之煦等. 画法几何及工程制图. 杭州：浙江大学出版社，2000

[8] 刘哲等. 中文版 ACAD2004 实用教程. 大连：大连理工出版社 2004